DIANHUOXING CAILIAO QUDONG DE ROUXING GUANGZI JINGTI JIEGOUSE
TIAOKONG GUANJIAN JISHU JI YINGYONG YANJIU

电活性材料驱动的柔性光子晶体结构色调控关键技术及应用研究

赵鹏飞 著

中国纺织出版社有限公司

图书在版编目（CIP）数据

电活性材料驱动的柔性光子晶体结构色调控关键技术及应用研究 / 赵鹏飞著. -- 北京：中国纺织出版社有限公司，2025.8. -- ISBN 978-7-5229-2963-7

Ⅰ.07

中国国家版本馆CIP数据核字第2025MZ3790号

责任编辑：罗晓莉　国　帅　　责任校对：寇晨晨
责任印制：王艳丽

中国纺织出版社有限公司出版发行
地址：北京市朝阳区百子湾东里A407号楼　邮政编码：100124
销售电话：010—67004422　传真：010—87155801
http://www.c-textilep.com
中国纺织出版社天猫旗舰店
官方微博 http://weibo.com/2119887771
三河市宏盛印务有限公司印刷　各地新华书店经销
2025年8月第1版第1次印刷
开本：710×1000　1/16　印张：14
字数：245千字　定价：98.00元

凡购本书，如有缺页、倒页、脱页，由本社图书营销中心调换

前　言

在科技领域和日常生活中，颜色是人类活动中一种具有重要意义的生理感知现象和信息载体。它的作用不仅体现在传统美和艺术等提高人类视觉享受的领域，随着信息技术的快速发展，颜色正向世界提供着日益丰富的功能和信息。电致变色技术是通过施加电信号对颜色进行可逆控制的技术，其中电活性材料驱动的柔性光子晶体电致变色技术具有柔性好、响应快、能耗低、能量密度高、易于封装、化学稳定等特点，在信息显示、电子纸、电子皮肤等领域具有广阔的应用前景，近年来受到国内外学者的高度关注。

电信号的便捷、高效、易控等特点，使电致变色在众多变色手段中脱颖而出，成为最被关注的一种变色技术。电致变色技术可通过施加电信号对颜色进行可逆控制，根据材料的变色机理，可以将其分为电致化学变色和电致结构变色两大类。电致化学变色的机理是特定物质在可逆化学反应前后呈现不同颜色。此类电致变色技术实现的关键是找到合适的反应物并设计合理的器件结构，使电信号可以成功激发氧化还原反应，以改变可变色材料的光吸收特性进而实现变色。电致结构变色是通过电信号引发光子晶体材料参数或结构变化产生变色的技术。此类电致变色技术实现的关键是选用适当的柔性光子晶体材料与结构，并合理地设计电信号触发模式与器件结构，通过改变材料或结构的相关参数实现变色。基于光子晶体结构变化的电致变色不存在化学稳定性问题，且通常为固态材料，不存在液体泄露等问题，因此在颜色稳定性和器件设计上具有明显的优势。在电致结构变色技术中，电活性材料驱动电致变色的技术具有许多独特的优势：其一，器件材料为纯固态，易于封装；其二，电活性材料在电信号激励下可以产生丰富的响应模式，为电致变色器件的设计提供了便利；其三，电活性材料大多具有良好的柔性和生物相容性，可以为柔性电致变色的发展及其应用提供条件。

总体来看，电活性材料驱动的电致变色技术研究属于前沿交叉学科的研究范畴，是一个尚不完善且正在积极探索的研究领域。鉴于其具有的学术价值和广阔的应用前景，本书围绕电活性材料驱动的柔性光子晶体结构色调控关键技术及其应用，对柔性光子晶体的力致变色理论模型、制备工艺及力致变色性能、结构和工艺参数优化、典型电致变色器件设计开发及性能等主要内容进行详细介绍，并探讨了典型器件的应用研究案例，其目的一是推动电活性材料驱动的电致变色技术的实用化进程，二是为其他电致变色技术和多功能柔性驱动器的研究提供借鉴。

在研究过程中，西安交通大学陈花玲教授和李博教授给予了很多帮助。在本书各章内容撰写过程中，部分采纳了课题组其他博士和硕士研究生的实验结果，得到了父母、妻儿和所有亲人的支持，尤其是妻子李娜、儿子赵秉舒和女儿赵悦舒的理解和鼓励，作者在此一并表示感谢！

本书是作者和科研团队近十年来从事"电活性材料驱动的电致变色关键技术及其应用"的科研工作总结，在研究过程中得到国家自然科学基金项目"具有化学及结构变色双机理的电活性材料调控的机器人伪装隐身技术研究（91748124）""面向软体机器人精准运动的电活性多稳态机构设计方法研究（52075411）"、山西省科技重大专项计划"揭榜挂帅"项目"大豆玉米带状复合种植智能播种作业装备研发（202201140601023）"、山西省基础研究计划联合资助项目（太重）"高压容器端部膜垫密封结构计算方法技术研究（TZLH20230818013）"、太原工业学院引进人才科研资助项目（21020213）等的资助，借此机会对这些资助表示感谢。此外，本书在编写过程中也参考了大量相关领域的资料，借此机会也对这些作者表示感谢！由于著者水平有限，书中难免存在疏漏和不足之处，恳请广大读者不吝赐教，给予指正。

著者

2025 年 3 月 26 日

目 录

第 1 章 绪论 ··· 1
  1.1 研究背景及意义 ··· 1
  1.2 国内外研究现状 ··· 4
  1.3 现有研究存在的问题 ·· 32
  1.4 主要研究内容 ·· 33

第 2 章 柔性光子晶体力致变色理论模型研究 ························ 37
  2.1 光子晶体的电磁波理论 ··· 37
  2.2 柔性光子晶体力致变形模型研究 ································ 40
  2.3 光子晶体光学特性数值分析模型 ································ 46
  2.4 柔性光子晶体力致变色实例分析 ································ 51
  2.5 本章小结 ·· 54

第 3 章 柔性光子晶体的制备工艺及力致变色性能研究 ············ 57
  3.1 现有柔性光子晶体力致变色性能分析及改进思路 ··········· 57
  3.2 柔性光子晶体的制备工艺研究 ·································· 60
  3.3 柔性光子晶体的力致变色性能研究 ···························· 62
  3.4 柔性光子晶体的循环力致变色稳定性研究 ···················· 67
  3.5 柔性光子晶体在应变传感中的应用 ···························· 71
  3.6 本章小结 ·· 76

第 4 章 基于多色集合的柔性光子晶体结构和工艺参数优化 ······ 79
  4.1 晶格结构参数对光子晶体性能的影响规律 ···················· 79
  4.2 工艺参数对光子晶体性能的影响规律 ························· 87
  4.3 基于多色集合的柔性光子晶体结构和工艺参数优化模型 ··· 97

4.4 本章小结 ··· 104

第5章 形状记忆合金驱动的电致变色技术研究 ··························· 107
5.1 现有电致变色器件性能分析 ······································· 107
5.2 SMA 驱动的电致变色器件设计与制备 ······························ 109
5.3 SMA 驱动的电致变色器件颜色调控性能研究 ······················· 112
5.4 电致变色器件的循环工作稳定性研究 ······························ 118
5.5 电致变色器件在动态显示中的应用 ································ 121
5.6 本章小结 ··· 124

第6章 捻卷型人工肌肉驱动的电致变色技术研究 ························ 125
6.1 TCA 驱动的电致变色器件设计与制备 ······························ 125
6.2 TCA 驱动的电致变色器件的变色性能研究 ·························· 131
6.3 电致变色器件的循环工作稳定性研究 ······························ 135
6.4 本章小结 ··· 138

第7章 纯剪切型 DE 驱动的电致变色技术研究 ·························· 141
7.1 现有 DE 驱动的电致变色器件性能分析 ····························· 141
7.2 纯剪切型 DE 驱动器的工作机理 ··································· 142
7.3 纯剪切型 DE 驱动的电致变色器件的结构设计与制备 ················ 144
7.4 纯剪切型 DE 驱动的电致变色器件的变色性能研究 ·················· 148
7.5 器件在变形机翼驱动蒙皮中的应用 ································ 152
7.6 本章小结 ··· 155

第8章 等轴拉伸型 DE 驱动的电致变色技术研究 ························ 157
8.1 等轴拉伸型 DE 驱动的电致变色器件结构设计 ······················ 157
8.2 基于 DE 的电致变色器件制备工艺 ································· 159
8.3 基于 DE 的电致变色器件颜色调控性能研究 ························ 161

8.4 基底为硅橡胶 184 与 186 的光子晶体电致变色颜色
调控性能对比 ··· 164
8.5 等双轴 DE 驱动的电致变色器件的应用 ····················· 165
8.6 本章小结 ··· 168

第 9 章 全固态电致变色器件变色机理与制备方法 ············· 171
9.1 全固态电致变色器件的变色机理 ····························· 171
9.2 刚性全固态电致变色器件制备 ································ 173
9.3 刚性全固态电致变色器件制备工艺参数选择 ················ 177
9.4 结果与分析 ·· 179
9.5 本章小结 ··· 183

第 10 章 一体化柔性全固态电致变色器件制备的研究 ········· 185
10.1 一体化制备柔性全固态电致变色器件 ······················ 185
10.2 柔性测试一体化柔性全固态电致变色器件 ················ 191
10.3 结果与分析 ··· 192
10.4 本章小结 ·· 196

第 11 章 结论与展望 ·· 197
11.1 研究结论 ·· 197
11.2 创新点 ··· 201
11.3 展望 ·· 201

参考文献 ··· 203

彩图资源

第 1 章　绪　论

1.1　研究背景及意义

在科技领域和日常生活中，颜色是人类活动中一种具有重要意义的生理感知现象和信息载体。它的作用不仅体现在传统美和艺术等提高人类视觉享受的领域，随着信息技术的快速发展，颜色正向世界提供着日益丰富的功能和信息。根据光学现象的产生机制，颜色可以分为色素色和结构色，前者通过色素分子对特定波长光的选择性吸收及对其他波长光的反射产生某种颜色；后者颜色的产生源于有序排列的纳米结构与特定波长的光之间相互作用，引起布拉格散射和反射从而产生某种颜色，称其为结构色。与色素色相比，结构色具有优秀的颜色稳定性，同时避免了色素色中普遍存在的有毒有害物质，因此受到研究人员的广泛关注。受自然界中蛋白石、甲虫、热带鱼、孔雀羽毛、变色龙等大量存在的结构色载体启发，研究者开始对结构色及其载体材料进行深入研究，试图探索结构色变化与外界的多种交互关系，开发以结构色及其载体材料为媒介的信息显示、感知、处理工具，以期在如图 1-1 所示的信息科学、生物医疗、人类辅助、动态显示、柔性传感、军事科学等领域得到广泛应用。

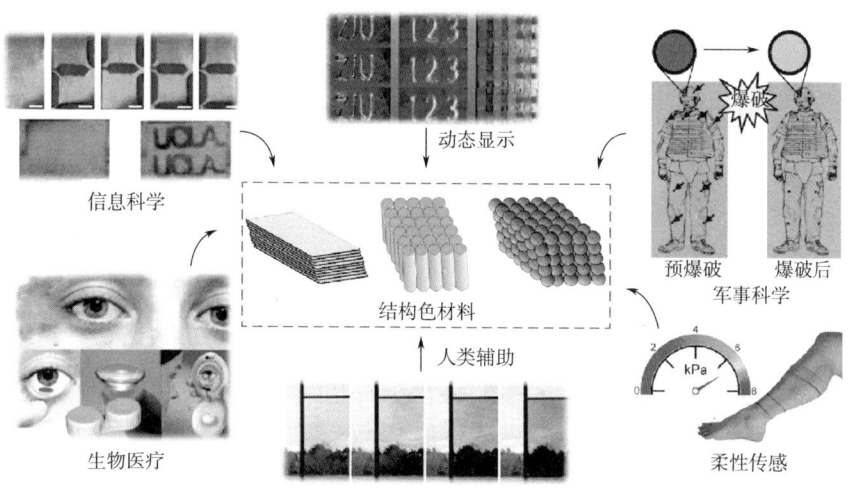

图 1-1　结构色及其载体材料的典型应用领域

光子晶体（photonic crystals，PC）是近年来备受关注的一种结构色材料。它一般是由两种或两种以上具有明显差异的电介质在纳米尺度下周期性排列形成的新型光学材料。按照电介质在空间的排列方式，可以将其分为一维光子晶体、二维光子晶体和三维光子晶体，如图1-2所示。光子晶体利用了介电常数具有差异的电介质周期排列产生对光的布拉格散射作用，称为"光子禁带"。类比具有"电子禁带"的半导体晶体材料，光子晶体可以对通过其中的光波进行调制，使只有部分频率的光可以在材料中传播，进而产生众多特有的光学现象。

（a）一维光子晶体　　　　（b）二维光子晶体　　　　（c）三维光子晶体

图1-2　电介质不同排布方式的三种光子晶体

在光子晶体的应用中，光学信号往往是随时间变化的，为了实现动态颜色变化和信息动态传递，需要通过对光子晶体参数的调整来达到改变材料中传播的光波频率（或光谱的带隙中心波长）的目的，即光子晶体的结构色调控。光子晶体的结构色取决于三个关键参数：相对折射率（介电常数）、晶格常数、入射角或观测角。它们三者与结构色的关系可以用1913年英国物理学家布拉格提出的Bragg方程描述：

$$m\lambda = \sqrt{\frac{8}{3}} D (n_{\text{eff}}^2 - \cos^2\theta)^{1/2} \tag{1-1}$$

$$n_{\text{eff}}^2 = n_p^2 V_p + n_m^2 V_m \tag{1-2}$$

式中：m——散射阶数；

λ——光谱的带隙中心波长，nm；

D——晶格常数，nm；

n_{eff}——组成光子晶体介质的平均折射率；

θ——布拉格掠射角（反映入射角和观测角）；

n_p——介质一的折射率；

n_m——介质二的折射率；

V_p——介质一占的体积分数；

V_m——介质二占的体积分数。

对光子晶体进行结构色调控的方法围绕上述三个关键参数展开。按照光子晶体基体材料的变形能力，可将其分为刚性光子晶体和柔性光子晶体。刚性光子晶体的基体材料是金属或刚性非金属等形状不易发生改变的材料，这类光子晶体不易改变晶格常数，主要通过调节材料平均折射率的方法对结构色进行调控。柔性光子晶体的基体材料一般是具有大变形能力的超弹性材料，它能够根据外界环境需要产生对应的形状变化。许多柔性可拉伸聚合物材料被用作柔性光子晶体的基体材料，如聚苯乙烯（polystyrene，PS）、聚乙烯醇（polyvinyl alcohol，PVA）和聚二甲基硅氧烷（polydimethylsiloxane，PDMS）等。除了调节材料的平均折射率外，柔性光子晶体大多是通过调节晶格常数或晶格单元尺寸的方法对结构色进行调控。柔性光子晶体因其可拉伸、可弯曲的性能，在柔性智能穿戴、曲面显示、复杂外形装备的伪装等领域具有很好的应用前景。因此，近年来研究人员不断探索多种调节关键参数的方法，实现对光子晶体结构色的有效调控，这些手段主要包括机械调节、磁场调节、光调节、电场调节、溶胀和温度调节、物理相变等。其中结构色的电场调节属于电致变色（electrochromism，EC）技术中的一类。由于电信号在生产生活中的普及，使电致变色成为结构色调控手段中最具应用前景的技术。因此，面向柔性光子晶体的电致变色技术是一个需要深入探索的重要研究领域。

电活性材料（electroactive materials，EM）是近年来被科学界广泛关注的一类智能材料，它们可以在电场的作用下产生变形或力的响应行为，同时具有柔性好、响应快、能耗低、能量密度高、生物相容性好等突出优点。因此电活性材料被认为是一类很有前景的电致动人工肌肉，被广泛应用于各种驱动器和驱动结构的开发。因此，近年来，研究人员也开始试图将其应用于柔性光子晶体的电致变色领域。

本文将围绕基于电活性材料驱动的柔性光子晶体电致变色关键技术及其应用展开深入研究，通过实验和理论方法分析柔性光子晶体的力致变色性能及其影响因素，开发基于电活性材料驱动的电致变色器件，探究电活性材料驱动下器件的电致变色规律及性能，并探索多种基于电活性材料驱动的电致变色器件的应用研究。本文的研究旨在丰富柔性电致变色技术，有助于推动电致变色技术和多功能柔性驱动器的研究发展和实际应用，具有重要的理论与工程意义。

1.2 国内外研究现状

光子晶体概念的提出最早可以上溯到 20 世纪 80 年代,而面向结构色的电致变色技术研究也有近 20 年的历史。本文研究的命题涉及柔性光子晶体及其制备、柔性光子晶体的颜色调控技术以及基于电活性材料的电致变色技术这三个方面,下面将从上述几个方面对国内外研究现状进行阐述。

1.2.1 柔性光子晶体的制备工艺研究现状

光子晶体的研究经历了从刚性材料到柔性材料的发展历程。不同于刚性光子晶体,柔性光子晶体在具有光学特性的同时还具有一定的大变形能力,从而具备了更加广阔的应用领域。柔性光子晶体的制备从本质上讲是要在柔性材料基底上制备出折射率周期性变化的纳米结构,它与制备刚性光子晶体的工艺有一些共同点,但也有其独特之处。本小节将分别对一维、二维、三维柔性光子晶体的制备工艺研究现状进行阐述。

(1) 一维柔性光子晶体的制备工艺研究现状

一维柔性光子晶体按照结构类型可以分为多层结构和光栅结构。

多层结构是使用不同折射率的材料交替排布制成的层状结构,它主要通过材料的拉伸或压缩变形引起层间厚度改变来进行结构色调控。这种光子晶体的制备方法主要有逐层堆叠和微相分离两种方法,如图 1-3 所示。

逐层堆叠法是将不同折射率材料进行层间堆叠形成光子晶体的方法。Howell 等利用聚合物中掺杂高折射率的 ZrO_2 来改变折射率,并通过交替旋涂掺杂前后的两种聚合物形成一维柔性光子晶体,材料的折射率随 ZrO_2 的质量分数升高而增大,如图 1-3(a)所示。Sandt 等利用逐层堆叠法交替旋涂 PDMS 和 PS 的共聚物形成了叠层结构,并将其绕轴缠绕 30~60 圈,形成一维柔性光子晶体纤维,该纤维可以在拉伸作用下产生显著的颜色变化,如图 1-3(b)所示。

鉴于逐层堆叠法工艺烦琐、效率较低,研究人员开发了微相分离法进行多层结构的制备。微相分离法制备光子晶体是利用了水凝胶等嵌段共聚物纳米尺度的不相容嵌段自发分离并周期性分布的性质。如图 1-3(c)所示,基于上述性质,各种以水凝胶类材料为基体的一维柔性光子晶体被开发出来,这类材料在外力作用下具有较好的力学性能和敏感的光学性能。

光栅结构是由条状结构周期性平行分布于衬底表面形成的,是最早报道的人工晶体结构。在柔性材料制备的光栅中,变形会导致光栅结构周期发生变化,进而产生结构色的变化。光栅结构的制备主要有纳米加工技术和预拉伸加工两种方法。

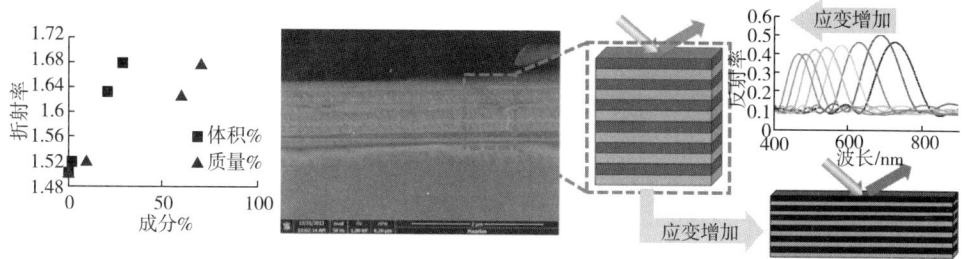

（a）逐层堆叠法制备的层状一维光子晶体膜

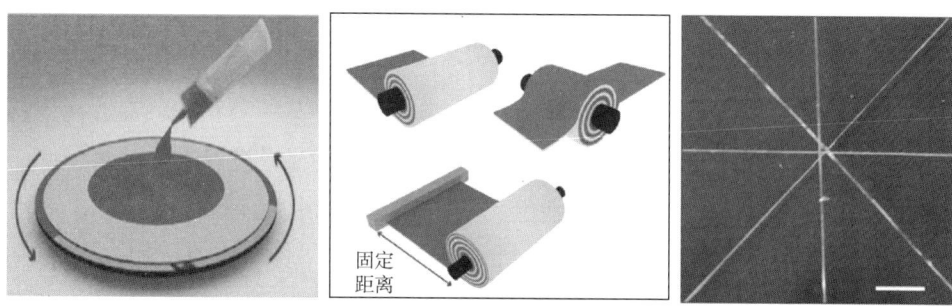

（b）逐层堆叠法制备的一维光子晶体纤维

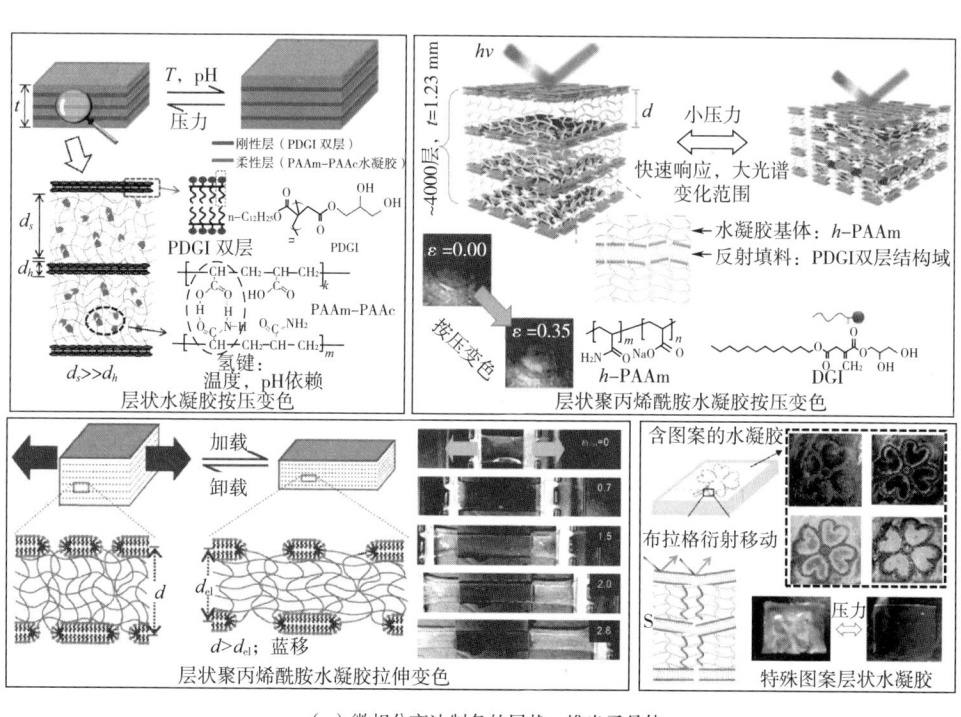

（c）微相分离法制备的层状一维光子晶体

图 1-3　多层结构一维柔性光子晶体的制备工艺

纳米加工是利用光刻、电子束刻蚀、离子束刻蚀等手段加工出高精度光栅结构的技术。众所周知，现有技术很难在许多柔性基体上直接刻蚀得到纳米结构，因此通常先在刚性基底上刻蚀出相应结构，而后再利用柔性材料翻模得到所需结构。Karrock 等利用电子束刻蚀的石英模板在柔性材料 PDMS 上制备出了一维光栅结构，并在表面旋涂 TiO_2 颗粒以增加材料折射率差值。如图 1-4（a）所示，该一维光子晶体可以在压力作用下产生显著的颜色变化。Karvounis 等采用过渡金属硫化物 MoS_2 为基体制备了一维光栅结构。如图 1-4（b）所示，制备方法是在 Si_3N_4 基底上通过离子束刻蚀得到光栅结构并在其上沉积一层 MoS_2。该光栅虽可产生一定程度的弯曲变形，但不能实现拉伸和扭转，柔性不足的同时也限制了变色范围。

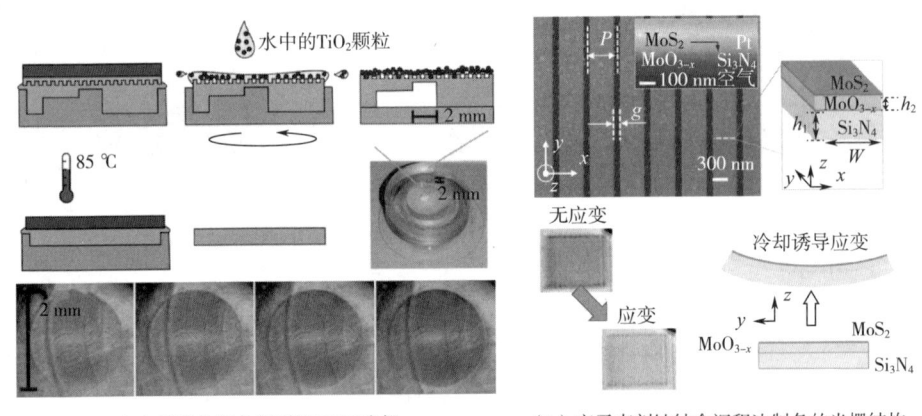

（a）模具法制备得到的PDMS光栅　　（b）离子束刻蚀结合沉积法制备的光栅结构

图 1-4　光栅结构一维柔性光子晶体的纳米加工技术

预拉伸加工法加工光栅结构的过程是首先让柔性材料在预拉伸状态下进行表面等离子体处理，释放预拉伸变形后即可在材料表面形成周期分布的褶皱形貌。尽管该方法在制造精度上不如上述纳米加工方法，但其高效和成本低的特点也具有明显的优势。Lin 等通过预拉伸加工法制成了 PDMS 一维光栅，并通过拉伸实验显示了结构色和透明度的变化。如图 1-5 所示，透明度主要由大尺度的褶皱引起，而结构色主要由纳米尺度的褶皱引起。拉伸材料时大尺度褶皱首先消失引起材料透明度增加，随后纳米尺度褶皱产生变化导致结构色改变。

（2）二维柔性光子晶体的制备工艺研究现状

二维柔性光子晶体是晶格单元（也称晶胞）在平面内周期分布形成的纳米点阵结构，它的制备方法主要有自组装法和纳米压印法两种。以下分别对两种方法的研究现状进行阐述。

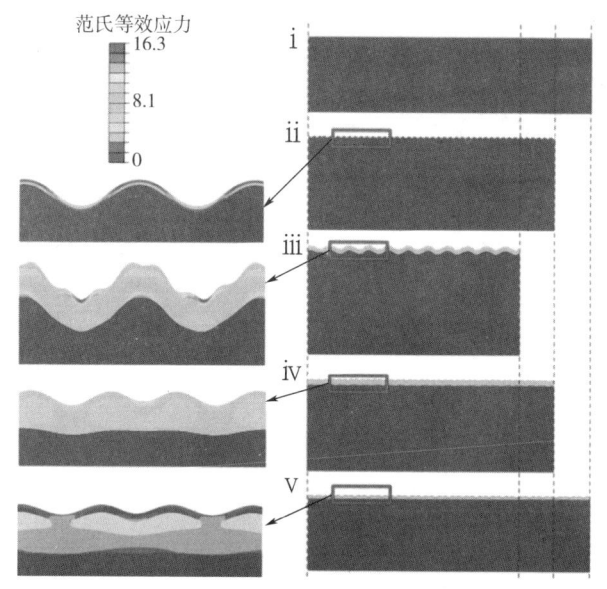
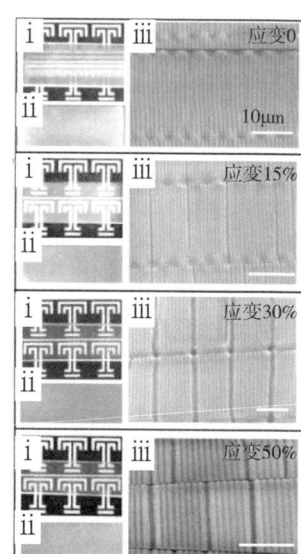

（a）两种尺度褶皱的仿真结果　　　　（b）拉伸时材料透明度和结构色的变化

图 1-5　光栅结构一维柔性光子晶体的预拉伸加工技术

自组装法的核心是将单分散的纳米颗粒组装成紧密堆积的单层薄膜的过程，该过程可以用颗粒悬浊液的表面注射、拉取、蒸发等方法实现。相对于玻璃等刚性基底，纳米颗粒在柔性基底上的自组装效果较差，因此，在使用自组装法制备柔性光子晶体时，通常先在刚性基底上实现纳米颗粒的自组装，随后再将其转移到柔性材料表面。Cho 等通过空气—水界面自组装法形成了三角形紧密排列的单层 SiO_2 纳米颗粒阵列，并将其转移到了 PDMS 基底表面。如图 1-6 所示，通过拉伸可以增大纳米颗粒间距进而使材料的结构色发生红移，该材料在滤光片等光学器材中有一定的应用前景。Liu 等将自组装形成的三角形紧密排列的单层 SiO_2 纳米颗粒阵列粘贴转移到凝胶材料表面，形成了色彩鲜艳的二维柔性光子晶体。利用自组装法也可制备单层球孔结构的二维光子晶体，制备过程是将在玻璃等刚性基底上得到的纳米颗粒阵列作为模板，在其上覆盖柔性材料并固化，随后移除模板即可得到单层球孔结构的二维光子晶体。Escudero 等在载玻片上制备了直径 800 nm 颗粒紧密堆积的单层阵列，随后在其上浇筑 50 μm 厚度的 PDMS 形成薄膜，将膜取下后就得到了具有单层球孔阵列结构的 PDMS 二维光子晶体。如图 1-7 所示，该材料在压力作用下形状产生变化，导致光子晶体表面光线入射角和观测角的变化，从而引起显著的颜色变化。

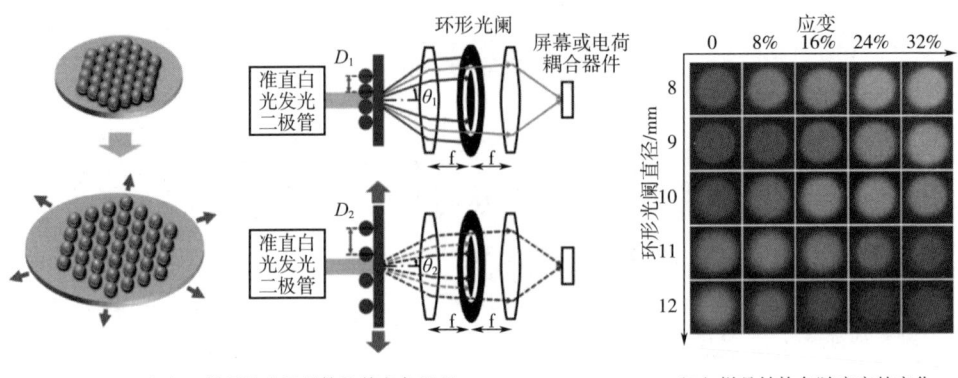

(a)二维柔性光子晶体及其变色机理　　(b)样品结构色随应变的变化

图 1-6　自组装法制备的单层 SiO_2 纳米颗粒阵列柔性光子晶体

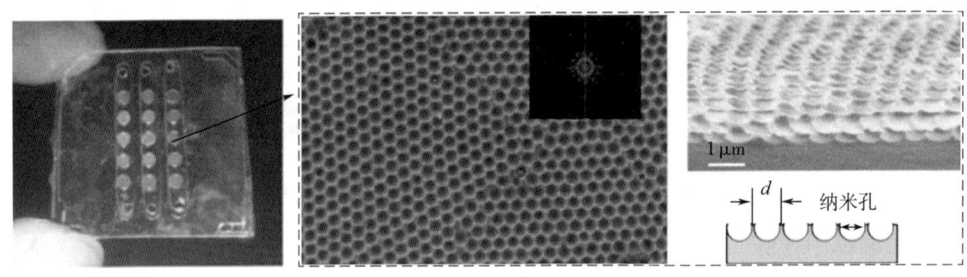

(a)制得的单层球孔阵列二维柔性光子晶体及其微观形貌

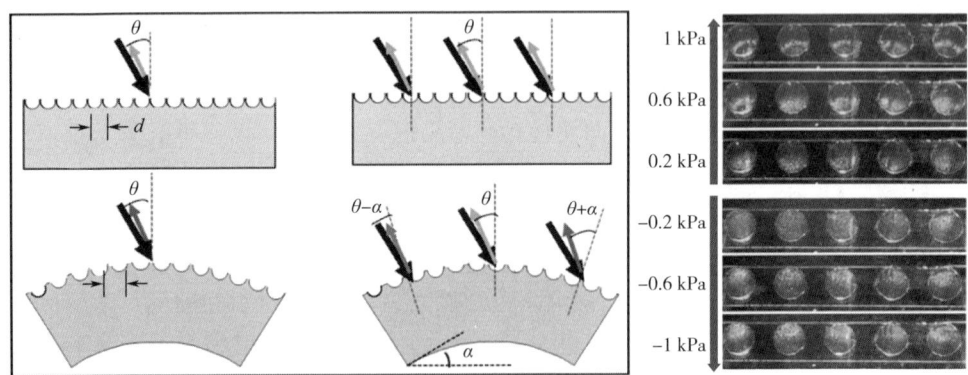

(b)变色原理及样品在不同压力下的变色效果

图 1-7　自组装法制备的单层球孔阵列二维柔性光子晶体

  由于自组装法制备周期长、过程可控性不足，且所得样品质量难以保证，研究人员在刚性光子晶体传统纳米加工工艺的启发下，研究使用纳米压印工艺进行二维柔性光子晶体的制备。纳米压印工艺的基本原理是将具有纳米尺度结构的模板压到柔性材料表面，形成等比例压印复制图案的工艺。因此，纳米压印工艺的步骤主要分为两步：首先利用光刻、电子束刻蚀、离子束刻蚀等传统的纳米加工技术在刚性基底上加工出所需纳米结构的反结构，随后将反结构作为模板在柔性材料上压印出所需结构。由于压印过程结构复制质量高、成本较低，且模板只需加工一次即可重复使用，纳米压印工艺受到相关研究领域的广泛关注。Endo 等通过纳米压印工艺在环烯烃聚合物表面制备了非紧密排列的三角形纳米介质柱阵列，环烯烃聚合物的可弯曲性使光子晶体具有了一定的柔性，如图 1-8（a）所示。Gao 等结合纳米压印和沉积两种工艺，在可弯曲基底上制备了正方形非紧密排列的纳米空气柱阵列，得到具有大面积、高质量结构色的二维超材料，如图 1-8（b）所示。此项研究中的工艺很好地提高了纳米加工的效率和图案的分辨率。

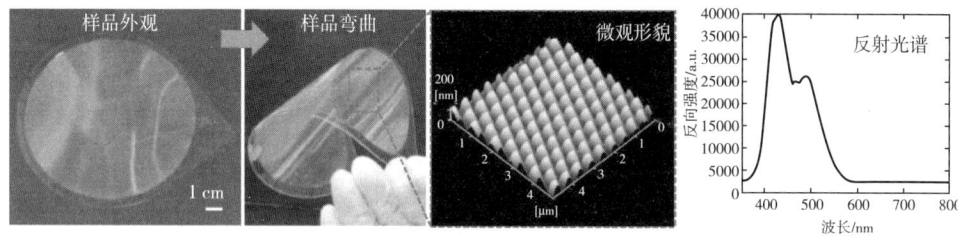

（a）基于三角形非紧密排列纳米介质柱阵列的二维柔性光子晶体

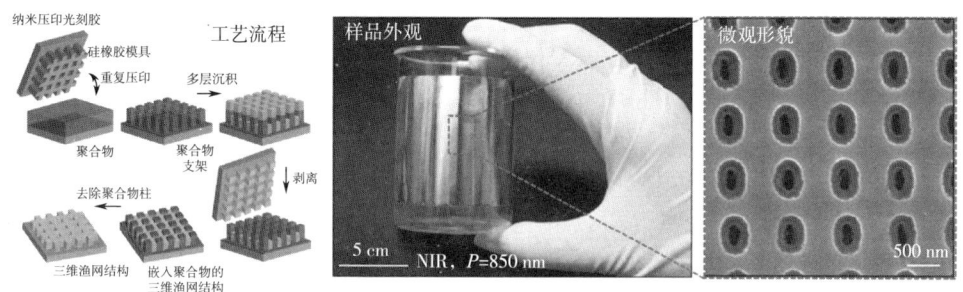

（b）基于正方形非紧密排列纳米空气柱阵列的二维柔性光子晶体

图 1-8　纳米压印法制备的二维柔性光子晶体

为了制备出功能更多的二维柔性光子晶体，研究人员开发了更为复杂的纳米压印技术。Raut 等提出了一种牺牲层介入纳米压印技术，通过两次不同尺度的压印过程制备了一种仿昆虫复眼结构的多尺度空气柱阵列型准二维光子晶体，如图 1-9（a）所示。该材料是一种具有抗反射、超疏水及防雾等性能的可弯曲柔性薄膜，它可以在潮湿环境下保持正常的光学性能。Kwon 等提出了一种逐层压印技术，首先在 PDMS 上压印出较大尺度的半球形凸起（直径约为 56 μm）结构阵列，随后使用聚乙烯醇制作的具有较小尺度介质柱阵列的二次模板在半球形凸起上形成较小尺度的空气柱阵列，形成了仿昆虫复眼结构的多尺度空气柱阵列型准二维光子晶体，如图 1-9（b）所示。该材料是一种可拉伸、可扭转的柔性多功能光学薄膜，可以被用来制作各种增透装置。

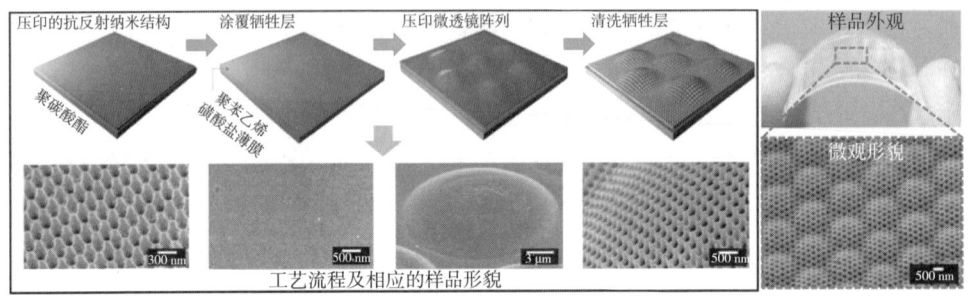

（a）牺牲层介入纳米压印工艺制备的准二维柔性光子晶体

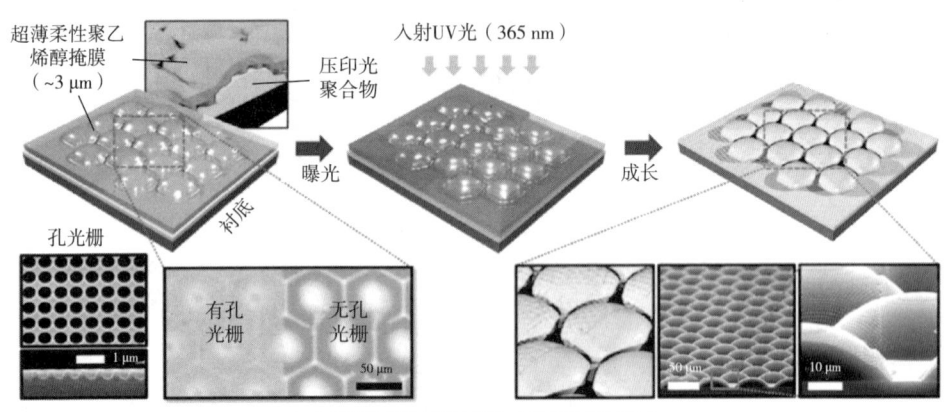

（b）逐层压印工艺制备的二维柔性光子晶体

图 1-9　纳米压印法制备的仿生准二维柔性光子晶体

此外，一些研究人员将物理或化学处理与纳米压印工艺结合，开发了更多新颖的结构，从而实现了更丰富的功能。Pourdavoud 等利用加热纳米压印技术在钙钛矿层表面制备了三角形非紧密排列的纳米空气柱阵列，同时在加热过程中消除了原本可能存在于钙钛矿层微结构中的缺陷。Zhu 等通过氢氟酸化学处理与纳米压印技术的结合，在 PDMS 表面的特定区域形成了纳米结构，得到了具有多种定制图案的柔性光子晶体。西安交通大学的 Shao 等结合电场作用与纳米压印技术，实现了聚合物表面微米—纳米分层结构的单步工艺制造。可以看出，纳米压印工艺是一种低成本、高效率、高精度的微纳结构制造方法，因此在二维柔性光子晶体制备中具有天然的优势,同时,该工艺很容易与其他的工艺或处理方法相结合,进而实现其他工艺难以实现的复杂结构和特殊功能。

(3) 三维柔性光子晶体的制备工艺研究现状

三维柔性光子晶体主要是基于柔性基体材料形成的蛋白石结构和反蛋白石结构,其中蛋白石结构指的是自然界中 SiO_2 按照面心立方结构紧密堆积形成的天然光子晶体,反蛋白石结构指的是将蛋白石中的 SiO_2 去掉并在原空隙处填满材料后的结构。三维柔性光子晶体制备的关键步骤是将纳米颗粒通过自组装过程形成蛋白石结构并嵌入到柔性基体材料中。以下分别对蛋白石结构和反蛋白石结构三维柔性光子晶体的制备研究进行阐述。

蛋白石结构三维柔性光子晶体的制备工艺有两种,一种是形成蛋白石结构后再嵌入柔性材料中,另一种是将纳米颗粒分散在液态柔性材料前体中进行一体化自组装。在第一种工艺中,蛋白石结构的形成方法已较为成熟,主要是利用重力、毛细力、离心力等从单分散纳米颗粒悬浊液中提取蛋白石结构。蛋白石结构嵌入柔性材料通常是通过将液态柔性材料前体充分流入已制备好的蛋白石结构中,固化交联后即可获得所需材料。Kim 等通过浸润的方法将 PS 单分散纳米颗粒嵌入到水凝胶中制成了可拉伸的三维柔性光子晶体,如图 1-10 (a) 所示。Lee 等同样以浸润法使液态 PDMS 前体或光敏树脂与聚多巴胺 (PDA) 纳米颗粒充分混合制成柔性三维光子晶体。Sun 等使用电泳沉积法将 PS 单分散纳米颗粒沉积到包裹有碳纳米管 (carbon nano-tubes,CNTs) 的 PDMS 纤维表面,随后在表面覆盖一层液态 PDMS 前体,固化交联后得到三维柔性光子晶体纤维,如图 1-10 (b) 所示。

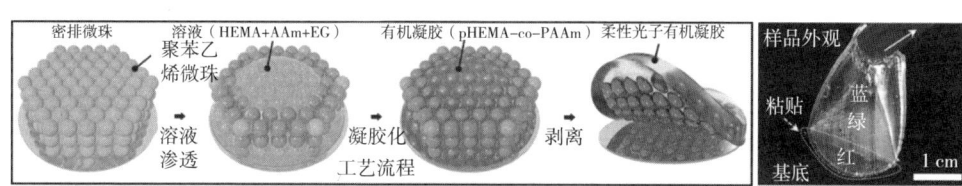

(a) PS单分散纳米颗粒嵌入水凝胶制成的三维柔性光子晶体

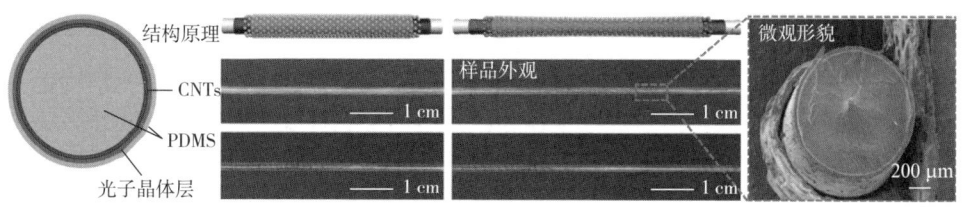

(b) 电泳沉积法制备的三维柔性光子晶体纤维

图 1-10 蛋白石结构嵌入柔性材料的三维柔性光子晶体制备工艺

第二种工艺是将纳米颗粒分散在液态柔性材料前体中进行一体化自组装。该工艺可以精确控制光子晶体中纳米颗粒的含量，同时制备过程相对简单，受到研究人员的广泛关注。Yang 等将单分散 SiO_2 纳米颗粒与光敏水凝胶及乙二醇混合均匀，在紫外光照射 20 min 后完成交联，形成一体化的三维柔性光子晶体，如图 1-11（a）所示。Chen 等报道了一种可拉伸的水凝胶三维柔性光子晶体。如图 1-11（b）所示，该材料通过单分散的聚丙烯酸丁酯（PBA）纳米颗粒与水凝胶进行物理交联而得到，PBA 颗粒在其中充当了物理交联剂及增强剂，在产生结构色的同时提高了材料整体的机械强度。

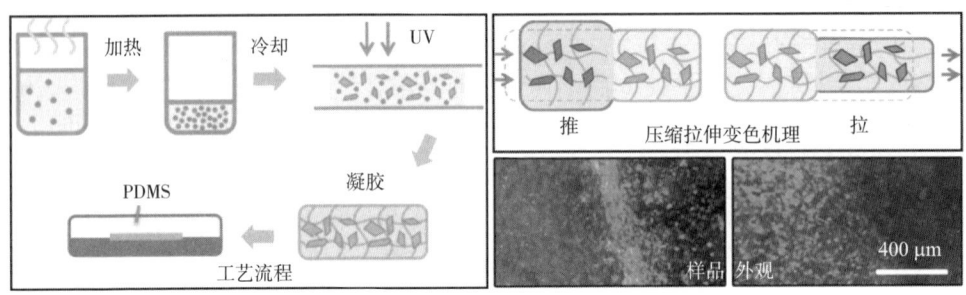

（a）SiO_2 单分散纳米颗粒与光敏水凝胶交联制成的三维柔性光子晶体

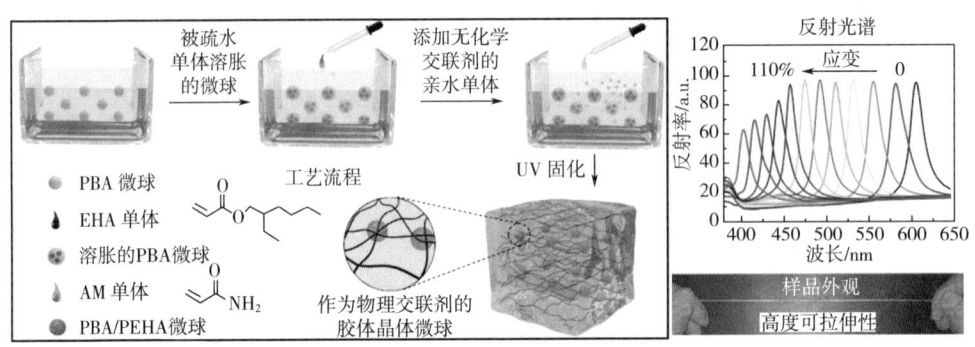

（b）PBA 与水凝胶物理交联制备的三维柔性光子晶体纤维

图 1-11　纳米颗粒分散于液态柔性材料前体后的一体化制备工艺

反蛋白石结构三维柔性光子晶体的制备工艺主要是在制得蛋白石结构柔性光子晶体的基础上通过一定的处理方法去掉其中的纳米颗粒得到空气孔结构的过程。与蛋白石结构相比，去掉纳米颗粒后材料的柔顺性和大变形能力将进一步增加，但其机械强度会由于大量的孔隙而产生一定程度的下降。其中，具有代表性的工艺研究包括 Sumioka、Arsenault、Liu 和 Meng 等，他们分别在不同基底材料中使用氢氟酸浸泡法去掉 SiO_2 纳米颗粒，得到基于柔性聚合物的反蛋白石结构柔性光子晶体，研究成果如图 1-12 所示。

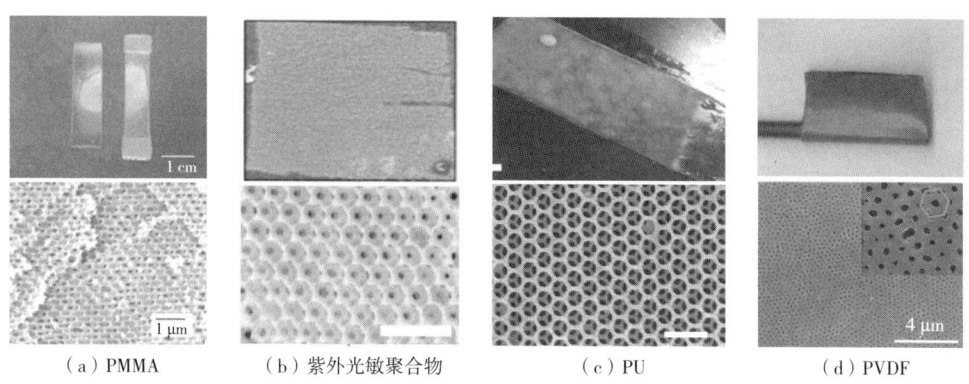

(a) PMMA　　　(b) 紫外光敏聚合物　　　(c) PU　　　(d) PVDF

图1-12　不同基底材料制成的反蛋白石结构三维柔性光子晶体及微观形貌

众所周知，光子晶体的结构色变化信息是通过反射光谱获取的，因此光子晶体结构必须具有理想的反射光谱。由上述柔性光子晶体的制备工艺研究现状的介绍可以看出，一维光子晶体在一个方向上具有周期性结构，只有当入射光垂直入射时才能实现理想的反射；二维光子晶体在平面两个方向上都具有周期性结构，因此它在平面内各个方向都具有理想的反射；三维光子晶体在空间内三个方向上都具有周期性结构，因此它在各角度都具有理想的反射。因此，从有效获取反射光谱的角度来讲，一维柔性光子晶体最弱，二维柔性光子晶体较好，三维柔性光子晶体最好。但是，蛋白石结构三维柔性光子晶体由于纳米颗粒的影响而柔性不足，反蛋白石三维柔性光子晶体在去掉纳米颗粒后具有了很好的柔性，但由于材料中遍布孔隙而使机械强度明显下降。因此，相比而言，二维柔性光子晶体在结构色调控中具有良好的性能。此外，利用纳米压印法制备的二维柔性光子晶体从工艺性、纳米结构精度、材料光学性能和机械性能方面都体现出了独特的优势。

1.2.2　柔性光子晶体结构色调控技术研究现状

柔性光子晶体材料的结构色调控方法一直是研究人员的重要关注点之一，人们希望通过颜色调控实现动态拟色需求，从而开发各种基于结构色变化的应用。目前的颜色调控技术研究包括：机械调节、磁场调节、光调节、电场调节、溶胀和温度调节、物理相变等，本小节将对典型的柔性光子晶体结构色调控技术的研究现状进行阐述。

机械调节变色的手段被称为力致变色，它是最常见的柔性光子晶体结构色调控手段，其原理是通过机械力使柔性光子晶体产生变形，利用变形时晶格常数的改变导致结构色变化［式（1-1）、式（1-2）］。Kolle等学者基于不同柔性基体材料制备了一维柔性光子晶体并利用拉伸变形实现了可见光范围内的结构色变化，Haque 等学者通过对一维柔性光子晶体进行压缩，实现了特定图案的大范围变色显示。Kontogeorgos 等学者对不同柔性基体材料的三维柔性光子晶体进行拉伸实现了可见光区域内的大范围结构色变化，Ito 等学者通过对三维柔性光子晶体表面进行挤压作用，实现了对应表面的颜色变化，以上研究成果如图 1-13 所示。

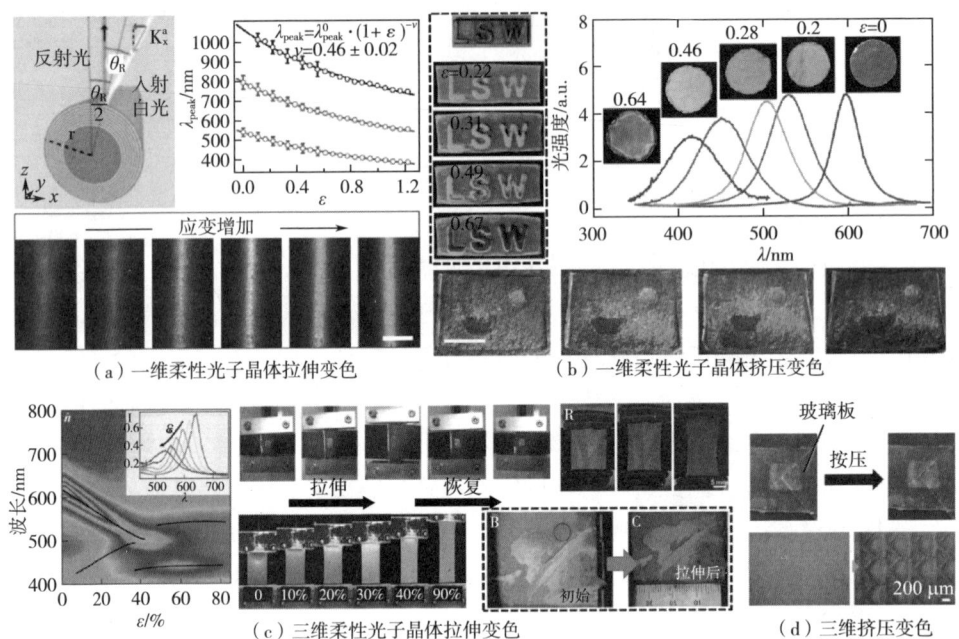

图 1-13　柔性光子晶体结构色的机械调节

磁场调节也是常见的柔性光子晶体结构色调控手段，其原理是通过磁场调制光子晶体内部单元结构进而实现结构色的变化。Zhu、Kim、Xuan、Lee 等分别利用磁场对不同磁性颗粒在光子晶体中的分布进行调节，实现了较大范围的结构色变化，如图 1-14 所示。

利用光敏材料制备的柔性光子晶体可以通过光照激发颜色变化。Gu、Maurer、Matsubara 等利用光照触发光敏柔性光子晶体产生光化学反应的方法改变了材料的折射率，从而使材料结构色发生明显变化，研究成果如图 1-14 所示。

通过溶剂的溶胀作用和温度都可以改变特定柔性光子晶体的晶格常数，从而实现结构色调控。Wang、Kang 等分别利用水和硅油作为溶剂分别对具有亲水性与亲油性的柔性光子晶体进行溶胀处理，实现了可见光范围内明显的结构色变化。Kanai 等通过对热敏材料制成的柔性光子晶体进行加热的方法改变了材料晶格常数，实现了结构色调控，以上研究成果如图 1-14 所示。

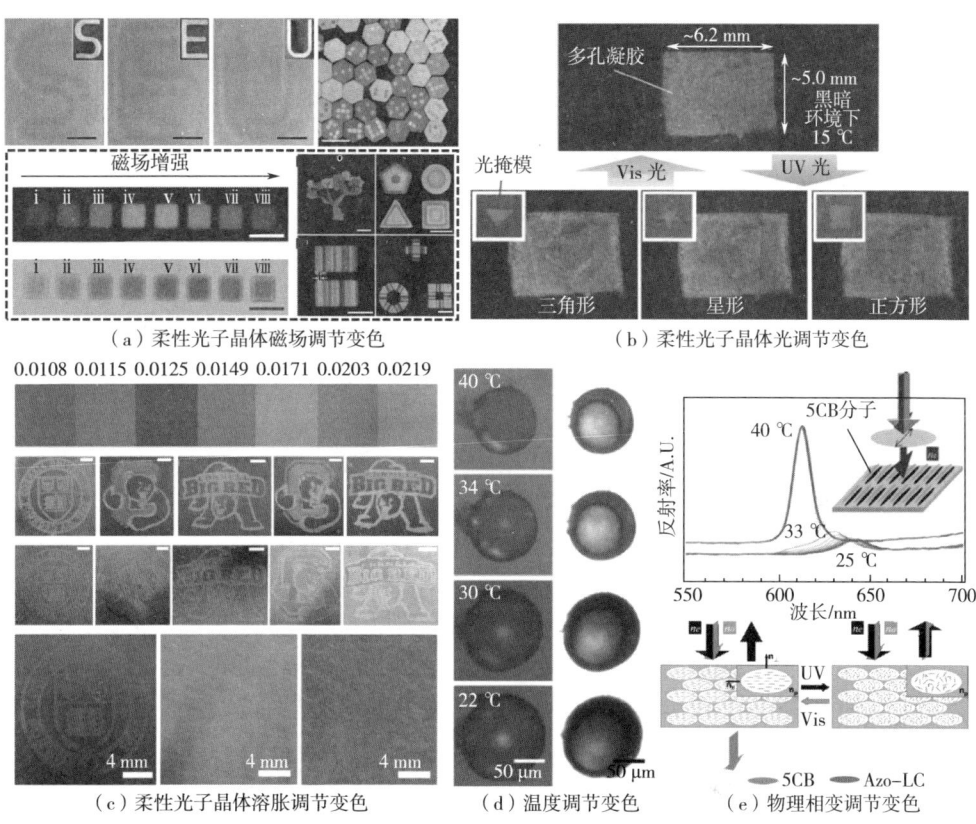

图 1-14　柔性光子晶体结构色的磁场、光、溶胀、温度、相变等调节方式

利用材料的物理相变过程也可以进行结构色调控。Kubo、Xie 等通过加热和紫外光照等方法使渗入反蛋白石柔性光子晶体中的液晶取向发生改变，从而利用折射率的变化产生了显著的结构色变化，如图 1-14 所示。

利用电场调节柔性光子晶体结构色的技术属于电致变色技术范畴。由于电信号具有便捷、高效、易控等特点，使电致变色在众多变色手段中脱颖而出，成为最被关注的一种变色技术。电致变色（EC）指通过施加电信号对颜色进行可逆控制的技术，它在智能窗、信息显示、电子纸、电子皮肤等领域具有广阔的应用前景。根据材料的变色机理，可以将其分为电致化学变色和电致结构变色两大类。

电致化学变色的机理是特定物质在可逆化学反应前后呈现不同颜色。此类电致变色技术实现的关键是找到合适的反应物并设计合理的器件结构，使电信号可以成功激发氧化还原反应，以改变可变色材料的光吸收特性进而实现变色。典型的电致化学变色的工作原理及器件结构如图 1-15 所示，该器件是由五部分组成的对称式结构：两个透明导电层、两个电致变色薄膜和中间的电解质层。由于电解质层多为离子液体，为防止渗漏需在器件外围用环氧树脂等密封胶进行密封。当电压作用在透明导电层之间时，一侧电致变色薄膜被氧化而另一侧被还原，导致其中一侧产生颜色变化从而实现电致变色。

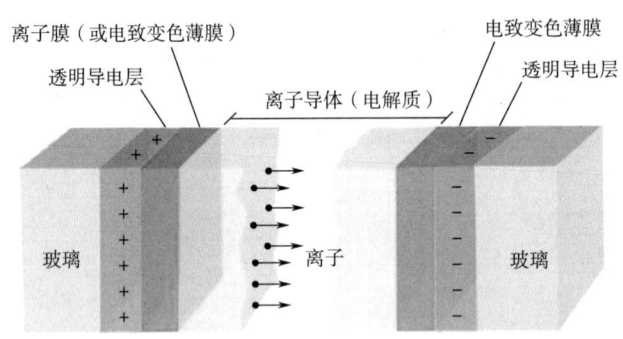

图 1-15 典型电致化学变色工作原理及器件结构

自 Deb 于 20 世纪 70 年代提出电致变色理念以来，研究人员对此类变色材料的机理、变色特性、器件设计及应用等进行了广泛的研究。近年来，这类电致化学变色器件由刚性逐渐向柔性过渡，开发出了不同程度的柔性电致化学变色器件。

许多过渡金属氧化物都具有电致化学变色特性，如 WO_3、MoO_3、V_2O_5、Nb_2O_5、TiO_2、BiO_3，即当电子与阳离子注入时金属氧化物会发生颜色变化，当电子与阳离子离开金属氧化物时其恢复到原来的颜色。Liang 等利用 ITO/PET 薄膜代替载玻片作为衬底，使用 WO_3 作为变色材料实现了可弯曲的柔性电致变色器件。如图 1-16（a）所示，该器件在 ±3 V 的电压下可以呈现无色和深蓝色两种状态。Layani 等使 Ag 在 PET 薄膜上自组装形成了可弯曲的衬底和电极一体化结构，并将变色材料 WO_3 喷墨印刷成特定图案进行了无色和蓝色两种状态的显示，如图 1-16（b）所示。Cai 等使用钝化工艺使 Ag 更好地与 PET 薄膜结合，提高了电极的电化学稳定性。如图 1-16（c）所示，由此制得的以 WO_3 变色材料的电致变色器件可以稳定工作 1000 次以上。

鉴于 ITO/PET 薄膜的柔性仅限于弯曲变形，为了满足电致变色器件对拉伸、扭转等变形的需要，Lee 等将银纳米线（AgNWs）嵌入 PDMS 中制成柔性衬底和电极，随后在其表面沉积制成 WO_3 电致变色器件。如图 1-17 所示，该器件实现了特定图案的两色切换，并且由于电极和衬底的柔性使得该器件可以进行拉伸和扭转等变形。

除过渡金属氧化物外，一些高分子聚合物也具有电致变色的特性（图 1-18）。

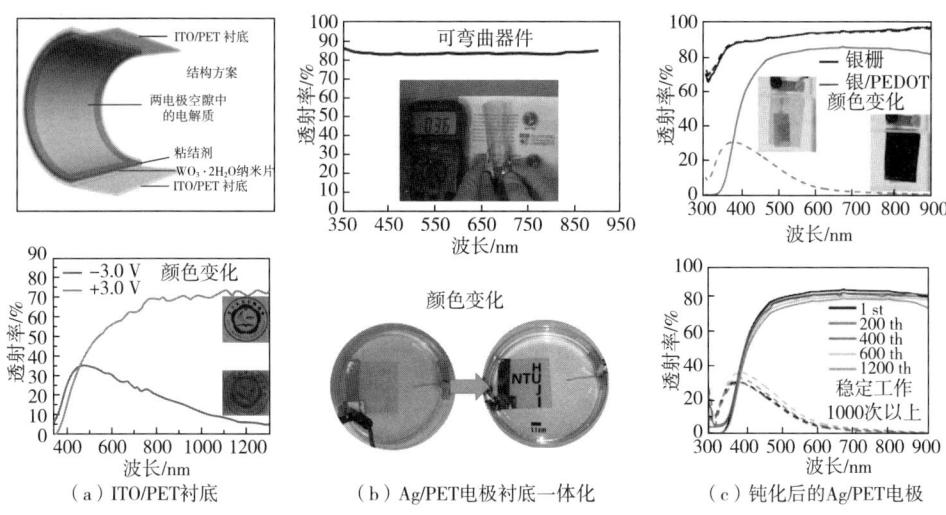

图 1-16 可弯曲的过渡金属氧化物电致化学变色器件

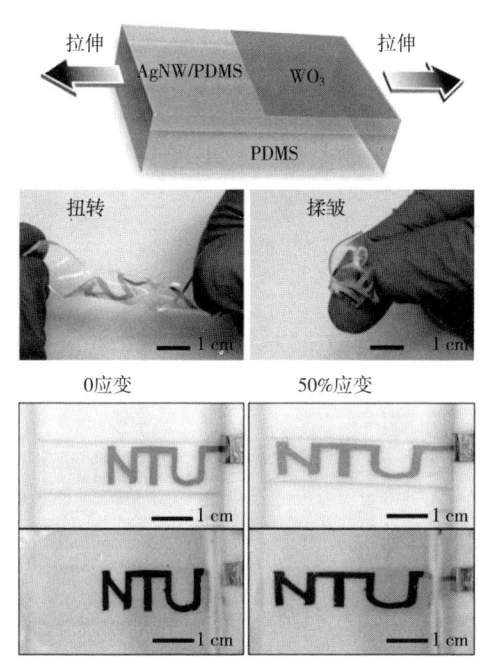

图 1-17 可拉伸可扭转的柔性电致化学变色器件

Kerszulis 等设计并合成了一种由丙二氧噻吩的重复单元构成的共轭聚合物,实现了多种颜色之间的变化。Osterholm 等基于二氧噻吩合成了两种颜色显示的聚合物并通过组合实现了黄色、蓝绿色、棕色三种颜色的显示。Zhao 等基于二羟丙基紫精和 PVB 凝胶电介质制备了一种可以在 1.0 V 电压下从无色变为深蓝色的电致变色器件。Palma 等使用聚苯胺（PANI）和聚二噻吩制备了在 1.1 V 电压下可以显示黄色、绿色、深蓝色等多种颜色的电致变色器件。Zhang 等使用聚酰亚胺与两种三芳胺衍生物 PI-1a、PI-2a 分别制备了在 1.3 V 电压下可以由透明变成黑色和蓝色的两种器件。

在电致化学变色研究中，最常出现的问题除了化学稳定性问题外还存在电解质渗漏。为了防止电解质渗漏，研究人员开发了全固态电解质作为离子交换导体，但该电解质在使用过程中频繁出现的破裂和起泡现象又成为该领域需要解决的一个新问题。另外，电致化学变色仅限于几种颜色间的切换，难以实现可见光范围内的连续变化。

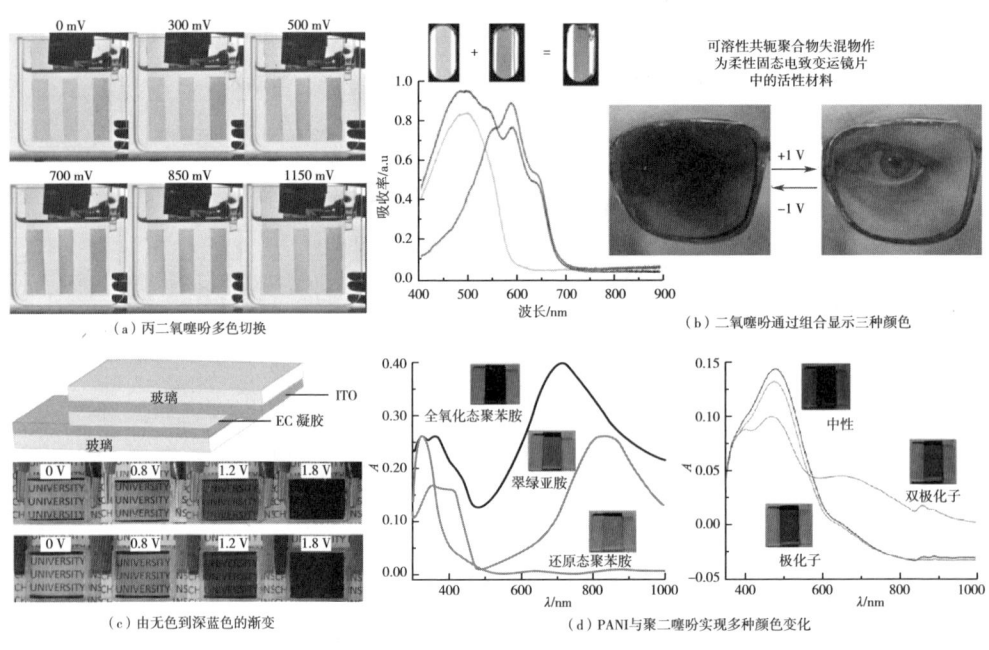

图 1-18　基于高分子聚合物的电致化学变色器件

不同于电致化学变色的机理，电致结构变色是通过电信号引发光子晶体材料参数或结构变化产生变色的技术。此类电致变色技术实现的关键是选用适当的柔性光子晶体材料与结构并合理地设计电信号触发模式与器件结构，通过改变材料或结构的相关参数实现变色。基于光子晶体结构变化的电致变色不存在化学稳定性问题，且通常为固态材料，不存在液体泄露等问题，因此在颜色稳定性和器件设计上具有明显的优势，近年来受到研究人员的广泛关注。

电致结构变色具体实现方式是通过电信号对决定光子晶体颜色的折射率（介

电常数)、晶格常数、入射角或观测角等三个参数进行调节。Zhang 等将太阳能电池与光子晶体结合制备了多层结构,通过太阳能电池改变光子晶体层间的相对折射率对反射光谱进行颜色的调控。Walish 等制备了由聚苯乙烯(PS)和聚 2-乙烯基吡啶(P2VP)两种聚合物交替形成的层状一维光子晶体结构,通过电致溶胀改变层间距可实现对材料反射光谱的调节。Yang 等制备了电极—PS 纳米颗粒阵列—聚乙烯醇介电层—电极的四层结构,利用电场控制阵列中 PS 颗粒的分布来调节光子晶体的晶格常数,进而控制材料的颜色变化。Lee 等和 Shim 等分别研究了通过电场改变纳米颗粒在悬浊液中分布情况的方法,从而通过晶格常数的改变对材料的反射光谱在可见光范围内进行调控。Weiss 等通过电场和温度相结合的方式改变多孔硅中的液晶的折射率,从而对光子晶体的带隙波长进行改变。以上研究成果如图 1-19 所示。

也有研究通过电信号同时改变光子晶体两个或两个以上的参数,从而实现更大范围的颜色调节。Arsenault 等使用 ITO 电极通过电化学方法对内含单分散 SiO_2 纳米颗粒的水凝胶光子晶体进行溶胀,通过晶格常数和折射率两个参数的调整实现了大范围的颜色变化,如图 1-20(a)所示。Hwang 等通过施加电场改变共聚物凝胶光子晶体的体积来改变晶格常数,从而实现结构色调控,如图 1-20(b)所示。

由上述介绍可以看出,在电致结构变色中,通过电压改变晶格常数及折射率进行结构色调节的技术大多不需要液态介质参与,没有电致化学变色中存在的泄露和密封问题,也不存在化学色稳定性问题,且可以在可见光范围内实现颜色的连续变化,因而电致结构变色比电致化学变色更具发展前景。但从上面介绍可知,目前的电致结构变色研究中,大多是通过电场对柔性光子晶体内部的纳米颗粒分布进行控制从而实现颜色调控的,这种光子晶体内部微粒分布结构不够稳定,容易失效且变色范围不大。另外,此类电致结构变色技术的电极或衬板大多采用 ITO 玻璃或 PET 薄膜等材料,往往只能实现一定程度的弯曲变形,难以实现真正意义上的柔性,因此,探索新的电致结构变色技术就非常必要。

1.2.3 电活性材料及其在电致变色技术中的应用研究现状

电活性材料(EM)是近年来被材料、机械、力学、仿生等学科普遍关注的一类智能材料,这些材料的共同特点是在电信号激励下能够产生较大的变形和力的输出,同时具有柔性好、响应快、能耗低、能量密度高等突出优点,因此,近年来成为柔性驱动领域研究的一个热点,因而也有望成为电致结构变色领域一个具有发展前景的新技术。本小节将对典型的电活性材料及其在电致变色技术中的应用研究现状进行阐述。

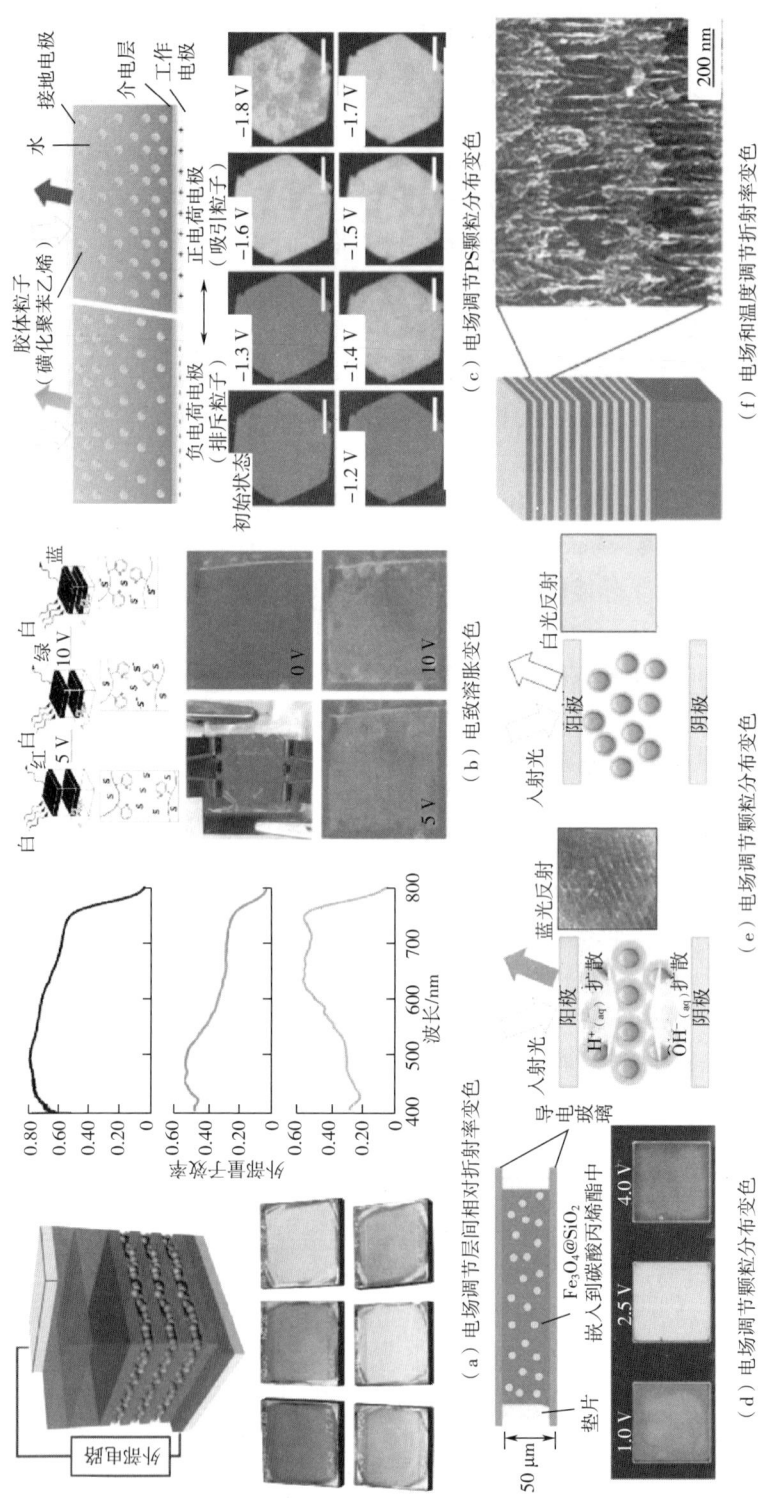

图1-19 单一参数引起电致结构变色的原理及变色效果

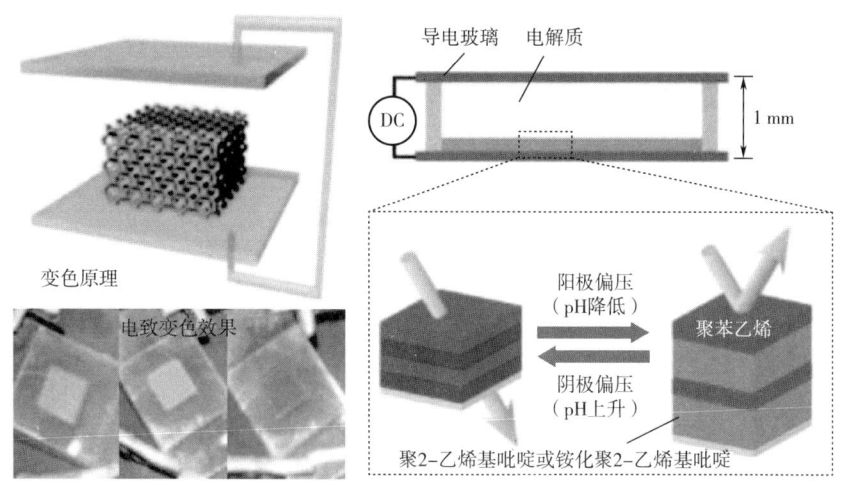

(a) 晶格常数及折射率　　　　　　　(b) 晶格常数及折射率

图 1-20　双参数引起电致结构变色的原理及变色效果

(1) 电活性材料及其应用研究现状

电活性材料包括电场型电活性聚合物（包括介电弹性体、电致伸缩介电凝胶等）、离子型电活性聚合物（包括离子聚合物金属复合材料、离子凝胶等）、电热型材料（形状记忆合金、形状记忆聚合物、捻卷型人工肌肉等）等，下面分别对其进行介绍。

①电场型电活性聚合物材料及其应用。电场型电活性聚合物的工作原理是材料在电场产生的静电库仑力的作用下产生大变形。在众多电场型电活性聚合物中，介电弹性体（dielectric elastomer，DE）材料是其中最具代表性的一种，它具有能量密度大、弹性模量小、输出变形大、成本低、制造简单等优点，成为近20 年来被研究人员广为关注的一类电活性材料。DE 材料为典型的三明治结构，如图 1-21（a）所示。它由一个介电材料层和与其紧密贴合的上下表面柔性电极组成，主要利用电场作用下电极之间的库仑力挤压作用，促使介电材料层产生厚度变薄和面内扩张的变形。图 1-21（b）所示为 DE 样品的实际通电变形效果，图中灰色部分为柔性电极，可以看到通电后样品的面积显著增大，驱动器输出了较大范围的面内扩张。

DE 材料具有柔性、大变形和快速响应的特点，这使其在柔性驱动器研究领域脱颖而出。近年来，大量的研究工作聚焦于利用 DE 材料开发各种柔性驱动器。Nguyen 等通过将多个单层 DE 驱动器进行叠加，制成了一种具有线性输出能力的多层堆栈驱动器，并将其应用于仿生四足机器人的制作，如图 1-22（a）所

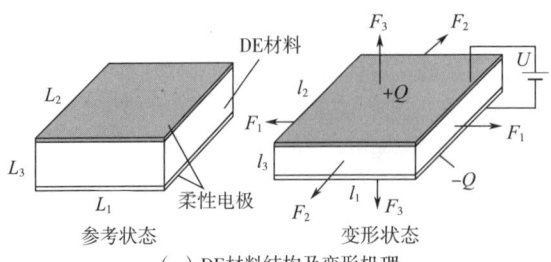 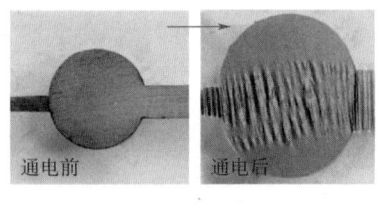

(a) DE材料结构及变形机理　　　　　(b) DE材料变形效果

图 1-21　DE 材料的结构、变形机理及变形效果

示。随后，又利用多相位 DE 驱动器的组合实现了一种多自由度摆动驱动器，利用该驱动器制作了仿生六足机器人，如图 1-22（b）所示。Sun 等将四组纯剪切型 DE 串联制备了一种可折叠驱动器，通过电压调节不同组 DE 变形可以输出多种折叠形状，并利用该驱动器制备了一种轮式移动机器人，如图 1-22（c）所示。

Li 等将六个最小能量结构 DE 串联形成了环形驱动器，当电压作用在其中一块 DE 时环形将变为椭圆环，引起驱动器滚动寻求新的平衡，如图 1-22（d）所示。Henke 等设计了六组 DE 在平面内串联的结构，通过六组协调运动将 DE 的面内伸缩转化为其下部连接的 V 型腿的交替摆动，从而实现结构整体向前爬行，如图 1-22（e）所示。Li 等利用两组纯剪切型 DE 对称连接制成摆动型驱动器，并将其应用到柔性机翼的蒙皮结构中，如图 1-22（f）所示。

总体来看，通过合理设计 DE 驱动器的结构可以实现多种运动模式，这种灵活的大变形驱动能力使得 DE 有望在柔性电致变色技术中得到应用。

②离子型电活性聚合物材料及其应用。离子型电活性聚合物的工作原理是通过离子迁移等电化学过程将电能转化为动能输出。离子聚合物金属复合材料（ionic polymer-metal composites，IPMC）是其中最具代表性的一种，它具有与生物组织相似的柔性特征，同时具备驱动电压低、无噪音、输出变形大、可随意裁剪等优势，近年来得到了学术界广泛的关注。IPMC 是由离子聚合物及其表面两侧组装的金属电极构成，聚合物中的带电离子在表面电极电压作用下产生迁移，引起离子在一侧表面附近堆积，导致材料产生弯曲变形，如图 1-23 所示。

IPMC 具有能耗低和输出弯曲变形大的特点，这使其在许多致动器尤其是弯曲致动器的开发中得到了应用。由于 IPMC 可以被任意裁剪，因而常被用在一些特殊形状尺寸或微米级别的应用中。Zheng 等利用 IPMC 设计制作了人造蝠鲼的仿胸鳍驱动器，实现了人造蝠鲼在水中的快速游动。该人造蝠鲼可以在 15 s 内向前游动 200 mm 以上，如图 1-24 所示。Ye 等利用能输出较大弯曲变形的 IPMC

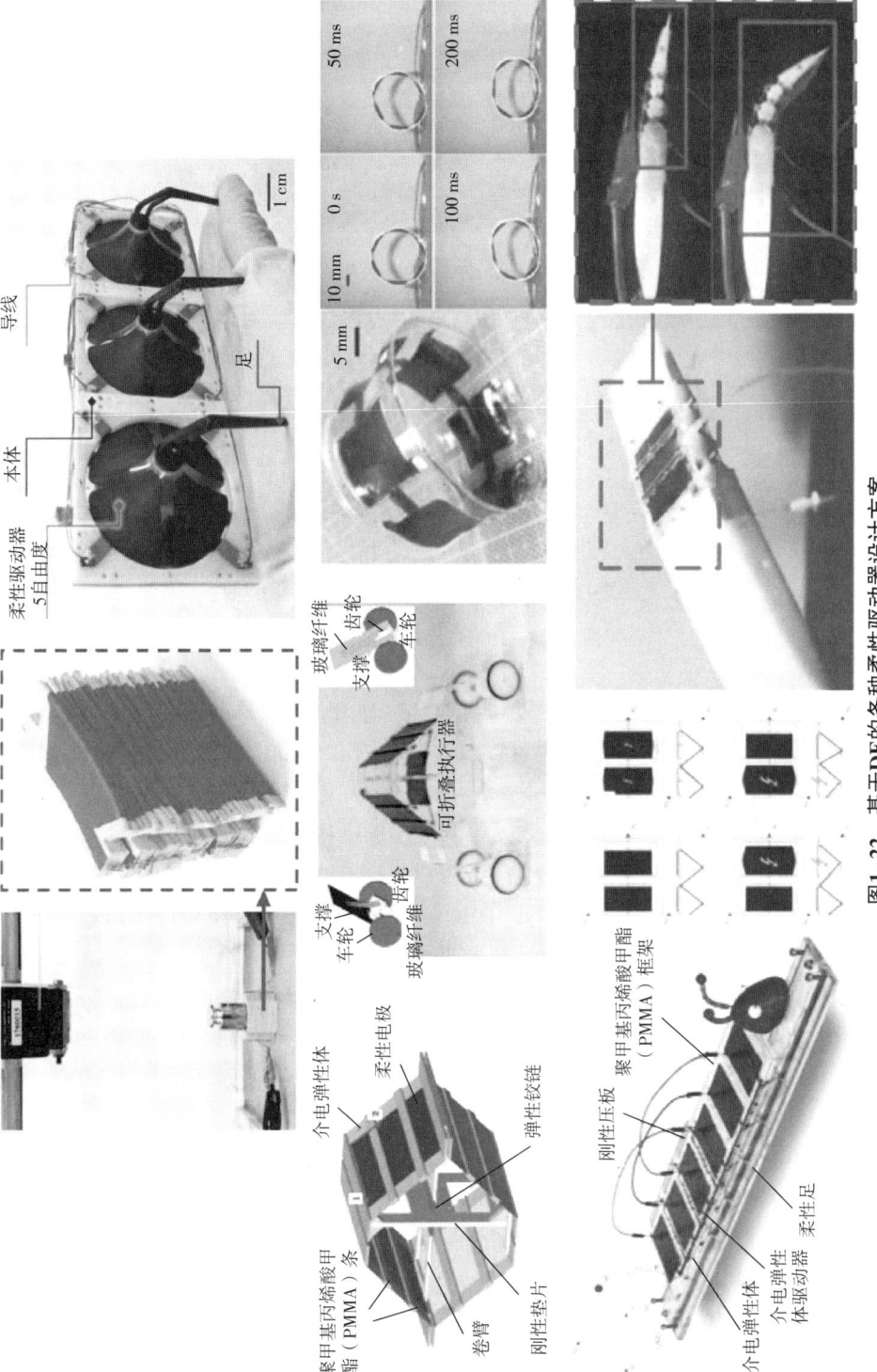

图1-22 基于DE的各种柔性驱动器设计方案

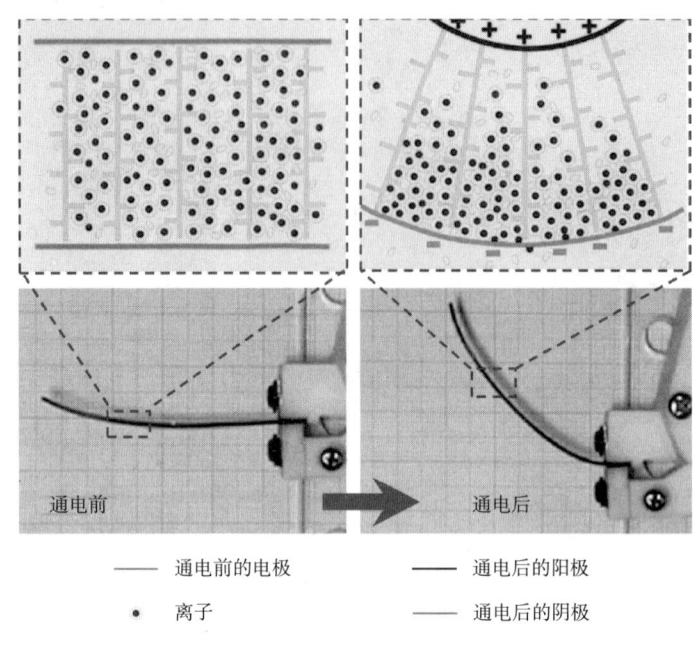

图1-23 IPMC结构及变形机理

作为驱动器，制作了机器鱼的尾翼和侧翼。通过IPMC的弯曲摆动频率可以控制机器鱼的游动速度，其在25 s内可以向前游动约120 mm，如图1-24所示。Feng等通过IPMC弯曲变形特性设计了一种灵活的医用电控手术夹，可以进行微创侵入性手术，如图1-24所示。Sideris等利用IPMC在电压作用下的摆动特性设计制造了微流量泵，在低于5 V的电压下可以实现669 pL/s的泵送量，其原理与结构如图1-24所示。He等基于多孔IPMC制备了一种在空气中可以相对稳定工作的弯曲驱动器，并将其应用于柔性抓取器的设计，如图1-24所示。Shen等利用相互对称的12片IPMC制备了仿乌贼运动的水下柔性驱动装置，通过各片IPMC的协同控制可以实现多种运动模式，如图1-24所示。

总体来看，IPMC驱动器主要适用于输出弯曲运动的工作场合。鉴于在IPMC的致动机理中，足够水分是保证离子迁移质量的前提，因而该材料更适用于液体环境或与液体相接触的相关应用中。

③电热型材料及其应用。由于电信号的便捷、高效、易控等特点，许多热敏变形材料在使用时都选择通过电能进行温度控制。电热型材料是指以电信号为最初的输入信号，中间经历热能信号的转化最终输出力和变形的一类材料的总称，它经历的能量转变过程为电能—热能—动能。电热材料中以形状记忆合金（shape memory alloy，SMA）的研究和应用最为广泛。

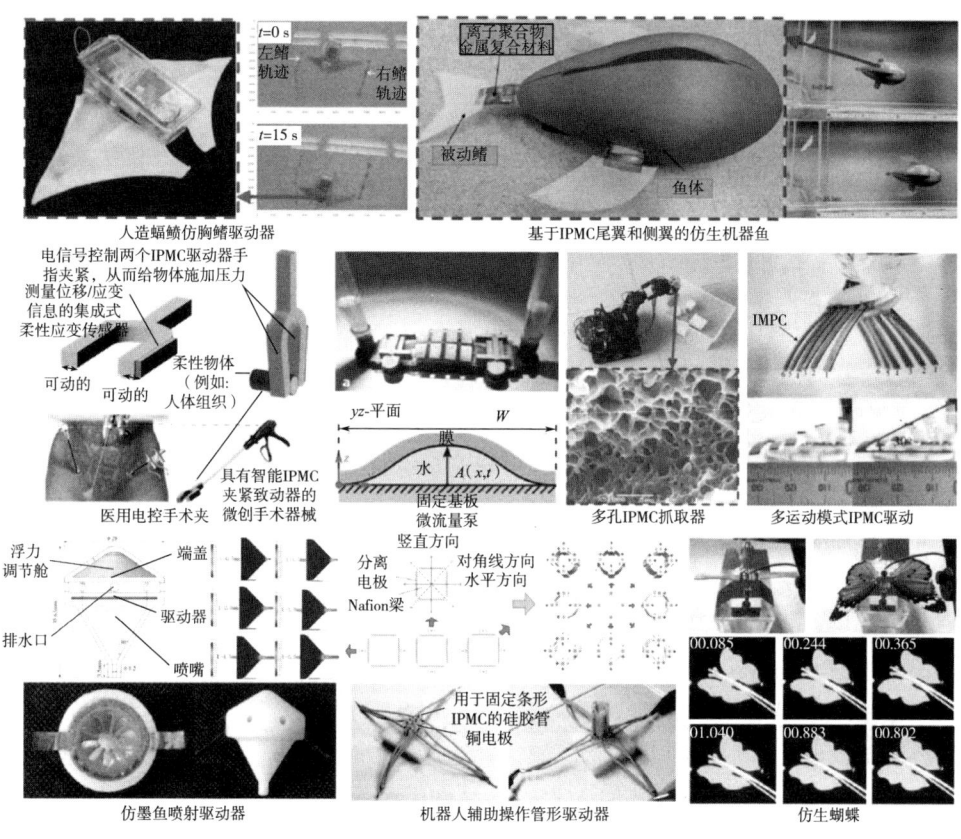

图 1-24 基于 IPMC 的各种驱动器及应用

形状记忆合金是一种常见的形状记忆材料,其特点是能够"存储"之前的形态,并在外界电、热、光等信号的激励下恢复到之前的形态。SMA 产生形状记忆行为的机理是其内部晶体奥氏体组织和马氏体组织之间的相互转变。奥氏体组织在高温下是稳定的,马氏体组织在低温下是稳定的,温度是诱发组织转化的条件。SMA 的相变过程如图 1-25 所示,当 SMA 受热时它开始从马氏体转变为奥氏体相。奥氏体转变温度(A_s)是这种转变开始的温度,奥氏体转变结束温度(A_f)是这种转变完成的温度。当 SMA 受热超过转变温度时,它就开始收缩并转变为奥氏体结构,从而恢复到原来的形态。在冷却过程中,相变在马氏体转变温度(M_s)开始恢复到马氏体,并在达到马氏体转变结束温度(M_f)时完成。电信号驱动的 SMA 是一种典型的电活性材料,它是通过电信号产生热量使材料温度升高至相变温度以上,进而产生形状改变的一种驱动方式。

电活性 SMA 具有驱动电压低、轻质化、输出驱动力大等特点,这些特有性

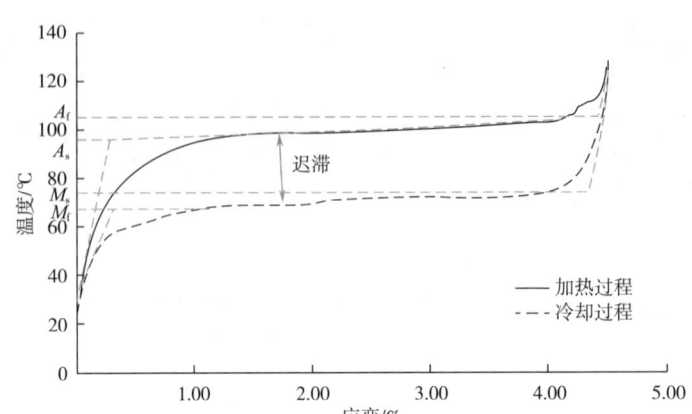

图 1-25 形状记忆合金记忆效应的相变过程

质使其在航空航天、能源工业、生物医学等领域的某些应用中具有得天独厚的优势。近年来，大量的研究工作聚焦于利用 SMA 开发各种柔性驱动器。Lee 等利用 SMA 开发了一种直径仅为 25 μm 的微型驱动器，报道称该驱动器的功能参数与肌肉纤维非常接近，是一种理想的人造肌肉纤维材料。

Rodrigue 等利用 SMA 和 PDMS 开发了一种形状记忆合金聚合物驱动器，并利用该驱动器制成了仿人手部和腕部的器件。该器件可以灵活地实现腕部转动和手指的弯曲。Granberry 等使用 Ni-Ti SMA 制作了编织驱动器，将其与衣物纤维编织为一体可以实现随温度进行衣物形状和尺寸的调节，以适应每位穿戴者的身体要求。Youn 等开发了一种基于 SMA 的分段可调镜头，利用电活性 SMA 驱动器灵活调节光圈实现镜头对焦。Park 等利用 SMA 和织物组合设计了一种穿戴型驱动器，可以在温度的激励下输出较大的力（120 N）和变形（应变 50%），使普通穿戴衣物具有了辅助驱动的特性。Kang 等将 SMA 与形状记忆聚合物（SMP）相结合制备了一种形状记忆复合材料驱动器，通过 SMA 和 SMP 的交替控制可以实现驱动器的往复运动，以上研究成果如图 1-26 所示。

在电热型材料中，还有一类新兴的捻卷型人工肌肉（twisted and coiled polymer actuators，TCA）近年来受到研究人员的广泛关注，被认为是一种很有研究和应用前景的仿生人工肌肉。TCA 结构是由一根热敏聚合物纤维和一根导热性能良好的纤维扭曲缠绕后形成的，其驱动机理是在热量或电信号的激励下使纤维温度迅速升高，其弹簧状螺旋结构在温度升高到一定程度时产生解旋，进而在其长度方向产生收缩变形，其原因是形成 TCA 的聚合物纤维具有负的热膨胀系数，在高温下纤维发生收缩，使得原本处于扭转状态且具有螺旋结构的纤维在截面处产生解旋，而纤维截面处的解旋直接导致整个人工肌肉螺旋线圈产生收缩。

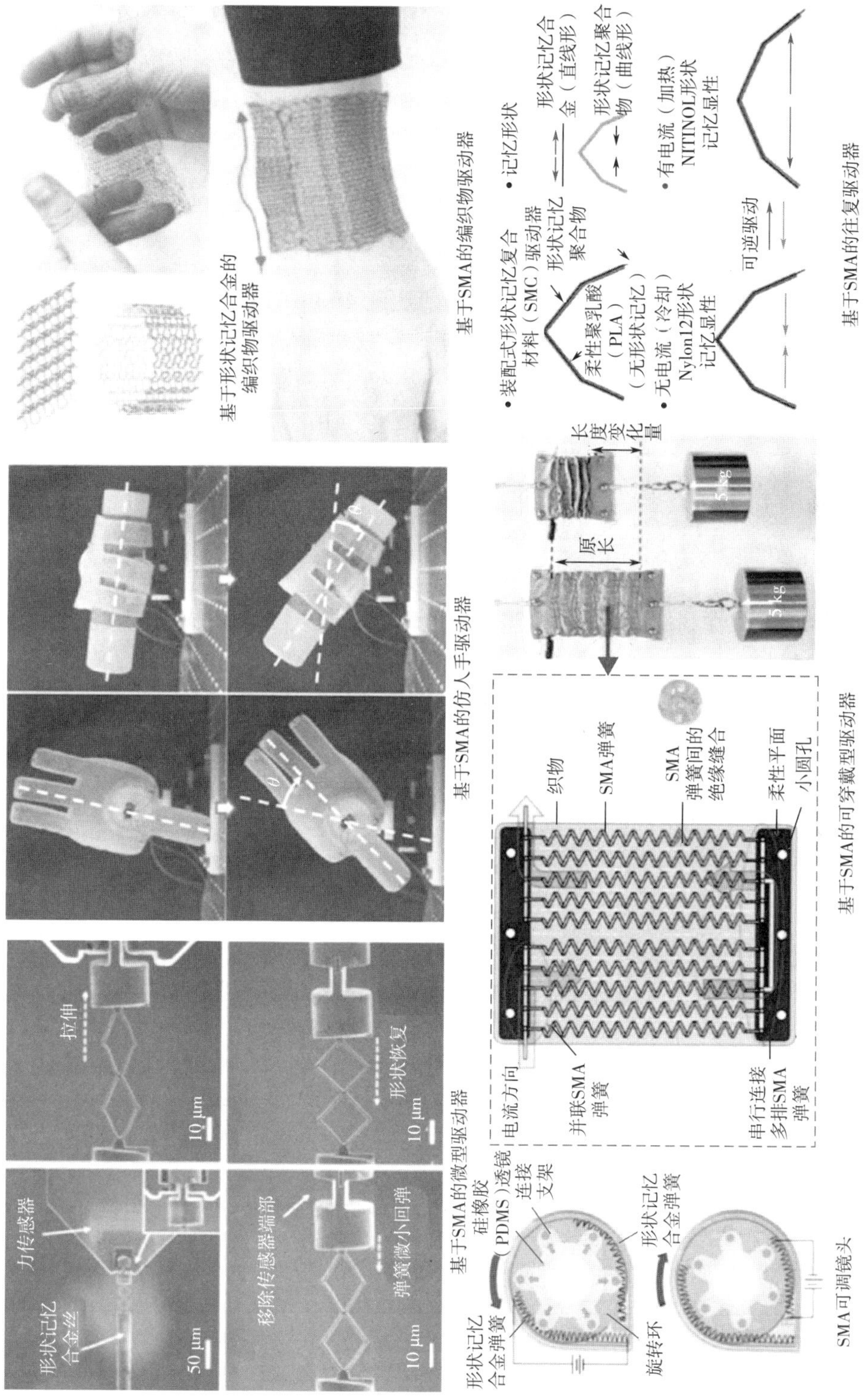

第1章 绪论

图1-26 基于SMA的各种驱动器及应用

经过合理设计，TCA 在外部温度或电信号的刺激下可以产生较大的收缩、弯曲、扭转等变形，同时产生较大的输出力，是一种在柔性驱动、微型机器人和运动辅助等领域具有潜在价值的驱动器。Haines C. S. 等证明了将具有低成本和高强度特征的聚合物纤维进行扭曲缠绕处理，可以制成具有较大的力和变形输出能力的人工肌肉驱动器。Wu 等受肌肉骨骼系统的启发，利用 TCA 开发了一种电致柔性多自由度弯曲驱动器，它可以在 220 mA 的输入电流下产生 1.69 MPa 的压力和 53% 的应变。以上研究成果如图 1-27 所示。

Kim 等基于尼龙和氨纶制备了输出应变达到 45% 的 TCA 驱动器，并利用该驱动器设计制作了仿生手臂。Tang 等利用三个 TCA 等间距排布制备了一种可以在空间内向任意方向弯曲的柔性驱动器，并基于该驱动器制备得到了两手指的柔性抓手，在电压作用下实现了重物抓取。Tang 等利用 TCA 和硅橡胶开发了柔性弯曲驱动器，并基于该驱动器制作了软体爬行机器人，该机器人可以在 5 V 电压作用下达到 1.2 mm/s 的速度。以上研究成果如图 1-27 所示。

总体来看，相对于电场型和离子型驱动器，电热型材料响应速度较慢，但其结构设计灵活、输出变形形式多样、输出力大等特点也使其在相关应用中具有不可替代的优势。在利用电活性材料进行器件设计时，应根据具体的任务需求和边界条件选择最适合的电活性材料，才能充分发挥各种电活性材料的各自特点。各类电活性材料的性能特点见表 1-1。

表 1-1 典型电活性材料的性能主要参数比较

材料类型	变形形式	驱动电压	响应时间	变形速度/（mm/s）	能耗量级	最大应变/%
DE	伸缩	2~10 kV	ms	4	mW	>100
IPMC	弯曲	1~5 V	μs~ms	0.157	mW	>8
SMA	伸缩/弯曲	1~10 V	s~min	2.2	W	6~50
TCA	伸缩	1~5 V	s~min	1.2	W	<50

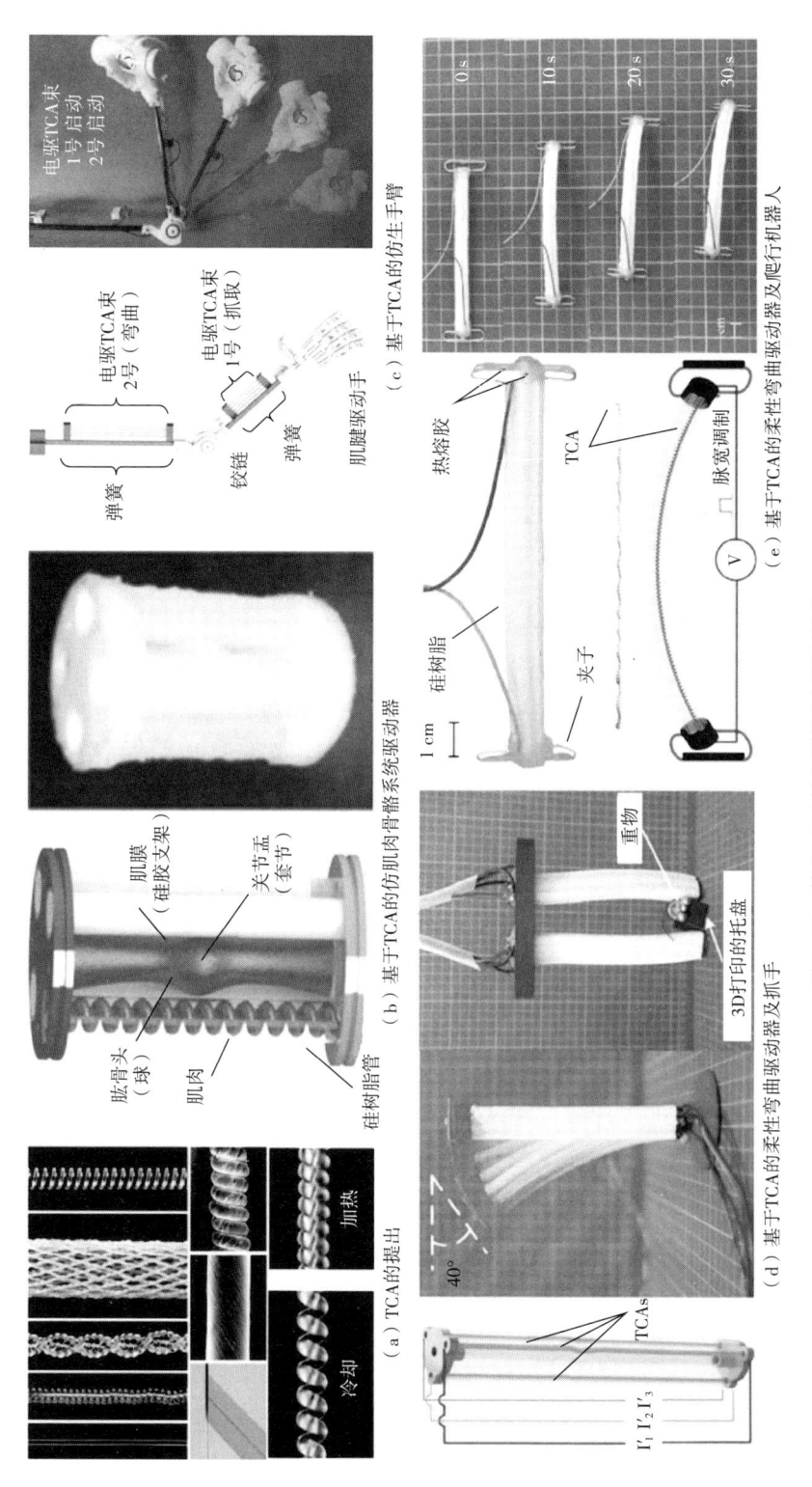

图1-27 基于TCA的各种驱动器及应用

(2) 电活性材料驱动的电致变色技术研究现状

由上述介绍可知，电活性材料具有柔性好、响应快、能耗低、能量密度高、生物相容性好等突出优点，因此近年来，研究人员对电活性材料驱动的电致变色技术展开了探索研究。Yin 等在 VHB 4905 膜表面自组装了单分散 PS 纳米颗粒二维柔性光子晶体，并使用导电凝胶作为电极，在方形聚甲基丙烯酸甲酯（PMMA）框架内制备了 DE 驱动器，在电压作用下 DE 在（PMMA）框架内部产生面内扩张变形，导致其上的柔性光子晶体的晶格常数增大，引起结构色大范围红移。同时，通过改变光线入射角使颜色变化扩展到整个可见光范围。Park 等喷涂银纳米线（AgNWs）做电极在圆形 PMMA 框架内制成了 DE 驱动器，用于调节以 PDMS 和单分散 PS 纳米颗粒制成的三维柔性光子晶体的反射光谱。Kim 等利用柔性碳电极制备圆形 DE 驱动器，通过电压作用调整内含单分散 PS 纳米颗粒的水凝胶光子晶体中颗粒的间距，实现了可见光范围内的颜色变化，并将颜色变化与驱动器薄膜振动进行了关联。Baumberg 等以水为电极材料制备 DE 驱动器，在电压作用下对以弹性聚合物为基体的蛋白石结构光子晶体进行颜色调节。Foulger 等在内含单分散 PS 纳米颗粒的水凝胶两侧施加电场，通过施加电场改变颗粒间距以调节晶格常数，进而产生可见光范围内的颜色变化。Leng 和 Pei 等利用形状记忆聚合物（shape memory polymer, SMP）制备了一种双稳态电活性聚合物，在其中嵌入纳米颗粒形成光子晶体。在通过电场改变光子晶体晶格常数进而调控结构色的同时，可以通过聚合物的双稳态特性很好地实现颜色固定。以上研究成果如图 1-28 所示。

在上述电致结构变色技术中，电活性材料驱动电致变色的技术具有许多独特的优势：其一，器件材料为纯固态，易于封装；其二，电活性材料在电信号激励下可以产生丰富的响应模式，为电致变色器件的设计提供了便利；其三，电活性材料大多具有良好的柔性和生物相容性，可以为柔性电致变色的发展及其应用提供条件。近年来，此类技术越来越受到相关领域研究人员的关注。现有电活性材料驱动的电致变色技术的典型研究进展见表 1-2。

总体来看，当前电活性材料驱动的电致变色研究尚处于起步阶段，研究中使用的电活性材料主要集中在 DE 驱动器和其他少量电活性聚合物，且变色性能有待提高，因此，利用多种电活性材料的优异性能，开发综合性能更优的电致变色器件非常迫切。

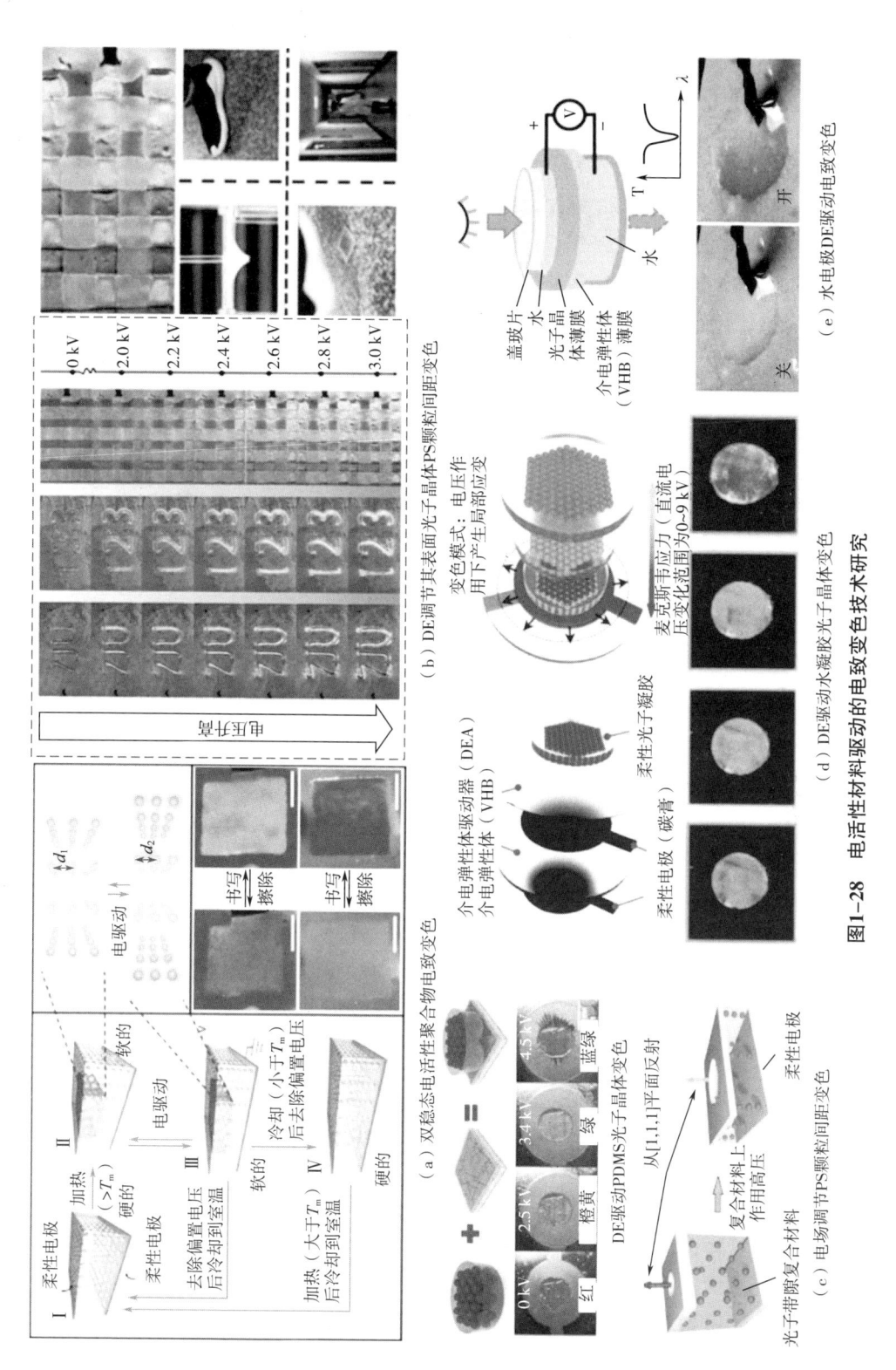

图1-28 电活性材料驱动的电致变色技术研究

表 1-2 典型电活性材料驱动的电致变色研究

电活性材料类型	光子晶体类型	波长变化值 △λ/nm	变色器件
电活性形状记忆聚合物	Fe_3O_4@C 颗粒三维分布	87	
DE	PS 纳米颗粒二维分布	150	
DE	PS 纳米颗粒三维分布	150	
DE	PS 纳米颗粒三维分布	150	
DE	PS 核壳结构纳米颗粒三维分布	60	
电活性水凝胶	PS 纳米颗粒三维分布	60	

1.3 现有研究存在的问题

由上述研究现状的介绍可知,在柔性光子晶体的颜色调控技术中,电调控技术具有便捷、快速的突出优势,因而最具发展潜力,其中,基于电活性材料驱动的柔性光子晶体可开发出柔性好、响应快、能耗低、能量密度高、易于封装、变色性能稳定的电致变色器件,可拓宽电致变色技术的应用领域,提高其实际应用价值。然而从目前的研究现状来看，该领域的研究至少存在以下亟待解决的问题与挑战：

①在电致变色技术中，柔性光子晶体在外界激励下可产生拉伸变形，引起纳米结构变化进而产生结构色变化。已有柔性光子晶体的研究存在变色范围较小的问题，或者存在实现大变色范围所需的应变较大的问题，也就是说难以兼顾变色范围大与应变小的性能要求，从而大大限制了柔性光子晶体的应用范围。另外，在多次循环变色过程中，柔性光子晶体的变色性能可能会因为表面的纳米结构在外界冲击作用下发生损坏而造成结构色消失，而现阶段关于柔性光子晶体循环变色稳定性及表面抗冲击性的问题鲜有研究。

②对于柔性光子晶体来讲，纳米结构类型和尺寸、所选基体材料类型、制备工艺参数等都会对柔性光子晶体的变色性能产生影响，不同目标的器件对柔性光子晶体变色性能的要求也不尽相同，因此应根据实际变色需要进行结构和工艺参数的优化设计。然而现有柔性光子晶体的结构与制备工艺参数几乎全是基于经验的选取，重点是追求能够实现光子晶体的变色功能，而综合考虑柔性光子晶体的性能指标，对其结构和工艺参数进行优化的研究几乎是空白，从而导致人们难以根据实际应用需求，设计出性能优良的柔性变色器件。

③柔性电致变色器件在生物医疗、柔性显示与传感领域具有潜在的应用价值，这对器件的柔性、变色范围、响应时间、安全性等提出了多样化的要求。但鉴于现有电致变色器件研究时间短，存在部分器件变色范围只能包含几种典型颜色或覆盖部分可见光范围，难以实现整个可见光范围内颜色连续变化；或者存在部分器件驱动电压过高，难以满足实际应用场合的安全性要求；或者存在部分器件或衬底材料为刚性，难以实现真正的柔性等问题。因此迫切需要开发出可以兼顾柔性好、变色范围大和低驱动电压的柔性电致变色器件，或者是开发出具有不同性能以满足不同需求的电致变色器件。

本研究拟针对上述几个方面的问题展开深入研究，旨在丰富基于电活性材料的柔性电致变色技术，提高对变色材料及技术的系统性认识，为推动柔性电致变色技术和多功能柔性驱动器的发展及应用奠定基础。

1.4　主要研究内容

本研究以电活性材料驱动的柔性光子晶体结构色调控技术的实现为研究目标，通过理论和实验相结合的研究方法，首先，深入研究柔性光子晶体的变色机理、制备工艺及力致变色性能；其次，研究结构和工艺参数对柔性光子晶体力致变色性能的影响并建立对应的参数优化模型；最后，基于电活性材料开发电致变色器件，探究电活性材料驱动下器件的电致变色行为规律及关键性能。主要研究内容如下：

①柔性光子晶体力致变色理论模型研究。首先，研究光子晶体的电磁波理论，明确光子晶体产生光学效应的物理学本质，确定力致变色分析包含力致变形特性和光学特性两个步骤。其次，采用弹性力学理论中的应变能模型，研究柔性光子晶体的力致变形模型，确定柔性光子晶体变形过程中各形状特征的相互关系。再次，研究光子晶体光学特性的数值分析模型，实现对柔性光子晶体力致变色过程的分析。最后，对典型结构柔性光子晶体的力致变色过程进行分析，为后续的研究奠定理论基础。

②柔性光子晶体的制备工艺及力致变色性能研究。首先根据性能需求选取适当的基体材料、纳米结构和制备工艺，开展柔性光子晶体的制备工艺研究。其次深入研究制备得到的柔性光子晶体的力致变色行为规律，探究应变、微纳结构变形、颜色之间的影响规律。再次研究材料的力学性能，分析材料模量、结构刚度对力致变色行为的需求。最后深入研究材料的循环变色稳定性，并对其在应变传感中的应用进行了探讨。

③基于多色集合的柔性光子晶体结构和工艺参数优化。首先研究柔性光子晶体的晶格结构参数对其性能的影响规律，通过数值计算探究不同排布方式、不同晶格常数、不同晶格单元形状和尺寸等因素对柔性光子晶体性能的影响。其次研究柔性光子晶体工艺参数对性能的影响规律，分析不同基体材料、不同材料配比和添加剂对其性能的影响。最后基于多色集合理论框架，结合以上得到的分析结果，建立柔性光子晶体结构和工艺参数的多目标优化模型，从而为特定使用需求下选择适当的结构和工艺参数提供依据。

④形状记忆合金驱动的电致变色技术研究。通过分析现有电致变色器件性能存在的不足，确定了研发能兼顾低驱动电压和大变色范围的电致变色器件的目标。根据形状记忆合金的变形特性和柔性光子晶体的力致变色特性，研究开发形状记忆合金驱动的电致变色器件，分析该器件在电信号作用下的力学特性、电致变形特性、电致变色特性和循环工作稳定性。最后，研究该电致变色器件在动态显示方面的应用。

⑤捻卷型人工肌肉驱动的电致变色技术研究。针对电致变色技术中兼顾表面柔性、变色范围和低驱动电压的目标，首先研究捻卷型人工肌肉驱动的电致变色器件的设计和制备工艺。其次分析该器件在电压作用下的电致变色性能，主要包括捻卷型人工肌肉的变形性能、器件的电致变形性能及变色性能。最后，研究电致变色器件的循环工作稳定性和输出误差。

⑥纯剪切型 DE 驱动的电致变色技术研究。针对现有 DE 驱动的电致变色器

件性能的优势和不足，提出研发具有应变输出能力和快速响应能力的电致变色器件。首先研究纯剪切型 DE 驱动的电致变色器件的设计和制备工艺。其次分析该电致变色器件在电压作用下的电致变色性能，主要包括器件的力电性能、响应性能和电光性能。最后，通过与普通纯剪切型 DE 驱动器进行对比，分析纯剪切型 DE 驱动的电致变色器件的应变输出误差。

⑦等轴拉伸型 DE 驱动的电致变色技术研究。设计并制备了一款具有 4 层 DE 以及外部框架的驱动器，将基底为硅橡胶 186 的光子晶体通过硅橡胶粘结剂粘贴在该驱动器的 DE 膜上表面，就得到了电致变色器件，通电即可实现颜色的调控。实现了光子晶体可见光全域变色的电调控目标。器件的变色响应时间在毫秒级，在加电的瞬间电致变色器件即可产生变形从而出现颜色的变化，且电压与颜色有一一对应的关系，在撤去电压后，电致变色器件可以迅速恢复到初始状态。

⑧全固态电致变色器件变色机理与制备方法。采用固体电介质薄膜 Nafion 膜和 WO_3 材料设计了一种全固态电致变色器件，揭示了该类型电致变色器件的变色机理。研究通过 Nafion 膜的水合离子通道的开合可对离子传输进行控制，实现对变色效果的调控。探索了全固态电致变色器件各膜层旋涂制备再组装的制备方法，电致变色层 WO_3 薄膜质子充电过程确保电致变色器件实现变色效果。进一步研究得到相同外加电场持续时间，电压与电致变色器件着色态透光率呈负相关；相同外加电场电压信号，信号持续时间与电致变色器件着色态透光率呈负相关，并得到电压与变色所需时间之间的规律。

⑨一体化柔性全固态电致变色器件制备的研究。优化了柔性全固态电致变色器件制备工艺，实现器件一体化制备，解决了非一体化制备柔性全固态电致变色器件膜层在高复杂曲面膜层脱离的问题。尝试了该类型电致变色器件的柔性化，复杂高曲率道具变色龙表面张贴柔性器件，实现一体化柔性全固态电致变色器件在复杂曲面变色。进一步研究得到相同外加电场持续时间下，电压与电致变色器件着色态透光率呈负相关；相同外加电场电压信号下，信号持续时间与电致变色器件着色态透光率呈负相关，并得到电压与持续时间之间的规律。

第 2 章 柔性光子晶体力致变色理论模型研究

如前所述，光子晶体结构色的调控通常是通过改变相对折射率（介电常数）、晶格常数（晶格尺寸）、入射角或观测角等三个参数来实现的。传统的基于刚性材料的光子晶体由于不能改变其形状也就不能通过改变晶格常数实现颜色调控。然而，柔性光子晶体的基体为橡胶或树脂类弹性体等具有大变形特性的材料，这使得对晶格常数的调节成为可能。因此，在对柔性光子晶体的变色过程进行分析时，需涵盖"外场作用下变形"与"变形导致变色"两个层面。因此，采取恰当的理论构建这两个层面的理论模型，从而获得柔性光子晶体力致变色的光学特性是非常重要与必要的。

本文给出的具体思路为首先引入超弹性材料的本构模型分析其变形特征；其次利用数值分析方法求解基于电磁波理论的麦克斯韦方程组，得到变形前后的光学特性。为此，本章首先介绍光子晶体的电磁波理论；其次采用弹性力学理论中的应变能研究柔性光子晶体的力致变形模型，确定柔性光子晶体变形过程中各形状特征的相互关系；再次，研究光子晶体光学特性的数值分析模型，实现对柔性光子晶体力致变色过程的分析；最后，对典型结构柔性光子晶体的力致变色过程进行分析，为后续的研究奠定理论基础。

2.1 光子晶体的电磁波理论

19 世纪中叶，麦克斯韦建立了经典电磁场理论，指出光也是一种电磁波，由此产生了光的电磁理论。光在各种介质中传播的过程实际上是光与物质相互作用的过程，求解光与物质的相互作用实际就是求解麦克斯韦方程组。光子晶体的颜色效应本质上是一种光与光子晶体的相互作用，因此，光学研究中通常通过求解麦克斯韦方程组来分析光子晶体的光学特性，得到其电磁场的分布规律。

光子晶体一般是两种或两种以上的电介质在纳米尺度下周期性排列形成的，其晶格常数与可见光波长（380~780 nm）接近。典型的光子晶体的周期结构是通过介电常数为 1 的空气与其他介电常数较大的材料形成的，一般有介质柱型、蛋白石型、空气柱型和反蛋白石型等。介质柱型光子晶体是将直径及高度与可见光波长相当的介质柱周期性排列形成的，如图 2-1（a）所示；蛋白石型光子晶体是将直径与可见光波长相当的小球周期性排列形成的，如图 2-1（b）所示；

空气柱型光子晶体是将直径及高度与可见光波长相当的空气柱在介质材料中周期性排列形成的，即圆柱孔周期性排列结构，如图 2-1（c）所示；反蛋白石型光子晶体是将直径与可见光波长相当的空气球孔在介质材料中周期性排列形成的，即圆球孔周期排列结构，如图 2-1（d）所示。当光波在垂直于圆柱轴线的平面上传播时，会在一定波长范围内形成光子带隙。如前所述，由于一维光子晶体只对垂直入射光产生良好的反射光谱，而三维光子晶体虽有优良的反射光谱却因样品制备工艺复杂、表面抗冲击能力和寿命较低，且三维光子晶体样品结构较复杂易出现缺陷等问题，因此本文选取二维光子晶体作为研究对象。

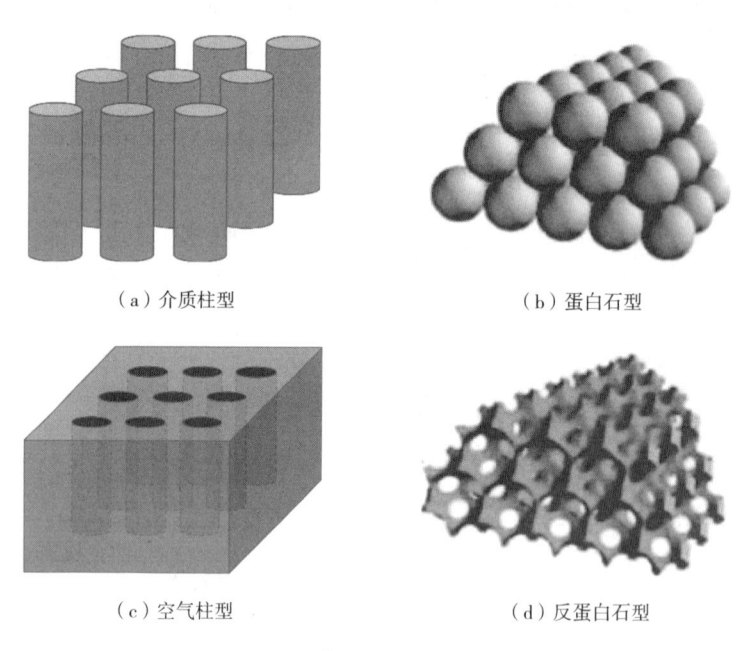

（a）介质柱型

（b）蛋白石型

（c）空气柱型

（d）反蛋白石型

图 2-1 典型的光子晶体类型

众所周知，电子在半导体晶体中传播时，会受到半导体晶体的调制作用，使某一能量范围的电子无法通过，产生电子能带隙。在电子半导体中，电子的波传递函数满足薛定谔方程：

$$-\frac{\hbar^2}{2m}\psi(r) + V(r)\psi(r) = E\psi(r) \tag{2-1}$$

式中：$\psi(r)$——波传递函数；

$V(r)$——周期性势函数；

$\hbar$——约化普朗克常数（取值 $1.0545726 \times 10^{-34}$ m²·kg/s）；

m——粒子质量，kg；

E——电场强度；

r——传递函数的单位矢量。

根据布洛赫原理,具有周期性的势函数将引起布里渊区周边出现能隙。

对于光子晶体而言,作为一种电磁波的光在介质中传播的过程服从麦克斯韦方程组:

$$\nabla[\nabla \cdot E(r, t)] = -\nabla^2 E(r, t) + \lambda^2(\varepsilon_0 + \varepsilon_r)E(r, t) \tag{2-2}$$

式中:λ——ω^2/c^2;

ω——光波频率,Hz;

c——光在自由空间的传播速度,m/s;

r——传递函数的单位矢量(此处可理解为晶格常数);

t——传递函数的时间参数;

E——电场强度;

ε_0——真空介电常数;

ε_r——相对介电常数。

对比式(2-1)和式(2-2)可知,当入射光垂直于作用面时,式(2-2)左侧为0,则两式变为完全对等的形式。因此光在光子晶体中传播可以类比电子在电子半导体中传播的性质,当式(2-2)无解时所对应的频率范围即为禁带,被定义成"光子带隙"。

光子晶体的结构色是光子带隙的直观表现,当材料限制某一频率段(或波长段)的光波在其中传播时,该频段的光将被完全反射,因此对外表现出对应频段(或波段)的结构色。例如,若光子晶体的带隙波长范围在622~780 nm,由于此波段对应于红色,则意味着红光由于无法传播而被反射,此时光子晶体将显示为红色。显然,不同的带隙波长范围可使光子晶体产生不同颜色。可以看出,光子晶体带隙决定了其所具有的结构色,而光子晶体结构色的调控从本质上是对光子带隙的调节。

由以上分析可以看出,找到光子晶体带隙的过程实际上就是求解麦克斯韦方程组的过程。为了简化计算和提高效率,在实际求解中人们通常使用计算机数值求解的办法来达到目的,常见的方法有时域有限差分法、传输矩阵法、平面波展开法和散色矩阵法等。此类方法将在2.3进行详细介绍。

由式(2-2)可以知道,当已知光子晶体的晶格结构(晶格常数)、相对介电常数后,即可得知光子晶体的带隙特征,从而确定光子晶体的结构色。但对柔性光子晶体而言,形状的变化导致其具有变化的晶格常数,在求解某一变形状态下柔性光子晶体的光子带隙时,其微观结构的几何尺寸需作为已知条件。因此,本文将变形后柔性光子晶体带隙特征的分析过程分为两步:首先分析其在拉伸作用下的力致变形过程,得到变形后材料微观结构几何尺寸的数值结果;随后将所得结果作为已知条件构建光子晶体模型,通过数值方法求解即可得到光子晶体带隙特征和反射光谱。

2.2 柔性光子晶体力致变形模型研究

如前所述，柔性光子晶体的基体为橡胶或树脂类超弹性体等具有大变形特性的弹性材料。要分析变形产生的变色情况，首先要分析柔性光子晶体在外力作用下其内部产生的应变或形状的变化状态。因为光子晶体的微观结构是纳米尺度的形状周期性排布的，此处我们选取二维空气柱型光子晶体的一个晶格单元作为研究对象，找出变形前后形状和应变的变化关系，从而建立材料的力致变形模型。

晶体的晶格排列方式一般有矩形晶格和三角形晶格。此处以三角形排布的晶体作为分析对象阐述其力致变形模型的建模方法。图2-2为初始形状下光子晶体的一个晶格单元，其中白色圆形代表空气柱，灰色代表弹性材料。

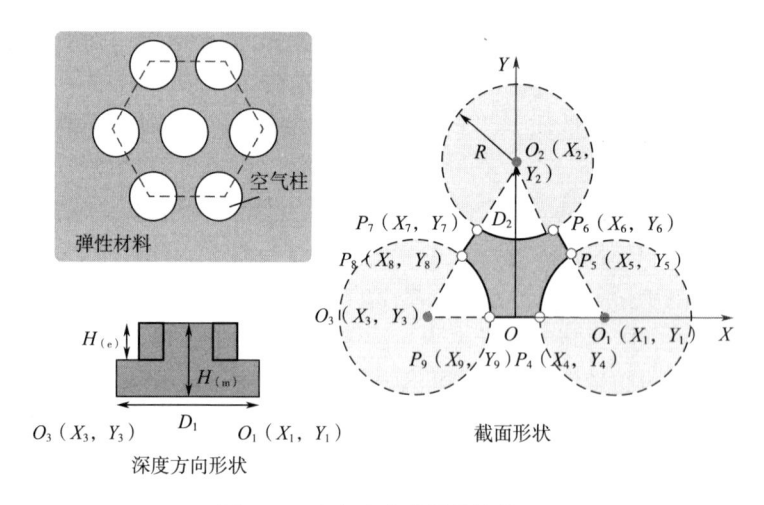

图 2-2 应变产生前的晶格单元

图2-3为受到水平单轴拉伸后产生应变的晶格单元，可以看到晶格中空气柱间的距离发生变化，同时空气柱截面由圆形变为椭圆。此处定义R为空气柱截面原始半径，r_1、r_2分别为变形椭圆后的长轴和短轴半径，D_1、D_2为变形前x、y方向的空气柱间距，d_1、d_2为变形后沿x、y方向的空气柱间距，H为光子晶体的原始厚度，h为变形后光子晶体的厚度。下角标m和e分别代表弹性体材料和空气部分。

引入如图2-4所示的坐标变换，设新坐标体系为$C(C_x, C_y)$，其中$C_x = x$，$C_y = \dfrac{r_1}{r_2} y$分别表示新坐标体系下的横纵坐标，则由椭圆的定义式可知：

$$C_x{}^2 + C_y{}^2 = r_1{}^2 \tag{2-3}$$

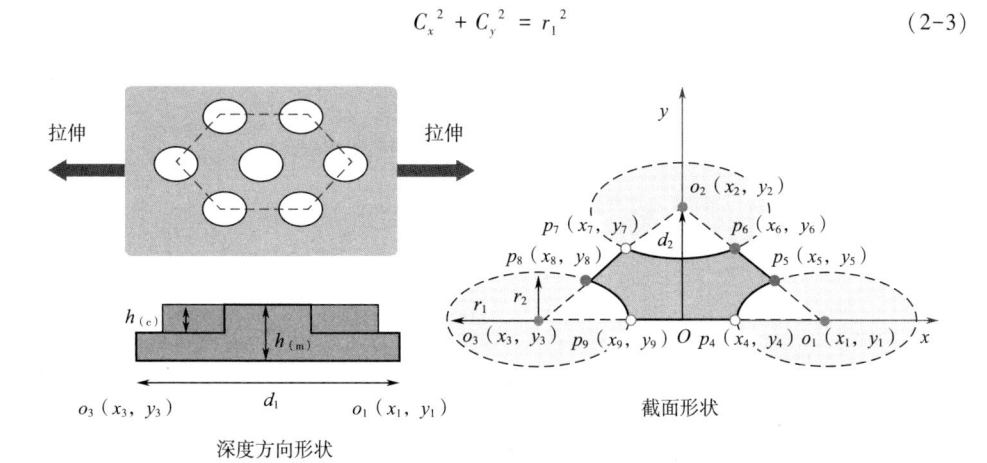

图 2-3 应变产生后的晶格单元

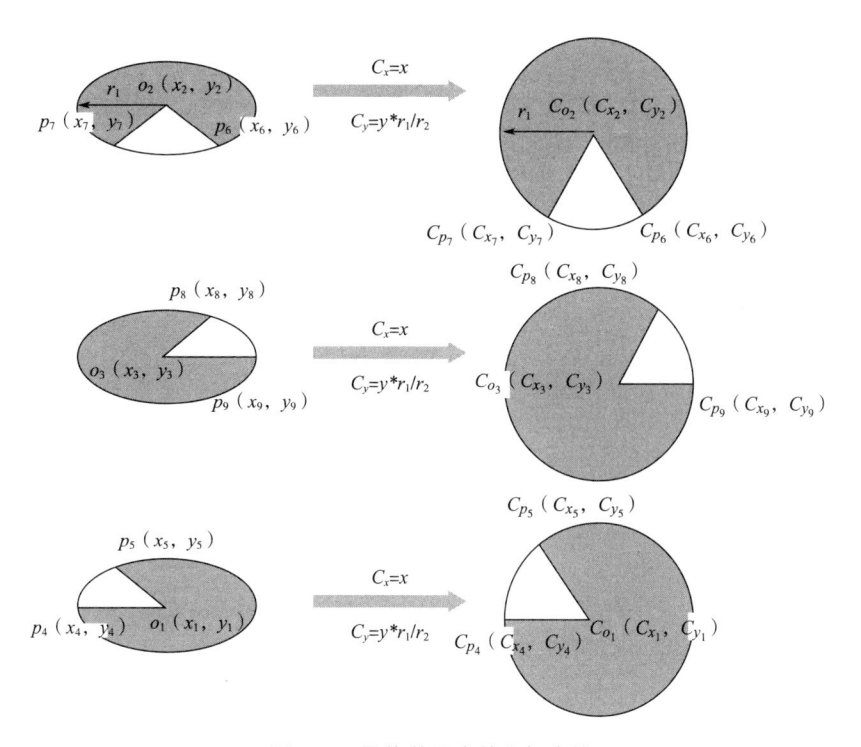

图 2-4 晶格单元中的坐标变换

在新的坐标系中，由边角关系可得：

$$\angle C_{p_6} C_{o_2} C_{p_7} = 2\arctan\left(\frac{r_2 x_6}{r_1 y_6}\right) \tag{2-4}$$

根据扇形的面积公式，可以将 $Cp_6Co_2Cp_7$ 的面积表示为：

$$A_{C_{p_6}C_{o_2}C_{p_7}} = r_1r_2\arctan\left(\frac{r_2x_6}{r_1y_6}\right) \tag{2-5}$$

也就是说在原坐标下，变形后的上部空气柱区域 $p_6o_2p_7$ 的面积为：

$$a_{(eU)} = r_1r_2\arctan\left(\frac{r_2x_6}{r_1y_6}\right) \tag{2-6}$$

类似地，变形后左侧和右侧的空气柱区域 $p_8o_3p_9$ 和 $p_4o_1p_5$ 的面积分别为：

$$a_{(eL)} = \frac{1}{2}r_1r_2\arctan\left(\frac{r_1y_8}{r_2x_8}\right) \tag{2-7}$$

$$a_{(eR)} = \frac{1}{2}r_1r_2\arctan\left(\frac{r_1y_5}{r_2x_5}\right) \tag{2-8}$$

由于弹性体材料一般可产生很大的变形，但在变形过程中体积变化很小，可认为材料具有不可压缩性，即材料在变形前后体积不会发生变化，即晶格单元的体积不变。因此，根据变形前后所选晶格单元的体积即可找到对应尺寸参数的等量关系。基于上述思路，将变形前所选晶格单元的体积表示如下：

$$\begin{aligned}
V &= V_{(m)} - V_{(e)} = A_{(m)}H_{(m)} - A_{(e)}H_{(e)} \\
&= A(o_1o_2o_3)H_{(m)} - A(o_2p_6p_7)H_{(e)} - A(o_3p_8p_9)H_{(e)} - A(o_1p_4p_5)H_{(e)} \\
&= \frac{1}{2}D_1D_2H_{(m)} - R^2H_{(e)}\angle o_1o_2o - \left(\frac{\pi}{2} - \angle o_1o_2o\right)R^2H_{(e)} \\
&= \frac{1}{2}D_1D_2H_{(m)} - \frac{\pi}{2}R^2H_{(e)}
\end{aligned} \tag{2-9}$$

式中：D_1——o_1o_3；

D_2——oo_2；

$A_{(m)}$——晶格中弹性体材料变形前的面积；

$A_{(e)}$——晶格中空气柱变形前的面积；

$H_{(m)}$——弹性体材料变形前的高度；

$H_{(e)}$——空气柱变形前的高度；

R——空气柱截面原始半径。

类似地，变形后所选晶格单元的体积可以表示如下：

$$\begin{aligned}
V &= v_{(m)} - v_{(e)} = a_{(m)}h_{(m)} - a_{(e)}h_{(e)} \\
&= a(o_1o_2o_3)h_{(m)} - a(o_2p_6p_7)h_{(e)} - a(o_3p_8p_9)h_{(e)} - a(o_1p_4p_5)h_{(e)} \\
&= \frac{1}{2}d_1d_2h_{(m)} - (a_{(eU)} + a_{(eL)} + a_{(eR)})h_{(e)} \\
&= \frac{1}{2}d_1d_2h_{(m)} - \left[r_1r_2\arctan\left(\frac{r_2x_6}{r_1y_6}\right) + \right. \\
&\quad \left. \frac{1}{2}r_1r_2\arctan\left(\frac{r_1y_8}{r_2x_8}\right) + \frac{1}{2}r_1r_2\arctan\left(\frac{r_1y_5}{r_2x_5}\right)\right]h_{(e)}
\end{aligned} \tag{2-10}$$

式中：d_1——o_1o_3；

d_2——oo_2；

$a_{(m)}$——晶格中弹性体材料变形后的面积；

$a_{(e)}$——晶格中空气柱变形后的面积；

$h_{(m)}$——弹性体材料变形后的高度；

$h_{(e)}$——空气柱变形后的高度；

r_1——空气柱截面椭圆大径；

r_2——空气柱截面椭圆小径。

如前所述，由于弹性体不可压缩性，可以认为在变形前后材料体积不会发生变化，即晶格单元的体积不会发生变化。因此根据式（2-9）和式（2-10）有如下等式关系：

$$\frac{1}{2}D_1D_2H_{(m)} - \frac{\pi}{2}R^2H_{(e)} = \frac{1}{2}d_1d_2h_{(m)} - \left[r_1r_2\arctan\left(\frac{r_2x_6}{r_1y_6}\right) + \frac{1}{2}r_1r_2\arctan\left(\frac{r_1y_8}{r_2x_8}\right) + \frac{1}{2}r_1r_2\arctan\left(\frac{r_1y_5}{r_2x_5}\right)\right]h_{(e)} \quad (2-11)$$

此处定义三个方向的拉伸率 $n_1 = d_1/D_1 = r_1/R$；$n_2 = d_2/D_2 = r_2/R$；$n_3 = h_{(m)}/H_{(m)}$。则上式可以进一步写成如下形式：

$$\frac{D_1D_2H_{(m)}}{R^2H_{(e)}}(1 - n_1n_2n_3) = \pi - \left[2n_1n_2\arctan\left(\frac{r_2x_6}{r_1y_6}\right) + n_1n_2\arctan\left(\frac{r_1y_8}{r_2x_8}\right) + n_1n_2\arctan\left(\frac{r_1y_5}{r_2x_5}\right)\right]\frac{h_{(e)}}{H_{(e)}} \quad (2-12)$$

在拉伸应变中，空气柱的深度方向对变化量及其对光子晶体的变色影响均很小。为了简化模型，我们认为在变形前后空气柱的高度没有变化，即 $h_{(e)} = H_{(e)}$。则式（2-12）可以进一步进行简化：

$$\frac{D_1D_2H_{(m)}}{R^2H_{(e)}}(1 - n_1n_2n_3) = \pi - n_1n_2\left[2\arctan\left(\frac{r_2x_6}{r_1y_6}\right) + \arctan\left(\frac{r_1y_8}{r_2x_8}\right) + \arctan\left(\frac{r_1y_5}{r_2x_5}\right)\right] \quad (2-13)$$

此处定义椭圆率 $\rho = r_1/r_2 = n_1/n_2$。将式（2-13）进一步表示为如下形式：

$$\frac{D_1D_2H_{(m)}}{R^2H_{(e)}}(1 - n_1n_2n_3) = \pi - n_1n_2\left[2\arctan\left(\frac{x_6}{\rho y_6}\right) + \arctan\left(\frac{\rho y_8}{x_8}\right) + \arctan\left(\frac{\rho y_5}{x_5}\right)\right]$$

$$\approx \pi - n_1n_2\left(\frac{2}{\rho}\arctan\frac{x_6}{y_6} + \rho\arctan\frac{y_8}{x_8} + \rho\arctan\frac{y_5}{x_5}\right)$$

$$\approx \pi - \frac{n_1n_2}{\rho}\left(2\arctan\frac{x_6}{y_6} + \rho^2\arctan\frac{y_8}{x_8} + \rho^2\arctan\frac{y_5}{x_5}\right)$$

$$= \pi\left(1 - \frac{n_1 n_2}{\rho}\right)$$
$$= \pi(1 - n_2^2) \tag{2-14}$$

由此可得三个方向拉伸率之间的关系：

$$n_3 = \frac{1}{n_1 n_2} - \frac{\pi R^2 H_{(e)}}{D_1 D_2 H_{(m)}}\left(\frac{1}{n_1 n_2} - \frac{n_1}{n_2}\right)$$
$$= \left(1 - \frac{\pi R^2 H_{(e)}}{D_1 D_2 H_{(m)}}\right)\frac{1}{n_1 n_2} + \frac{\pi R^2 H_{(e)}}{D_1 D_2 H_{(m)}}\frac{n_1}{n_2} \tag{2-15}$$

利用上述公式可以对柔性光子晶体在单轴拉伸变形时所产生的变形进行分析。图2-5反映了变形过程中水平和垂直两个方向空气柱截面形状的变化比例，图中虚线代表水平方向的应变，实线代表垂直方向的应变。可以看出，当材料受到水平方向单轴拉伸时，空气柱截面的水平方向应变约为垂直方向的二倍。图2-6所示为柔性光子晶体拉伸过程中空气柱截面形状的变化规律，可见，当水平方向尺寸逐渐增大时垂直方向的尺寸随之减小，变形过程中椭圆率 $\rho = r_1/r_2$ 逐渐增大。

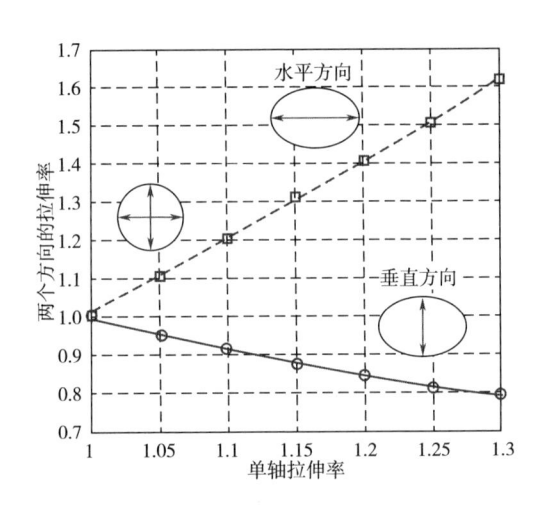

图2-5 水平、垂直两方向空气柱截面形状变化比例

在实际求解光子晶体在外力作用下的变形、应变等问题时，也可使用有限元法（finite element method，FEM）来求解。利用FEM法可以很大程度地简化复杂模型的计算，此外，由于在力致变形分析基础上进一步对光子晶体的光学特性进行分析时也常采用数值分析方法，为了便于数据衔接，本文选择COMSOL软件利用FEM方法来计算柔性光子晶体的力致变形特征。

如前所述，柔性光子晶体的基体材料为橡胶或树脂类等具有大变形特性的超

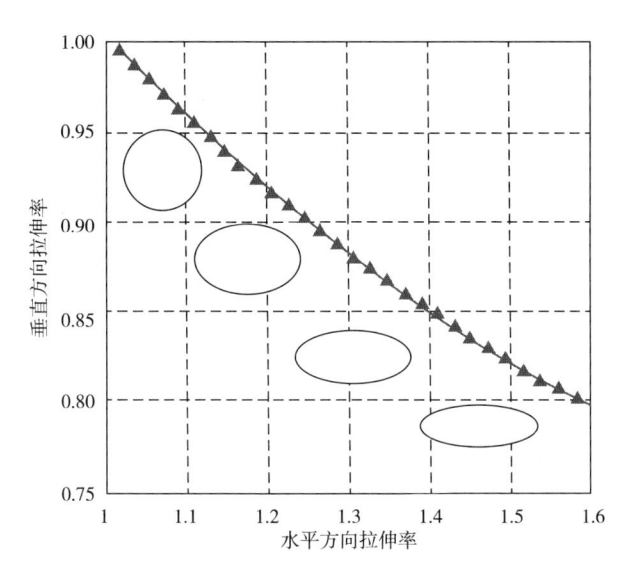

图 2-6 拉伸过程中空气柱截面形状变化规律

弹性材料，这类材料的特点是可以承受很大的拉伸应变，且在外力撤去后可以完全恢复到原始状态。因此可认为这种材料在变形过程中一直处于弹性状态，但由于其与普通线弹性材料不同，在 FEM 分析中应使用超弹性材料模型。常用的超弹性材料本构模型有 Yeoh 模型、Fung 模型、Mooney-Rivlin 模型、Ogden 模型等，这些模型均基于应变远低于材料强度极限的前提对应变进行统计学计算。由于 Mooney-Rivlin 模型已被大量用来处理工程中的力致变形问题，因此本文选取该模型进行柔性光子晶体的力致变形分析。

Mooney-Rivlin 超弹性模型的定义式为：

$$W = C_{10}(\overline{I_1} - 3) + C_{01}(\overline{I_2} - 3) + \frac{1}{d}(J-1)^2 \tag{2-16}$$

式中：W ——应变势能函数；

$\overline{I_1}$ ——第一应变偏量；

$\overline{I_2}$ ——第二应变偏量；

C_{10} —— $\dfrac{E}{5(1+\nu)}$；ν 为材料的泊松比；E 为材料的弹性模量，MPa；

C_{01} —— $\dfrac{E}{20(1+\nu)}$；

d ——材料的不可压缩系数；

J ——相关参量。

初始剪切模量 μ 为两个材料常数的和，即：

$$\mu = 2(C_{10} + C_{01}) \quad (2-17)$$

初始体积模量定义为：

$$\begin{cases} k = \dfrac{2}{d} \\ d = \dfrac{(1-2\nu)}{(C_{10}+C_{01})} \end{cases} \quad (2-18)$$

将 C_{10} 和 C_{01} 的表达式代入上式可得：

$$d = \frac{4(1+\nu)(1-2\nu)}{E} \quad (2-19)$$

由上述模型可知，在使用 COMSOL 求解柔性光子晶体变形时，需将材料的属性参数弹性模量 E 和泊松比 ν 作为输入条件，代入所选的模型中进行计算。

2.3 光子晶体光学特性数值分析模型

在明确柔性光子晶体在外力作用下的力致变形特性之后，需要进一步对变形导致的光子晶体光学特性的改变进行研究。研究光子晶体光学特性的过程实际上就是分析解决光与光子晶体间的相互作用问题，其核心就是求解麦克斯韦方程组，得到其电磁场的分布。求解麦克斯韦方程通常有两类方法：解析法和数值法。解析法是用数学分析的方法求解方程得到解析解的过程，通常用于计算一些较为简单的系统，但面对复杂系统时就会出现计算量过大、求解流程过于繁冗等问题；随着计算机技术的发展，用数值法求解麦克斯韦方程越来越得到广泛的应用，这种方法效率高、计算能力强，同时具有很高的计算精度。因此在当前对光子晶体光学特性的研究中，大多使用的是数值计算方法。

常见的求解麦克斯韦方程组的数值方法主要有平面波法、传输矩阵法和时域有限差分法、多重散射法等。其中时域有限差分法（finite difference time domain，FDTD）是电磁场偏微分方程的离散化处理方法，它适用于求解任何形状的光子晶体模型，且离散处理不会造成较大的计算误差。考虑到本文研究中的柔性光子晶体涉及变形为椭圆后的非常规形状，因此选用时域有限差分法对力致变形计算结果进行后续的光学特性求解。

2.3.1 FDTD 法求解光子晶体带隙特征的基本原理

FDTD 法是将麦克斯韦的旋度方程进行时间和空间的离散化处理，将原偏微分方程转化为差分方程进而求解电磁波传播中各离散点的参数及其时域函数的数值计算方法，它适用于求解任何形状的光子晶体模型，且离散处理不会造成较大的计算误差。通过 Fourier 变换，该方法可以一次性搜索较宽范围的光谱结果，可以形象地分析光在光子晶体中的传输过程，得到的分析结果与实验偏差很小。FDTD 法不但可以针对光子晶体整体计算其带隙结构，也可以针对某一晶格单元计算反射光谱及其变化。

将式（2-2）的麦克斯韦方程表示为旋度形式：

$$\begin{cases} \nabla \times H = (\varepsilon \frac{\partial}{\partial t} + \beta) E \\ \nabla \times E = (-\mu \frac{\partial}{\partial t} + \beta_m) H \end{cases} \quad (2-20)$$

式中：E——电场强度；

H——磁场强度；

ε——$\varepsilon_0 \varepsilon_r$；$\varepsilon_0$ 为真空介电常数；ε_r 为相对介电常数；

μ——$\mu_0 \mu_r$；μ_0 为真空磁导率；μ_r 为相对磁导率；

β——电导率；

β_m——磁阻率。

以 E 和 H 为变量，在直角坐标系中，可以将方程（2-20）展开成如下形式的标量方程组：

$$\begin{cases} \frac{\partial H_z}{\partial y} - \frac{\partial H_y}{\partial z} = \varepsilon \frac{\partial E_x}{\partial t} + \beta E_x \\ \frac{\partial H_x}{\partial z} - \frac{\partial H_z}{\partial x} = \varepsilon \frac{\partial E_y}{\partial t} + \beta E_y \\ \frac{\partial H_y}{\partial x} - \frac{\partial H_x}{\partial y} = \varepsilon \frac{\partial E_z}{\partial t} + \beta E_z \end{cases} \quad (2-21)$$

$$\begin{cases} \frac{\partial E_z}{\partial y} - \frac{\partial E_y}{\partial z} = -\mu \frac{\partial H_x}{\partial t} - \beta_m E_x \\ \frac{\partial E_x}{\partial z} - \frac{\partial E_z}{\partial x} = -\mu \frac{\partial H_y}{\partial t} - \beta_m E_y \\ \frac{\partial E_y}{\partial x} - \frac{\partial E_x}{\partial y} = -\mu \frac{\partial H_z}{\partial t} - \beta_m E_z \end{cases} \quad (2-22)$$

利用以上两个展开式可以将空间进行网格划分，用 $i\Delta x$，$j\Delta y$，$k\Delta z$ 来表示 x，y，z 轴，用 Δt 表示时间增量，$n\Delta t$ 表示时间，可以得到如图 2-7 所示的三维矩阵差分网格。从图中可以看到网格中电磁场矢量各分量的分布情况。这种网格是由 Yee 等在 1966 年首先提出的，因此被称为 Yee 氏网格。

在 $n\Delta t$ 时刻，定义 $F(x, y, z, t)$ 为网格中的分量：

$$F(x, y, z, t) = F(i\Delta x, j\Delta y, k\Delta z, n\Delta t) = F^n(i, j, k) \quad (2-23)$$

对空间三坐标求偏导进行离散处理可得：

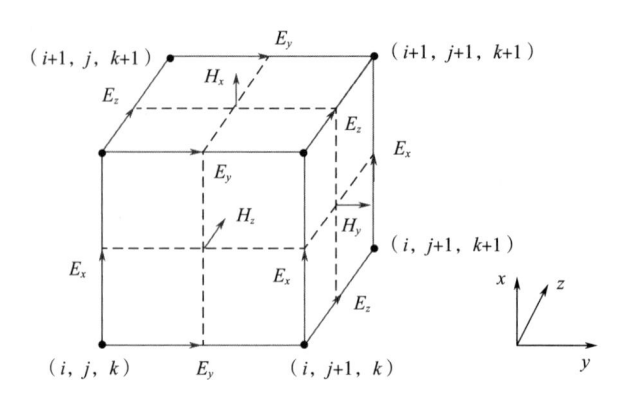

图 2-7 Yee 氏网格及其中电磁场矢量分布

$$\left.\frac{\partial F(x, y, z, t)}{\partial x}\right|_{x=i\Delta x} \approx \frac{F^n(i+1/2, j, k) - F^n(i-1/2, j, k)}{\Delta x} \quad (2-24)$$

$$\left.\frac{\partial F(x, y, z, t)}{\partial y}\right|_{y=j\Delta y} \approx \frac{F^n(i, j+1/2, k) - F^n(i, j-1/2, k)}{\Delta y} \quad (2-25)$$

$$\left.\frac{\partial F(x, y, z, t)}{\partial z}\right|_{z=k\Delta z} \approx \frac{F^n(i, j, k+1/2) - F^n(i, j, k-1/2)}{\Delta z} \quad (2-26)$$

对时间坐标求偏导进行离散处理可得：

$$\left.\frac{\partial F(x, y, z, t)}{\partial t}\right|_{t=n\Delta t} \approx \frac{F^{n+1/2}(i, j, k) - F^{n-1/2}(i, j, k)}{\Delta t} \quad (2-27)$$

在利用 FDTD 法进行电磁场数值计算时，需满足计算的收敛条件如下：

$$\Delta t \leq \frac{1}{C_{max}}\left[\frac{1}{(\Delta x)^2} + \frac{1}{(\Delta y)^2} + \frac{1}{(\Delta z)^2}\right]^{-1/2} \quad (2-28)$$

式中：C_{max}——空间光波最大相速；

$\Delta t = \Delta/2C_{max}$，其中 $\Delta = \min(\Delta x, \Delta y, \Delta z)$。

划分网格时间隔越小则计算精度越高，但过小的间隔可能加重计算的负担。

在 FDTD 法所构建的网格中，连续的电磁场在空间离散化为交错排布的电场和磁场分量，在时间尺度上电场和磁场交替抽样。上述处理方式将麦克斯韦旋度方程离散化为显示差分方程，进行时域和空间上的迭代求解。基于上述原理，FDTD 法可以依据输入的初始条件进行逐层迭代，求解各个时刻空间节点上的电磁场分布。以上过程可以用一组差分方程来表示，其中电场和磁场可以各写出三个差分方程，如电场在时刻为 $(n+1)\Delta t$、网格坐标为 $(i+1, j, k)$ 时的差分方程为：

$$E_x^{n+1}(i+1,j,k) = \frac{1-\dfrac{\beta(i+1/2,j,k)\Delta t}{2\varepsilon(i+1/2,j,k)}}{1+\dfrac{\beta(i+1/2,j,k)\Delta t}{2\varepsilon(i+1/2,j,k)}} E_x^n(i+1/2,j,k) +$$

$$\frac{\Delta t}{\varepsilon(i+1/2,j,k)} \cdot \frac{1}{1+\dfrac{\beta(i+1/2,j,k)\Delta t}{2\varepsilon(i+1/2,j,k)}} \cdot$$

$$\left[\frac{H_z^{n+1/2}(i+1/2,j,k) - H_z^{n+1/2}(i+1/2,j-1/2,k)}{\Delta y} + \frac{H_y^{n+1/2}(i+1/2,j,k-1/2) - H_y^{n+1/2}(i+1/2,j,k+1/2)}{\Delta z}\right] \quad (2\text{-}29)$$

同理可得到另外两个电场差分方程和三个磁场差分方程，此处不再赘述。上述分析过程可以归纳为对电磁场进行离散处理的时域交叉半步推进计算法，如图 2-8 所示。

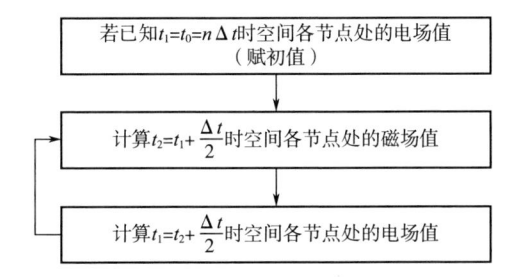

图 2-8 有限差分中的时域交叉半步推进法

色散对光子晶体的电磁波离散分析结果具有一定程度的影响。式（2-30）所示为色散的解析式，可以看出其取值同样与间隔划分的疏密程度有关。

$$\frac{1}{(c\Delta t)^2}\sin^2\left(\frac{\omega\Delta t}{2}\right) = \frac{1}{(\Delta x)^2}\sin^2\left(\frac{k_x\Delta x}{2}\right) + \frac{1}{(\Delta y)^2}\sin^2\left(\frac{k_y\Delta y}{2}\right) + \frac{1}{(\Delta z)^2}\sin^2\left(\frac{k_z\Delta z}{2}\right) \quad (2\text{-}30)$$

当 Δx、Δy、Δz 和 Δt 同时趋于零时，上式可以转化为：

$$\left(\frac{\omega}{c}\right)^2 = k_x^2 + k_y^2 + k_z^2 \quad (2\text{-}31)$$

这与理论上不计损失的电磁波色散解析式相一致。可以看出，只要取足够小的时间和空间划分间隔，就可以大幅度减小色散现象对分析结果的影响。根据经验通常选取间隔的最大值为最小波长 $\lambda_{\min}$ 的二十分之一，即：

$$\Delta_{\max} = \lambda_{\min}/20 \quad (2\text{-}32)$$

此外，由于计算机计算能力的局限，在建立数值计算模型时需要为其设定边界，同时对电磁波在边界处做吸收处理，即不允许电磁波被边界反射而影响计算结果的准确性。为此，在利用 FDTD 法进行建模时需针对上述问题设定边界条件：

$$W^{n+1}(0, j) = -W^{n-1}(1, j) + \frac{c\Delta t - \Delta x}{c\Delta t + \Delta x}[W^{n+1}(1, j) - W^{n-1}(0, j)] + \frac{2\Delta x}{c\Delta t + \Delta x}[W^n(0, j) + W^n(1, j)] + \frac{(c\Delta t)^2 \Delta x}{2(\Delta y)^2(c\Delta t + \Delta x)}[W^n(0, j+1) - 2W^n(0, j) + W^n(0, j-1) + W^n(1, j+1) - 2W^n(1, j) + W^n(1, j-1)] \quad (2-33)$$

式中：$W^n(0, j)$ ——电磁波从 $x > 0$ 的范围传播到等于 0 的位置边界处的电磁场坐标分量。

利用上述方法可以高效求解麦克斯韦方程组，得到不同频率的电磁波在光子晶体介质中的传播特性，从而获得光子晶体的带隙特征。

2.3.2　FDTD Solution 软件求解光子晶体带隙特征的过程

目前，基于 FDTD 方法已开发出多款集成度较高的商用软件，可通过一系列可视化操作完成 2.3.1 节中所述的求解过程。其中，Lumerical Solution 公司开发的 FDTD Solution 软件因其集成度高、操作简单、求解效率高、计算结果准确等特点而受到领域内研究人员的关注。这款商用软件将 FDTD 算法内置在系统中，可以让使用者在可视化窗口内直接建立光子晶体模型，并根据实际情况可视化地设置相应的分析区域、边界条件、光源、监视器等，最后还能对分析得到的数据进行必要的处理。以下为具体的操作流程：

①几何模型的创建。此步骤包括基本形状的绘制及相应材料的设定。基本形状的绘制主要有两种途径：直接在软件中绘制或采用其他建模软件绘制后导入，FDTD Solution 提供了丰富的接口，便于不同软件建立模型的导入。材料的设定在软件中体现为设定材料在介质中的折射率。

②边界条件的设定。包括计算区域的位置、体积或面积、折射率、扫描频率、网格划分、收敛条件、收敛精度等项目的设置。

③光源的选择与设置。包括光源类型、波长范围、偏振特性等。

④设置监视器。在 FDTD Solution 软件中，监视器适用于接收或记录分析过程中的某种特定信息。进行数值计算时，应根据输出要求选择并在适当位置设置监视器。常用的监视器主要有折射率监视器、时间监视器、视频监视器、功率监视器等。

⑤自动求解。前几步设置完成后检查编译成功，即可进行开启 FDTD 法的自动求解过程，求解时间因模型的复杂程度和边界条件的不同而异。

⑥数据后处理。FDTD Solution 软件提供了多种后处理方式，可根据不同的监

视器类型进行相应的处理。

2.4 柔性光子晶体力致变色实例分析

如前所述，本文将柔性光子晶体力致变色的分析过程分为两步：首先利用有限元法分析其在拉伸作用下的力致变形过程，得到变形过程中光子晶体微观结构几何尺寸的若干数值计算结果，随后将所得结果作为已知条件构建光子晶体模型，通过 FDTD 数值方法求解得到光子晶体带隙特征和反射光谱，分析流程见图 2-9 所示。

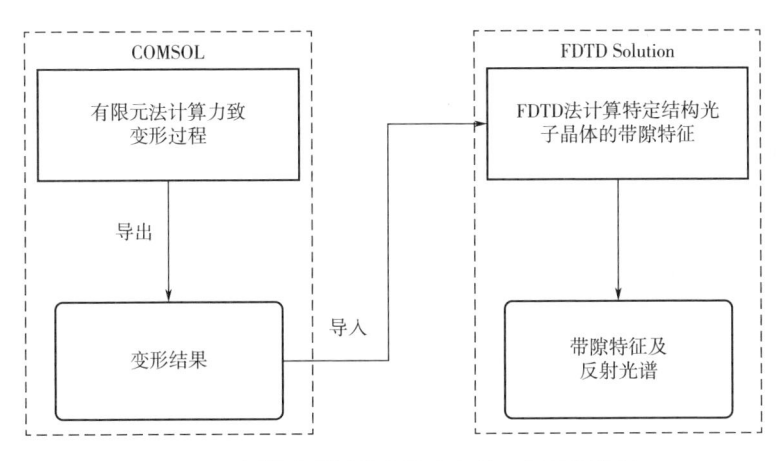

图 2-9　柔性光子晶体力致变色的一般分析流程

为了验证本文给出的分析方法的可行性，本小节将以一个典型的具有二维空气柱三角形周期性排布结构的柔性光子晶体为例，利用上述方法对其单轴拉伸力致变色过程进行分析。此处选取周期为 600 nm、空气柱直径和深度均为 300 nm 的三角形周期性排布结构进行分析。在单轴拉伸过程中，柔性光子晶体纳米结构在拉伸方向伸长，而在垂直于拉伸方向压缩，两个方向的参数会产生不同的变化，因此用 L_x、L_y 分别代表沿拉伸方向和垂直于拉伸方向的周期，用 D、d 分别表示拉伸后空气柱椭圆截面的大径和小径，h 代表空气柱深度。初始状态下 L_x 与 L_y 均为 600 nm，D、d 和 h 均取 300 nm，选取的具体结构及尺寸如图 2-10 所示。

首先，利用 COMSOL 软件中的固体力学模块对柔性光子晶体的力致变形过程进行计算。依据上述结构及尺寸建立相应的三维模型，考虑到后续计算量，此处模型中设置 3 个周期结构循环。定义模型材料为超弹性材料，设置周期性边界条件，材料参数参照常用的柔性材料 184 硅橡胶进行设置，弹性模量和泊松比分别取 1.8 MPa 和 0.48，可计算得到模型参数 C_{10}、C_{01} 和体积模量 k 分别为 0.2432、

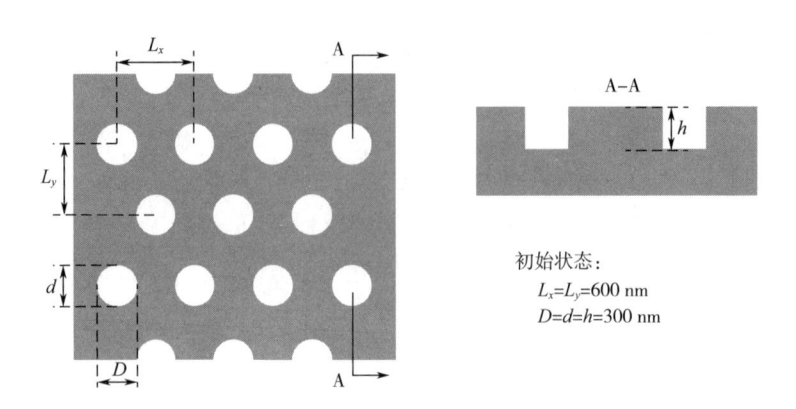

图 2-10　柔性光子晶体计算实例的结构与尺寸

0.0608 和 15。设置参数后，利用 Mooney-Rivlin 模型对单轴力致变形过程进行计算，得到如图 2-11 所示的结果。

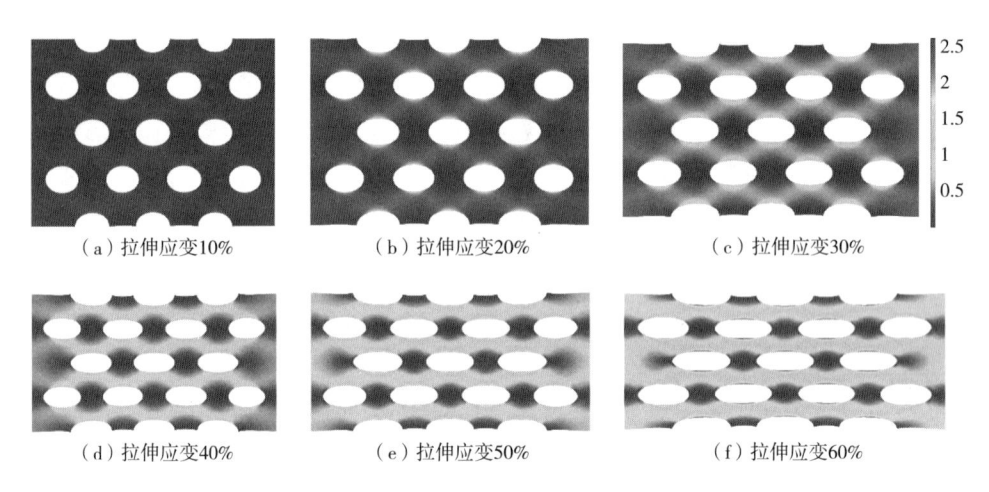

（a）拉伸应变10%　　（b）拉伸应变20%　　（c）拉伸应变30%

（d）拉伸应变40%　　（e）拉伸应变50%　　（f）拉伸应变60%

图 2-11　力致变形有限元计算应变云图

可以看出，随着拉伸应变从 0 增大到 60%，光子晶体纳米结构在拉伸方向上的尺寸逐渐增大，在垂直于拉伸方向上的尺寸逐渐减小。另外，各空气柱的应变情况基本相同，这体现了柔性光子晶体力致变形过程中其微观结构变形的均匀性。

从有限元计算结果可进一步得到模型中主要尺寸参数的变化规律，如图 2-12 所示。可见，在拉伸应变从 0 增大到 60 的过程中，模型延拉伸方向的周期 L_x 从 600 nm 增加到 1005 nm，增加量为 405 nm，变化率为 67.5%；模型垂直于拉伸方向的周期 L_y 从 600 nm 减小到 415 nm，减小量为 185 nm，变化率为 30.8%；空气

柱椭圆截面大径 D 从 300 nm 增加到 679 nm，增加量为 379 nm，变化率为 126%；空气柱椭圆截面小径 d 从 300 nm 减小到 278.5 nm，减小量为 21.5 nm，变化率为 7.1%。另外，由分析结果可知，L_x 与 L_y 的比值为 0.456，接近设置的泊松比 0.48，说明拉伸过程中纳米结构周期变化规律与材料整体尺寸变化规律基本一致。

(a) 延拉伸方向周期 L_x 随应变的变化

(b) 垂直于拉伸方向周期 L_y 随应变的变化

(c) 空气柱椭圆截面大径 D 随应变的变化

(d) 空气柱椭圆截面小径 d 随应变的变化

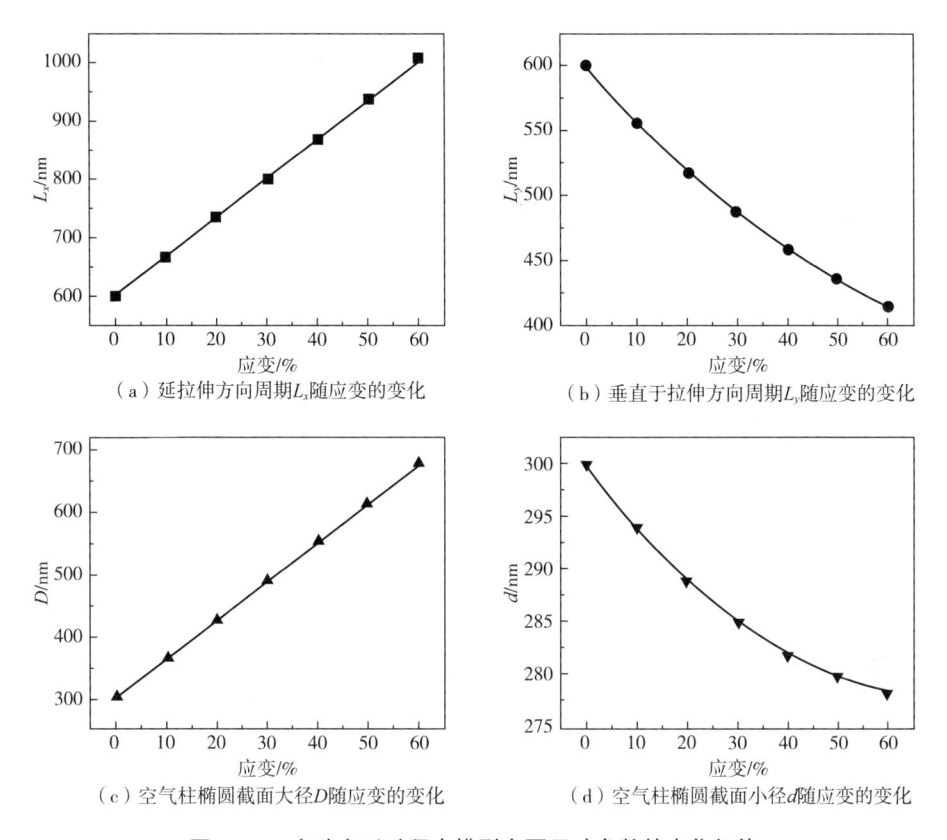

图 2-12　力致变形过程中模型主要尺寸参数的变化规律

然后，将上一步中计算得到的各应变状态下的尺寸参数作为输入条件，在 FDTD Solution 中分别建立对应状态下的光子晶体模型。根据材料属性将折射率值设置为 1.4，环境折射率设置为 1。为了模拟光子晶体的多周期结构，在二维光子晶体平面使用周期性边界条件，在垂直方向使用 PML 完全匹配层边界条件进行限定。光源设置为可见光波段（400~800 nm）的平面波，光的入射方向垂直于光子晶体表面。设置反射率监视器对计算结果进行分析，从而得到对应状态下光子晶体的反射光谱。如图 2-13（a）所示为拉伸应变从 0 增加到 60% 时，柔性光子晶体在力致变色过程中反射光谱的变化情况，对应的反射光谱中心波长变化情况如图2-13（b）所示。初始状态下柔性光子晶体的反射光谱中心波长为650 nm，该波长对应的宏观颜色在红色范围；当应变达到34%时，反射光谱中心波长为470 nm，对应的宏观颜色在蓝色范围。即34%的拉伸应变使反射光谱中心波长移动了180 nm，宏观颜色由红色区域移动到蓝色区域。另外，在此过程中反射光谱中心波长对应的反射率值下降范围在5%以内。可以看出，当柔性光子晶体受到单向拉伸时，反射光谱向波长减小的方向移动（蓝移），应变范围越大则光谱移动范围越大。

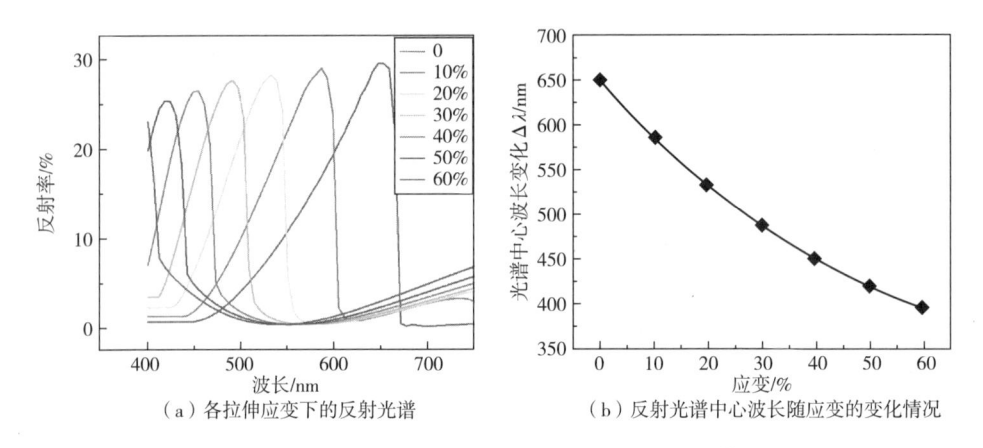

（a）各拉伸应变下的反射光谱

（b）反射光谱中心波长随应变的变化情况

图2-13 柔性光子晶体力致变色过程的光学特性计算结果

本节计算结果表明了本文给出的两步计算方法分析柔性光子晶体在外力作用下变色特性的可行性。在后续实验中，将针对该仿真计算进行对应的实验研究，以验证利用该方法计算得到结果的准确性。

2.5 本章小结

本章对柔性光子晶体力致变色理论模型进行了研究。首先介绍了光子晶体的电磁波理论，明确了光子晶体产生光学效应的物理学本质。确定了柔性光子晶体力致变色分析采取力致变形特性分析和光学特性分析的两步分析思路。然后采用弹性力学理论中的应变能模型研究了柔性光子晶体的力致变形模型，确定了柔性光子晶体变形过程中各形状特征的相互关系。其次，研究光子晶体光学特性的数值分析模型，确定了柔性光子晶体光学特性的数值分析方法。最后，利用上述方法对一个典型结构的二维空气柱柔性光子晶体的单轴拉伸力致变色过程进行分析，验证了本章分析方法的可行性，为后续的研究奠定了理论基础。主要研究结论如下：

① 以典型的二维空气柱型柔性光子晶体为例，根据其变形特点建立了柔性光子晶体的力致变形模型，得到其变形过程中各形状特征之间的相互关系，即当材料受到水平方向单轴拉伸时，空气柱截面的水平方向应变约为垂直方向的二倍。当利用 COMSOL 软件进行柔性光子晶体的力致变形分析时，根据柔性光子晶体基体为超弹性材料的性质，应选择 Mooney-Rivlin 超弹性本构模型。

② 通过比较确定了利用 FDTD 法进行柔性光子晶体光学特性的数值分析，然后介绍了时域有限差分思想的基本原理和求解过程，同时阐述了间隔划分、边界条件等的设置对分析结果的影响。

③ 以一个周期 600 nm、空气柱直径 300 nm 的三角形排布二维柔性光子晶体为例，依次进行力致变形分析和光学特性分析，结果显示，光谱移动范围随应变增大，34% 的拉伸应变可使反射光谱中心波长移动 180 nm，宏观颜色由红色区域移动到蓝色区域。

第3章 柔性光子晶体的制备工艺及力致变色性能研究

本文所研究的基于电活性材料的柔性光子晶体电致变色技术包含了两个内容，其一是需要制备出性能良好的柔性光子晶体，其二是需要研究出可以完美驱动柔性光子晶体在可见光全光域变色的驱动结构。因此本章首先探究柔性光子晶体的制备工艺及其基本变色规律，后续章节将对驱动结构开展研究。

本章首先分析现有柔性光子晶体力致变色性能，分析其性能不足的原因；在此基础上，从材料、光子晶体微观结构和工艺角度入手，采用184硅橡胶为基体材料，开展具有二维空气柱纳米结构的柔性光子晶体的制备研究；其次研究柔性光子晶体的力致变色行为规律，探究应变和微纳结构对颜色变化的影响规律；研究柔性光子晶体的力学性能为后续研究提供依据；再次对柔性光子晶体的循环变色稳定性进行研究；最后研究柔性光子晶体应用于应变传感的可行性，从而为柔性光子晶体在柔性传感中的应用奠定基础。

3.1 现有柔性光子晶体力致变色性能分析及改进思路

众所周知，为了使所开发的柔性光子晶体应用范围更加广泛，人们希望所开发的柔性光子晶体能够尽可能在整个可见光区域变色，即具有较大的颜色变化范围或光谱波长变化量；此外，人们还希望实现该波长变化量所需的应变尽可能小（能耗较小）。在本书绪论中，我们重点介绍了现有的柔性光子晶体的制备工艺，但对其性能并没有进行详细介绍，本节将对目前已经制备出的柔性光子晶体的性能进行分析比较。

本节将重点从现有力致变色的柔性光子晶体可变色的波长变化范围以及产生该波长变化所需的应变两个维度进行比较，比较结果如图3-1所示。图中横坐标代表变色所覆盖的波长变化范围，纵坐标代表变色所需的应变量，各个研究的具体参数见表3-1。

可以看出：在现有的典型力致变色研究中，变色范围均可以覆盖部分可见光波长范围，变色所需的应变量集中在31%～200%。但仔细对比这些研究中的变色范围和应变量可以发现，现有研究得到的柔性光子晶体往往难以兼顾大变色范围和小拉伸应变量的性能需求。例如，从变色所需应变量的角度来看，名古屋工业大学的 Ito 等使用水凝胶材料和有机物粒子制备的三维蛋白石结构柔性光子晶体，其变色所需拉伸应变量较小，仅为 31%，但该研究结果可实现的变色范围仅为 100 nm，并不能覆盖整个可见光区域。从变色范围角度来看，Liu 等基于 PMMA 材料制备了反蛋白石结构三维柔性光子晶体，力致变色范围达到了 220 nm，可以实现覆盖整个可见光区域，但其变色所需的拉伸应变量却较大，达到了 120%。

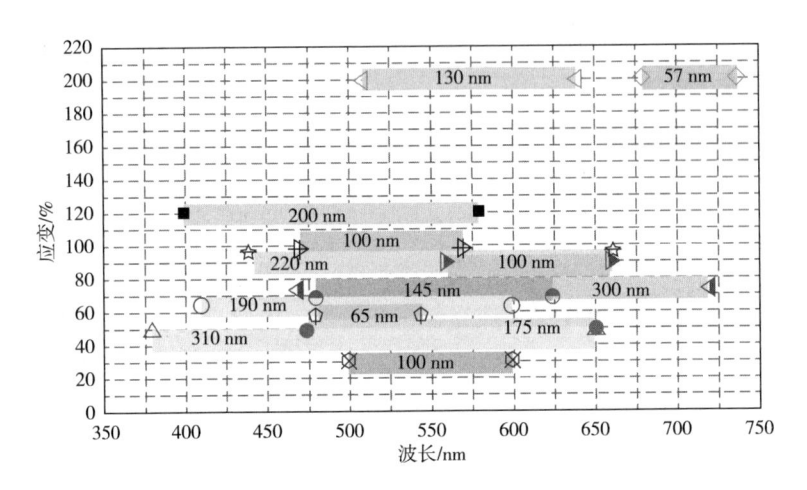

图 3-1 现有研究中柔性光子晶体变色范围及所需应变量的比较

表 3-1 典型力致变色研究中的主要参数

图 3-1 中符号	光子晶体类型	应变/%	波长范围/nm	波长变化量/nm
■	一维	120	580~780	200
○	一维	64	410~600	190
△	一维	50	340~650	310
◇	一维	200	680~737	57
◁	三维	200	510~640	130
⬠	三维	98	470~570	100
⊠	三维	31	500~600	100
☆	三维	97	440~660	220

第 3 章 柔性光子晶体的制备工艺及力致变色性能研究

续表

图3-1中符号	光子晶体类型	应变/%	波长范围/nm	波长变化量/nm
⌂	三维	58	480~545	65
◐	三维	68.7	480~625	145
◁	三维	73	470~720	300
▷	三维	90	560~660	100
●	三维	50	475~650	175

可见，现有研究得到的柔性光子晶体性能并不理想，很有必要对柔性光子晶体的制备工艺和力致变色性能进行深入研究，开发能在小应变量下实现覆盖整个可见光区域的大变色范围的柔性光子晶体，从而拓宽此类功能材料的应用范围。

柔性光子晶体的性能是由光子晶体材料、光子晶体宏微观结构决定的。仔细分析现有力致变色的柔性光子晶体的宏微观结构，我们发现现有研究大多采用的是一维光栅型光子晶体、三维蛋白石结构或反蛋白石结构的光子晶体。如前所述，一维柔性光子晶体的结构色变化范围较小，且颜色调控受方向影响；而三维柔性光子晶体中，蛋白石结构三维柔性光子晶体受纳米颗粒的影响而柔性不足，导致变形小和结构色变化范围小；反蛋白石三维柔性光子晶体在去掉纳米颗粒后具有了很好的柔性，但由于材料中遍布孔隙而使机械强度明显下降，而二维柔性光子晶体较好地避免了上述问题，因此，二维柔性光子晶体有望在小应变量下实现覆盖整个可见光区域的大变色范围。因此，本章重点研究二维柔性光子晶体的制备工艺及其性能。

二维光子晶体有介质柱结构和空气柱结构两种类型，其中介质柱光子晶体表面的纳米结构在外界冲击作用下会发生损坏，造成表面结构色消失。因此，本文选择二维空气柱结构柔性光子晶体作为变色材料。

如绪论所述，二维柔性光子晶体的制备方法主要有自组装法和纳米压印法。其中，自组装法制备光子晶体的时间长、工艺复杂且合成过程难以控制，制备得到的光子晶体性能难以保证；而纳米压印法制备的二维柔性光子晶体在工艺性、纳米结构精度、材料光学性能和机械性能方面都表现出独特的优势。因此，本文拟采用纳米压印方法制备空气柱型二维柔性光子晶体，但目前鲜有关于采用纳米压印法制备可拉伸二维柔性光子晶体的研究报道，因此本文选择力学性能优异的可拉伸超弹性材料184硅橡胶作为柔性光子晶体的基体材料，采用纳米压印技术在其表面制备光子晶体结构，重点研究柔性光子晶体的制备工艺及力致变色性能。

3.2 柔性光子晶体的制备工艺研究

相比自组装技术，纳米压印技术更加高效且成本低廉，适用于较大批量的制备和生产；更为重要的是纳米压印法制备光子晶体的过程可控，且制得样品性能一致性较好。为此，本文采用纳米压印工艺在柔性材料表面制备光子晶体所需的纳米结构。

为了提高纳米压印模板的可重复使用性和寿命，本文提出采用二次纳米压印的方法进行柔性光子晶体结构的制备，即：在最初模板与柔性光子晶体之间制备一个作为中间过渡的二次模板，将制备过程分为二次模板的制备和样品的制备两步，从而可以有效地降低对初始纳米压印模板的消耗。以下为详细的制备工艺。

3.2.1 实验材料及仪器设备

（1）实验材料

本实验选取的原材料如表3-2所示。其中，184硅橡胶作为柔性光子晶体的基体材料；纳米压印硅模板和光敏抗蚀剂用于制备二次模板；稀释剂用于调节液体材料浓度。

表 3-2 实验所用材料

名称	材料形态	规格及型号
184硅橡胶	黏性液体	Sylgard 184（Dow Corning，美国）
纳米压印硅模板	固体	周期：600 nm，直径：300 nm，面积：46 mm^2
光敏抗蚀剂	黏性液体	Ormostamp（Micro Resist Technology，德国）
稀释剂	液体	OS-20（Dow Corning，美国）

（2）实验设备

制备完成后，为了研究所制备的柔性光子晶体性能，利用扫描电子显微镜进行光子晶体纳米结构的观察和表征；利用角分辨光谱测量系统进行光子晶体反射光谱的观测，电子天平进行样品的称重，电热真空干燥箱和电子搅拌器分别进行样品制备过程中的加热和搅拌，激光位移传感器进行拉伸量的实时测量，拉力试验机对样品进行单轴拉伸同时显示应变值。详细的实验设备及型号如表3-3所示。

表 3-3 实验设备及型号

名称	规格及型号
扫描电子显微镜	Gemini SEM 500，Zeiss，德国

续表

名称	规格及型号
角分辨光谱测量系统	R1,上海复享光学股份有限公司
电热真空干燥箱	DZF-6020A,北京科伟永兴仪器有限公司
数控顶置式电子搅拌器	OS20-Pro,北京大龙兴创实验仪器有限公司
激光位移传感器	IL-065,Keyence,日本
拉力试验机	ZQ-60B,东莞智取精密仪器有限公司
电子天平	CP214,OHAUS,美国

3.2.2 柔性光子晶体的制备工艺及微观结构

经过多次实验探索后,本文确定的柔性光子晶体制备工艺流程如图3-2所示。首先,光子晶体微结构的尺寸设计与上一章2.4节数值分析的微结构相同,即采用具有三角形排布的空气柱纳米结构,周期:600 nm,直径:300 nm,面积:46 mm^2。然后在具有该结构的纳米压印硅模板的表面均匀涂覆光敏抗试剂,随后使用紫外光照射五分钟即可使光敏抗试剂固化,将上下两层剥离即可得到具有三角形排布介质柱纳米结构的二次模板,如图3-2(a)所示。将184硅橡胶按照A、B组分10:1的比例混合搅拌均匀,抽真空5 min后浇注到二次模板上,待充分流平后在电热真空干燥箱中60 ℃下加热4 h使其固化。最后将固化的硅橡胶从二次模板上剥离即可得到所需的柔性光子晶体,如图3-2(b)所示。

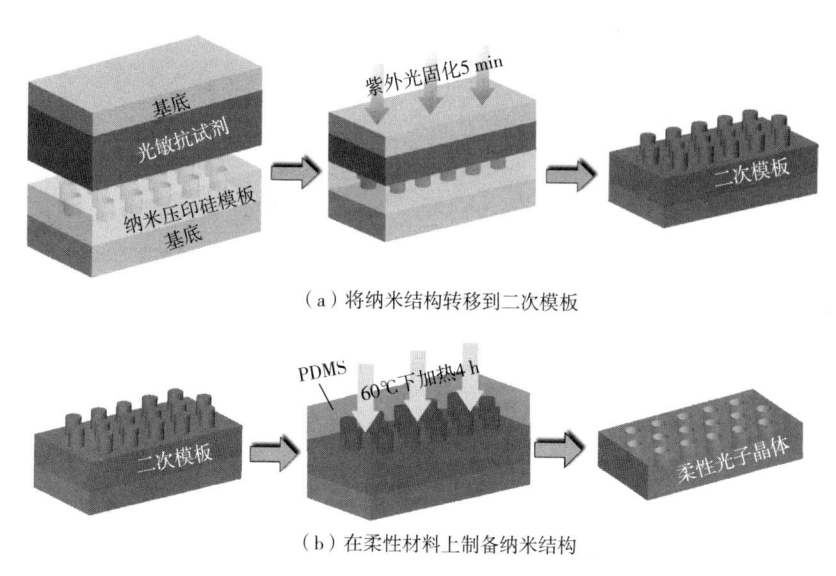

(a)将纳米结构转移到二次模板

(b)在柔性材料上制备纳米结构

图3-2 纳米压印法制备柔性光子晶体的工艺流程

为了确保上述工艺能够获得初始设计的微观结构，制备过程中得到的二次模板是整个工艺流程中的关键介质，为此，对其宏观形貌及微观结构进行了表征。图 3-3（a）展示了纳米压印工艺中制得的二次模板，其中间区域含纳米结构的有效部分尺寸为 46 mm×46 mm，图 3-3（b）和（c）分别为二次模板的 SEM 俯视图和侧视图，可见，通过第一步工艺在二次模板上成功形成了周期为 600 nm，直径为 300 nm 的三角形排布介质柱阵列，从而为最终成功制备柔性光子晶体奠定了基础。

（a）制得的二次模板　　（b）模板的SEM俯视图　　（c）模板的SEM侧视图

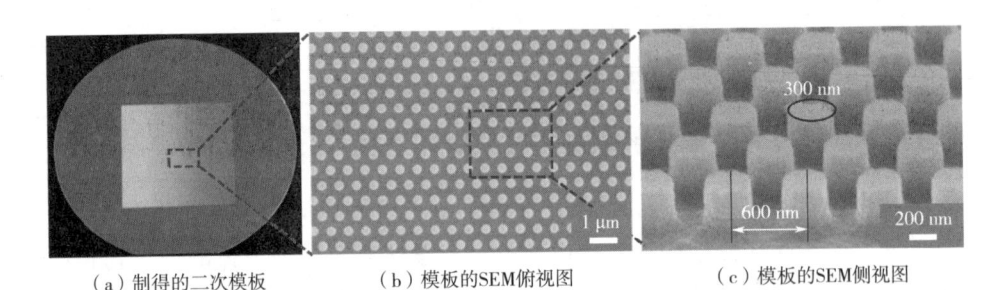

图 3-3　纳米压印工艺二次模板的微观表征

接着，对制得的柔性光子晶体的宏观形貌及微观结构也进行了表征，如图 3-4 所示。其中，图 3-4（a）展示了柔性光子晶体样品外观，其中间形成了面积为 46 mm×46 mm 的颜色均匀的结构色区域，图 3-4（b）和（c）分别为柔性光子晶体的 SEM 俯视图和侧视图，可见，通过第二步工艺在柔性材料 184 硅橡胶表面成功形成了周期为 600 nm，直径为 300 nm 的三角形排布空气柱阵列。

（a）光子晶体样品　　（b）光子晶体的SEM俯视图　　（c）光子晶体的SEM侧视图

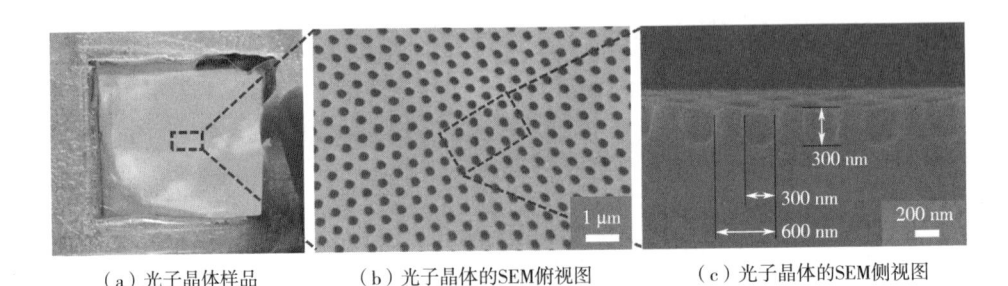

图 3-4　柔性光子晶体的微观表征

3.3　柔性光子晶体的力致变色性能研究

上一节利用纳米压印工艺获得了基于 184 硅橡胶的柔性光子晶体，本节着重分析该柔性光子晶体在力致变色过程中的行为规律，掌握变色过程中力、应变及颜色变化之间的对应关系，为后续章节实现电致变色奠定基础。

对于本文所制备的柔性光子晶体，当从垂直于样品平面的角度观测时，初始状态呈现红色。随着拉伸量的增加，光子晶体垂直于拉伸方向的晶格常数逐渐减小，导致颜色发生从红到绿再到蓝的渐变过程。众所周知，在可见光范围内，红光的波长范围为 622~770 nm，绿光的波长范围为 492~577 nm，蓝光的波长范围为 455~492 nm，可见这三种颜色光覆盖了可见光的绝大部分波长范围（380~780 nm）。为此，本节选择红色、绿色、蓝色作为参考来研究拉伸变形过程中的结构色变化范围。

3.3.1 力致变色过程中宏观颜色及微观结构特征

首先，本文通过实验研究本章制备的柔性光子晶体力致变色过程中的微观结构特征。实验发现：当对长度为 30 mm，宽度为 10 mm 的柔性光子晶体样品沿长度方向进行单轴拉伸时，样品实现了从红到绿再到蓝的变化，如图 3-5 所示。为了量化地表征颜色，采用红、绿、蓝三原色通道叠加的标准颜色表征方法 RGB 值进行颜色的准确表述。可见，样品初始状态为红色，样品中心区域的 RGB 值为 217，107，25。当拉伸变形达到 5 mm 时，应变量为 17%，样品颜色由初始红色变为绿色（中心区域 RGB：1，180，0）。当拉伸变形达到 9 mm 时，应变量为 30%，样品颜色进一步变为蓝色（中心区域 RGB：0，182，157），如图 3-5（a）、（c）和（e）所示。图 3-5（b）、（d）和（f）分别为应变量在 0、17%、30% 下样品表面的 SEM 图像，可见，在拉伸过程中空气柱截面由圆形逐渐变为椭圆形，椭圆长轴随拉伸量的增加而增大，短轴相应减小，从而导致垂直于拉伸方向的晶格常数减小，使结构色发生蓝移，这与上一章中的理论分析结果相一致。

3.3.2 力致变色过程的光学特性量化表征

在研究了力致变色过程中柔性光子晶体的宏观颜色变化及其微观结构表征后，需进一步通过测量反射光谱的变化来定量地反映材料的颜色变化。样品的反射光谱通过上海复享光学有限公司生产的 R1 角分辨光谱仪进行测试，该系统测试原理如图 3-6（a）所示。测试系统主要由入射臂、接收臂、光源、载物台、机架等部分组成，其中入射臂和接收臂可以进行相对 359°的旋转，用于调节不同的入射角和接收角，当试样放置在中间的载物台上进行光谱测试时，可以实现不同角度的入射和接收。图 3-6（b）为 R1 角分辨光谱仪的光路系统原理，外界光源（或系统自带光源）通过光纤传导到入射臂的光线出口，照射到试样上的光线会产生反射、散射或透射等现象，接收臂会根据测试需要被设置在特定位置对光线进行接收，最后通过配套软件 Morpho-R1 对采集的数据进行分析，得到所需要的光谱数据。

(a) 原长状态样品颜色　　　　　　　　(b) SEM图

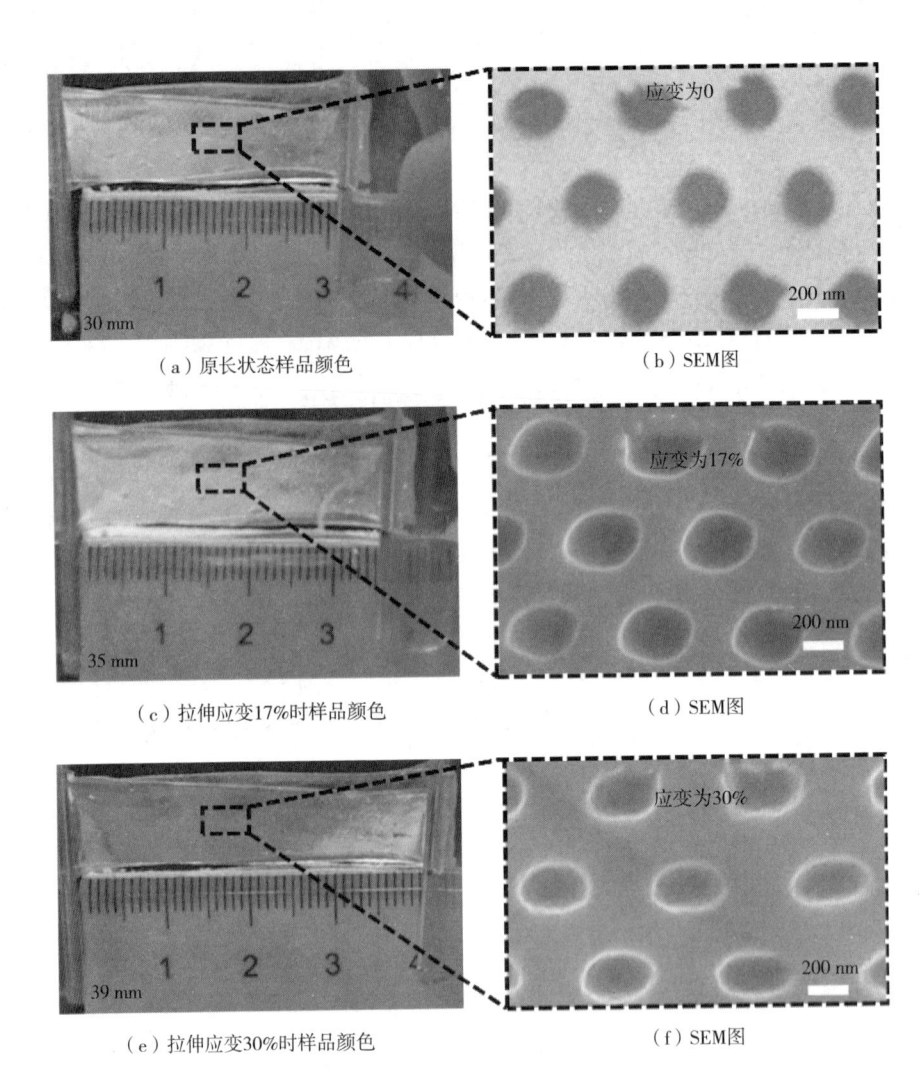

(c) 拉伸应变17%时样品颜色　　　　　(d) SEM图

(e) 拉伸应变30%时样品颜色　　　　　(f) SEM图

图 3-5　柔性光子晶体力致变色宏观效果及微观表征

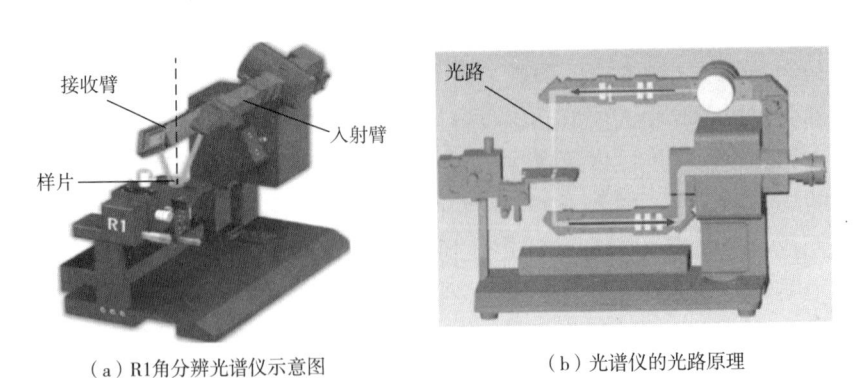

(a) R1角分辨光谱仪示意图　　　　　(b) 光谱仪的光路原理

图 3-6　反射光谱测试系统及原理

本文利用上述仪器对柔性光子晶体在拉伸过程中的反射光谱变化进行了测试，结果如图 3-7 所示，柔性光子晶体拉伸变色过程反射光谱随应变变化的具体值见表 3-4。

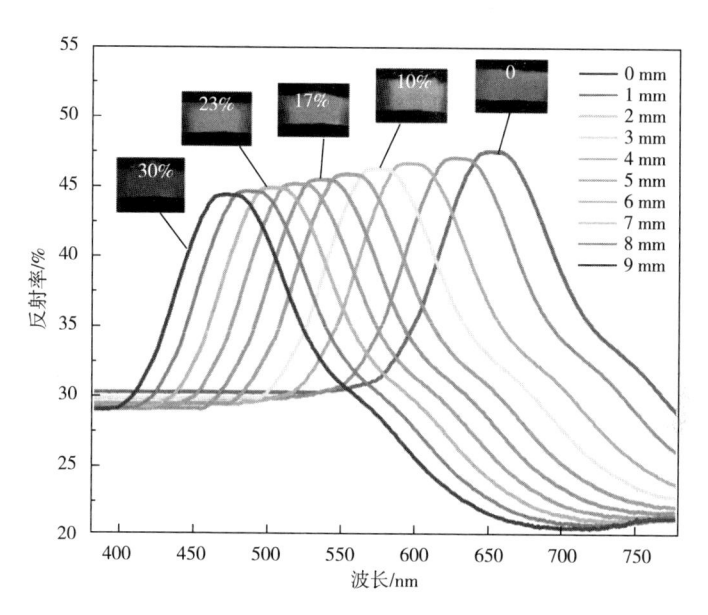

图 3-7 柔性光子晶体拉伸变色过程的反射光谱

表 3-4 柔性光子晶体拉伸变色的主要参数

拉伸量/mm	应变/%	带隙中心波长/nm	反射率/%
0	0	651	48.7
1	3	627	47.1
2	7	595	46.6
3	10	573	46.3
4	13	553	45.9
5	17	535	45.5
6	20	518	45.2
7	23	502	44.9
8	27	486	44.6
9	30	471	44.3

结果显示，在原始状态下样品显示红色，柔性光子晶体的带隙中心波长为651 nm，随着拉伸应变从0增加到30%，柔性光子晶体的颜色发生蓝移，带隙中心波长减小为471 nm，整个力致变色过程波长移动范围达到180 nm，同时反射率下降了4.4%。由此可见，本章制备的柔性光子晶体很好地实现了30%的小应变量下覆盖整个可见光区域的大范围变色，与3.1节中的现有其他研究相比兼顾了小应变和大变色范围，具有突出的性能优势。

由第2章2.4节中仿真结果可知，该结构在34%的拉伸应变下可使反射光谱带隙中心波长移动180 nm，此处实验结果与仿真结果基本吻合，从而验证了第2章中提出的柔性光子晶体力致变色模型和分析方法的正确性。

众所周知，色度图是用来综合反映颜色明度、色调及饱和度的标准坐标系统。为了直观地反映拉伸过程中光子晶体的颜色在色度图中的变化轨迹，将图3-7中的反射光谱数据输入色度图软件，计算得到了每条曲线在CIE 1931色度图上对应的坐标，如图3-8所示。图中直观地显示了柔性光子晶体拉伸变色的全过程，图中所标的数字0~9分别对应拉伸量由小变大的数值。可以看出，在坐标从0到9变化的过程中，颜色跨越了从红到蓝的近乎整个可见光区域，可知分析结果与直观观测到的现象是一致的。

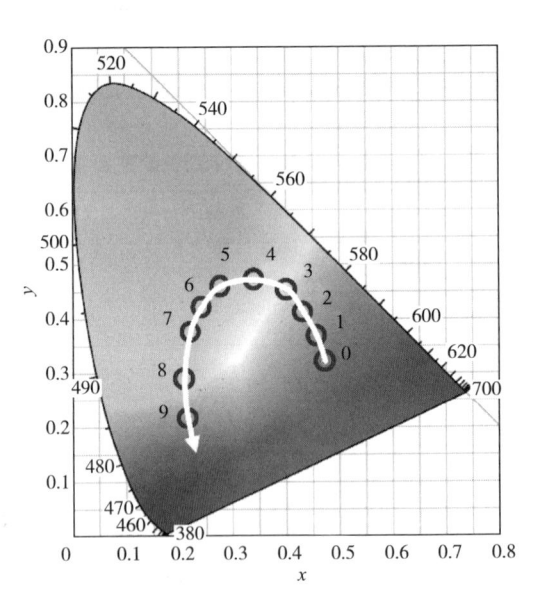

图3-8 柔性光子晶体拉伸变色的CIE1931色度图坐标变化

3.3.3 柔性光子晶体的力学性能

为了便于后续章节关于电致变色器件研究中电活性材料的选取及驱动器的设

计，本小节通过拉力试验机对制备的柔性光子晶体的力学性能进行了研究，结果如图 3-9 所示，其中误差棒用来反映 5 组测试数据的不确定度。将尺寸为 20 mm × 5 mm × 0.3 mm 的样品装夹在拉力试验机上进行缓慢拉伸，记录拉伸过程中的应力和应变数据，得到图 3-9 中的曲线。可以看出，拉伸过程前期材料的杨氏模量基本保持线性，后期由于应变刚化的影响杨氏模量略有上升，计算得到样品平均的结构刚度 K 和杨氏模量 E 分别为 187 N/m 和 3.74 MPa。

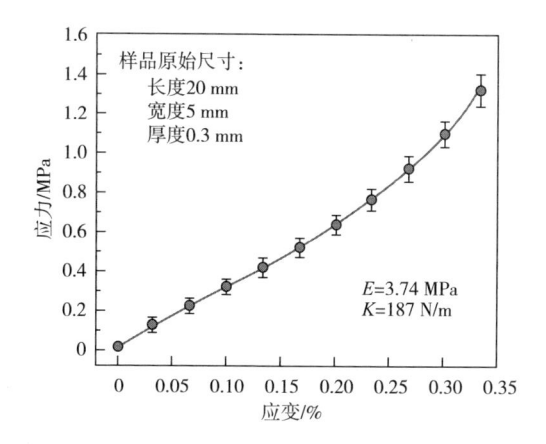

图 3-9 柔性光子晶体拉伸过程的应力应变曲线

3.4 柔性光子晶体的循环力致变色稳定性研究

在实际应用中，力致变色材料往往需要执行反复多次拉伸变色，期间材料的变色性能是否稳定是考量柔性光子晶体综合性能的一项重要指标。光子晶体的变色性能主要取决于其纳米结构，稳定的纳米结构将产生稳定的变色性能。

为了研究本文制备的柔性光子晶体的循环工作能力，对 30 mm × 10 mm 的样品进行了 2000 次单轴循环拉伸实验，并对循环工作前后样品的力致变色性能进行了测试。测试的循环拉伸过程中材料的应力应变变化如图 3-10 所示，图中上半部分曲线为应变曲线，下半部分为应力-应变曲线。由图可见：循环 2000 次后，应力-应变曲线几乎不变化，预示其具有比较稳定的循环变色性能。

为了深入研究循环拉伸前后柔性光子晶体的力致变色稳定性，此处通过微观表征方法观察其拉伸实验前后的纳米结构变化。具体方法是通过液氮冷冻脆断的方法将柔性光子晶体折断，测试得到如图 3-11 所示的循环拉伸实验前后材料的断面 SEM 图。可以看到：如图 3-11（a）所示，拉伸前材料表面纳米结构是均匀排布且形状规则的空气柱；经过 2000 次拉伸后材料的断面纳米结构如图 3-11

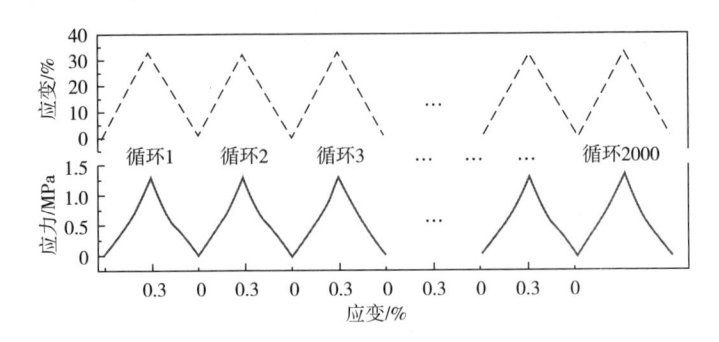

图 3-10 循环拉伸过程中材料应力应变的周期性变化

(b) 所示，可观察到纳米结构的形状发生了微小的变化，部分空气柱的底面和侧面发生了轻微的倾斜，但光子晶体的主要特征参数周期和空气柱直径没有发生变化，形状发生的变化非常微小，可以认为循环拉伸实验对柔性光子晶体的力致变色性能影响较小。

（a）拉伸前的断面SEM图　　　　　　（b）2000次拉伸后的断面SEM图

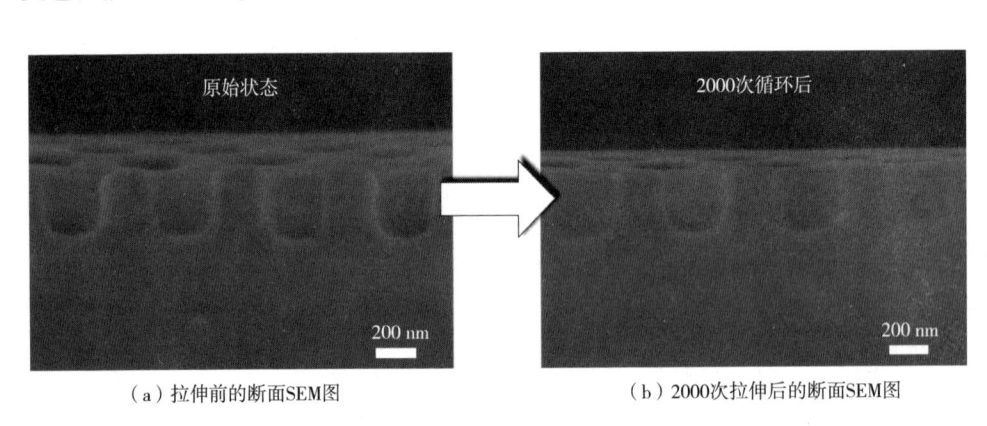

图 3-11 循环拉伸实验前后柔性光子晶体的截面微观表征

实验中对柔性光子晶体在 100 次、500 次、1000 次、2000 次循环拉伸前后的反射光谱也进行了测试，得到各状态下的反射光谱如图 3-12 所示。根据所得反射光谱数据计算了材料的颜色变化范围和反射率变化，从而可量化地表征柔性光子晶体的循环力致变色性能，计算结果如表 3-5 所示。表中分别统计了循环工作前后拉伸应变为 17% 和 30% 两种状态下的反射光谱数据，其中每种状态下均进行了三组测试，得到在拉伸循环实验前后每种应变状态下的波长变化值 $\Delta\lambda$ 和反射率值。

第3章 柔性光子晶体的制备工艺及力致变色性能研究

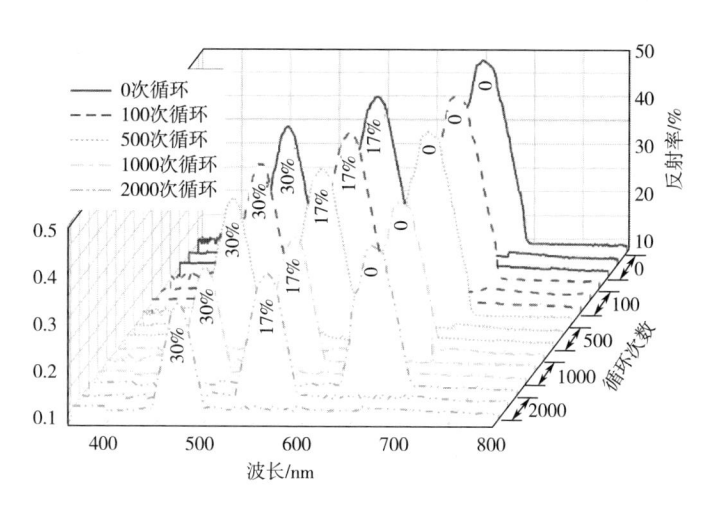

图 3-12 不同循环次数下反射光谱测试结果

表 3-5 柔性光子晶体变色范围和反射率的循环实验结果

测试量	拉伸率	组别	循环次数				
			0	100	500	1000	2000
波长变化 $\Delta\lambda$/nm	17%	1	116	115	113	108	103
		2	113	111	110	103	99
		3	119	119	116	113	107
	30%	1	177	175	166	164	158
		2	181	181	170	169	165
		3	182	178	177	171	169
反射率/%	17%	1	47.7	47.4	47.9	46.3	43.8
		2	43.4	43.8	41.7	40.9	39.5
		3	45.4	45.0	45.1	43.6	41.8
	30%	1	47.3	45.3	47.2	45.6	43.8
		2	45.1	43.2	44.2	42.9	40.6
		3	43.5	41.1	41.8	39.9	37.4

为了进一步直观表征柔性光子晶体的循环工作稳定性，将表 3-5 中数据绘制成图 3-13，图中虚线代表循环实验前测得的波长变化 $\Delta\lambda$ 数据。由图可见，17%

和 30% 拉伸应变下材料在循环实验前后的 Δλ 波动分别为 13 nm 和 16 nm，该变化数值对材料所显示的宏观颜色影响较小，因此可以认为，经过 100、500、1000 和 2000 个周期的循环工作，在 17% 和 30% 应变下柔性光子晶体反射光谱的波长变化值 Δλ 是相对稳定的，表明宏观颜色的变化亦是相对稳定的。

图 3-14 所示为在 0、100、500、1000 和 2000 个循环周期之后，在 17% 和 30% 拉伸应变下反射光谱的带隙中心波长的反射率值，它代表颜色的强度。可见：两种应变量对应的反射率峰值变化范围较小，仅分别为 3.8% 和 4.7%。结果表明，经过 100、500、1000 和 2000 个周期的循环工作，在 17% 和 30% 应变下电致变色器件反射光谱的反射率峰值仍能保持在较高水平。

(a) 17% 拉伸应变下的波长变化
(b) 30% 拉伸应变下的波长变化

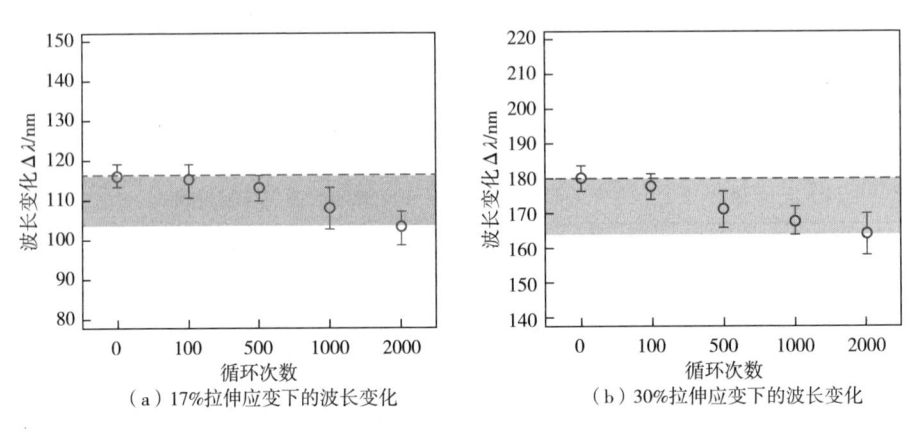

图 3-13 不同循环次数下柔性光子晶体的波长变化

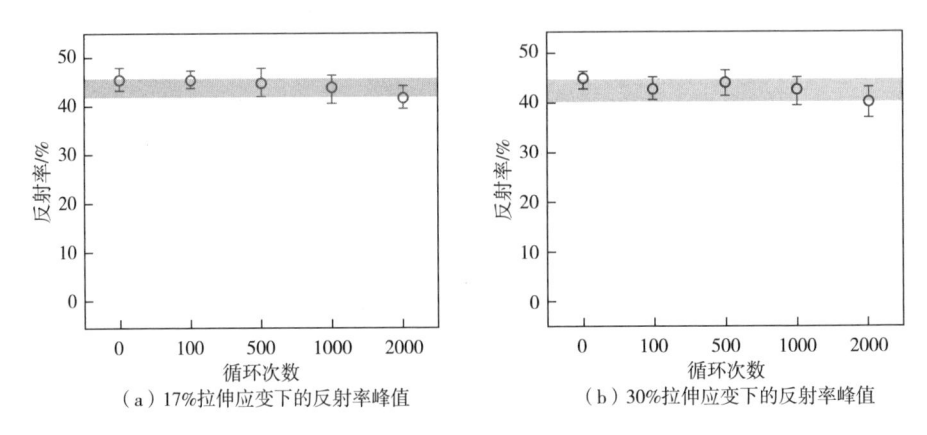

(a) 17% 拉伸应变下的反射率峰值
(b) 30% 拉伸应变下的反射率峰值

图 3-14 不同循环次数下柔性光子晶体的反射率峰值

总体来看，2000 次以下的循环工作对本文制备的柔性光子晶体的拉伸变色性能影响很小，在同样的应变下带隙中心波长和反射率峰值在循环实验前后均无显著变化，表明本文所制备的柔性光子晶体具有较好的循环工作稳定性。

相对于由两种以上材料复合而成的蛋白石结构光子晶体，单一材料构成的空气柱结构光子晶体在循环拉伸过程中其内部纳米结构不易损坏，这也是本文选择制备此种光子晶体的重要原因。

3.5 柔性光子晶体在应变传感中的应用

由 3.2 节中的研究可知，柔性光子晶体随着拉伸应变的不同而呈现不同颜色。换句话说，该柔性材料对应变是比较敏感的，这种敏感性使其具有了在应变传感领域应用的可能性。本节将对柔性光子晶体在应变传感方面的性能进行研究。

众所周知，硅橡胶是一种良好的弹性材料，而碳纳米管（CNTs）是一种良好的导电材料，将 CNTs 掺杂入硅橡胶后，其在硅橡胶中是弥散而非紧密相连分布的，因此，该复合材料的导电率会随着硅橡胶的大变形而逐渐降低。因此，有学者将 CNTs/硅橡胶复合在一起制备成应变传感器，通过测量该复合材料变形过程中的电阻率变化而获取应变变化值。

为了比较本文研究的柔性光子晶体与 CNTs/硅橡胶复合材料的应变测量性能，本文设计了一种在 CNTs/硅橡胶复合材料基础上粘贴柔性光子晶体的组合结构，以便使 CNTs/硅橡胶复合材料与柔性光子晶体材料同时测量同一应变量，对其结果进行比较。为此，本文首先制备了该柔性光子晶体与 CNTs/硅橡胶（Ecoflex 0030）复合材料柔性传感器的组合结构。然后通过拉伸实验对二者在应变传感方面的性能进行对比分析，探索柔性光子晶体在应变传感领域的应用前景。

3.5.1 柔性光子晶体与 CNTs/硅橡胶复合结构的制备

（1）实验材料

制备过程中所选需的实验原材料如表 3-6 所示。其中，考虑到 Ecoflex 硅橡胶良好的延展性和兼容性，选择其与多壁碳纳米管（CNTs）按照一定比例充分混合制备所需的 CNTs/硅橡胶复合材料；并利用硅橡胶粘结剂将柔性光子晶体与 CNTs/硅橡胶复合材料进行粘贴连接。

表 3-6 实验所用材料

名称	材料形态	规格及型号
Ecoflex 硅橡胶	黏性液体	Ecoflex 0030（Smooth-On，美国）

名称	材料形态	规格及型号
多壁碳纳米管（CNTs）	粉末	平均直径：12 nm，长度10~30 μm，中科时代纳米
硅橡胶粘结剂	胶状	Sil-Poxy（Smooth-On，美国）

（2）实验设备

为了比较其性能，实验中使用角分辨光谱测量系统进行光子晶体反射光谱的观测，电子天平进行样品的称重，电热真空干燥箱和电子搅拌器分别进行样品制备过程中的加热和搅拌，激光位移传感器进行拉伸量的实时测量，拉力试验机对样品进行单轴拉伸同时显示应变值。实验设备及型号如表3-7所示。

表3-7 实验设备及型号

名称	规格及型号
角分辨光谱测量系统	R1，上海复享光学股份有限公司
电热真空干燥箱	DZF-6020A，北京科伟永兴仪器有限公司
数控顶置式电子搅拌器	OS20-Pro，北京大龙兴创实验仪器有限公司
激光位移传感器	IL-065，Keyence，日本
拉力试验机	ZQ-60B，东莞智取精密仪器有限公司
电子天平	CP214，OHAUS，美国
超声波清洗器	KS-3200XDS，昆山洁力美超声仪器有限公司

（3）组合结构的制备工艺

柔性光子晶体与CNTs/硅橡胶组合结构的制备主要包括CNTs/硅橡胶复合材料的制备及其与柔性光子晶体的集成。

1）CNTs/硅橡胶复合材料的制备工艺

第一步为硅橡胶溶液的配制，其过程如图3-15所示。首先将Ecoflex 0030硅橡胶中A、B组分按照质量比1∶1进行混合，使用数控顶置电子搅拌器按照1000 r/min的速度搅拌10 min后，将搅拌完成的溶液放入容器中进行真空除气处理（5 min），待气泡全部排出后即得到了所需的硅橡胶溶液。

第二步为CNTs/硅橡胶复合材料溶液的配制，其过程如图3-16所示。首先将CNTs粉末加入到第一步配置好的硅橡胶溶液中，其中CNTs的质量分数为3wt%。使用数控顶置电子搅拌器按照1000 r/min的速度搅拌10 min后，将搅拌完成的溶液放入容器中进行真空除气处理（5 min），待气泡全部排出后即得到了所需的 CNTs/硅橡胶混合溶液。

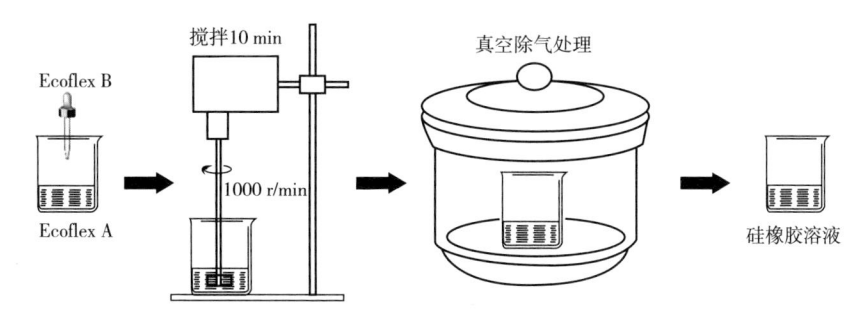

图 3-15 硅橡胶溶液的配制工艺

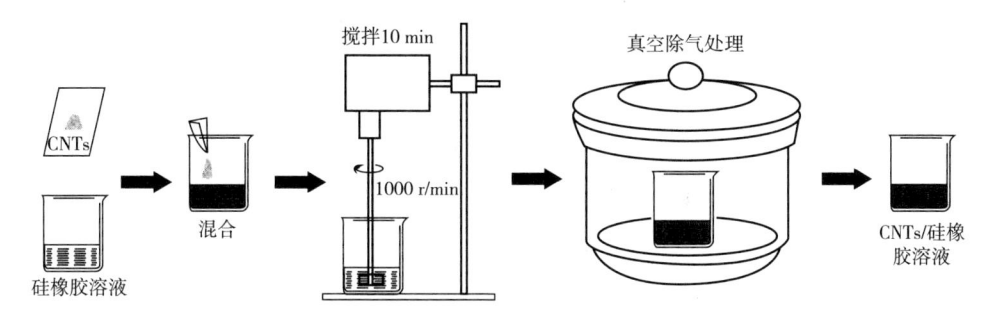

图 3-16 CNTs/硅橡胶混合溶液的配制工艺

2）柔性光子晶体与 CNTs/硅橡胶组合结构的制备工艺

第一步：将上一步配置好的 CNTs/硅橡胶混合溶液倒入尺寸为 60 mm × 20 mm × 1 mm 的模具中，60 ℃下加热固化 2 h 即可得到固态的 CNTs/硅橡胶复合材料。

第二步：使用硅橡胶粘结剂将 30 mm × 5 mm × 0.3 mm 的柔性光子晶体粘贴于 CNTs/硅橡胶复合材料表面，形成所需的组合结构。

第三步：在组合结构两侧粘贴导电布并与源表相连，即可实时读出组合结构变形时的电阻变化，与此同时观察颜色变化。

该组合结构及测量原理如图 3-17（a）所示，实际制备得到的柔性光子晶体与 CNTs/硅橡胶复合结构样品如图 3-17（b）所示。其中，黑色部分为 CNTs/硅橡胶复合材料，红色部分为柔性光子晶体，两侧灰色具有网格图案的部分为导电布。

(a) 组合结构及测试原理

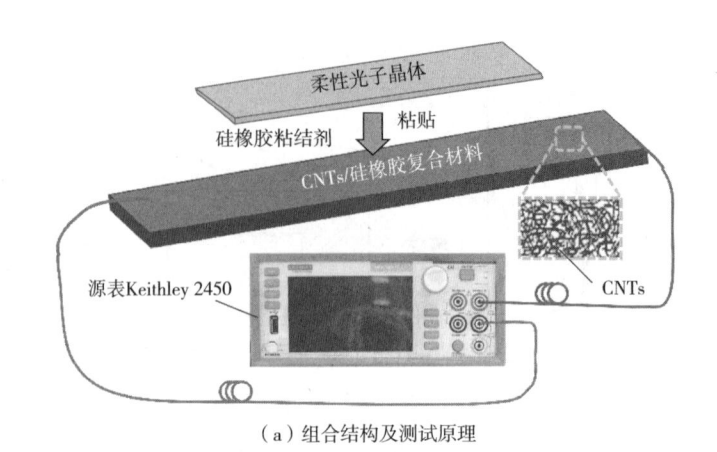

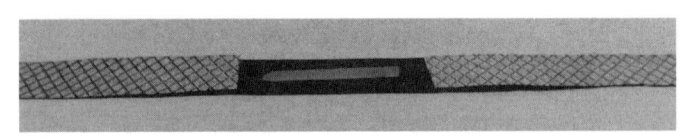

(b) 组合结构样品实物图

图 3-17 柔性光子晶体与 CNTs/硅橡胶组合结构原理示意及实物图

3.5.2 柔性光子晶体的应变传感性能研究

对上一小节中制备得到的组合结构进行拉伸应变传感性能测试时，可以同时得到柔性光子晶体的颜色与应变之间的变化关系及 CNTs/硅橡胶复合材料电阻与应变之间的变化关系。

测试方法如图 3-18 所示，将组合结构装夹在拉力试验机的夹具上，并将结构两侧与源表 Keithley 2450 相连，当启动拉力试验机对样品进行缓慢匀速拉伸时，可以观察到柔性光子晶体的颜色变化，同时源表将实时显示 CNTs/硅橡胶材料的电阻变化，而变形的数值是由拉力机直接读出的。通过该方法可以获取两种材料在应变传感过程中的实时数据，对比分析两种材料的应变传感性能。

实验过程中，观察到柔性光子晶体表面整体初始颜色为红色，当拉伸应变达到 6.7% 时局部区域转变为黄色，10% 时整体颜色转变为黄色；当拉伸应变达到 13% 时局部区域转变为绿色，17% 时整体颜色转变为绿色；当拉伸应变达到 28% 时局部区域转变为蓝色，30% 时整体颜色转变为蓝色。在此过程中，拉伸应变、柔性光子晶体结构色、CNTs/硅橡胶复合材料电阻变化的数据如表 3-8 所示。

第 3 章 柔性光子晶体的制备工艺及力致变色性能研究

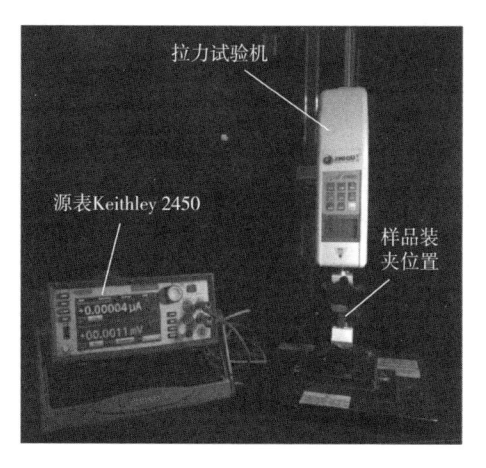

图 3-18 实验装置及方案

表 3-8 拉伸实验过程中的结构色、应变范围、电阻变化数据

结构色	归一化电阻变化范围/%	应变范围/%
	0~0.2	0~6.7
	0.2~0.5	6.7~13
	0.5~19	13~28
	19~79	28~50

图 3-19 为柔性光子晶体颜色、CNTs/硅橡胶复合材料电阻与拉伸应变的对应关系曲线,其中左侧坐标为归一化的电阻变化,右侧坐标为颜色变化,颜色应变曲线中不同颜色代表了对应拉伸阶段的实际颜色显示情况。为便于比较,此处首先定义了柔性光子晶体颜色变化对应变的灵敏度 S,如图 3-19 左上角所示,将灵敏度表示为柔性光子晶体颜色应变曲线的切线斜率:

$$S_i = \frac{dy}{dx}\bigg|_{x=x_i} \tag{3-1}$$

由图可以看出,虽然颜色应变曲线与电阻应变曲线都随应变的增加呈现上升趋势,但两条曲线在变化规律上有明显的差别。当应变小于 30% 时,CNTs/硅橡胶复合材料电阻对应变的灵敏度不足,尤其当应变小于 10% 时,电阻的变化量仅为 0.2%。可知当应变小于 30% 时,CNTs/硅橡胶复合材料很难有效地进行应变

75

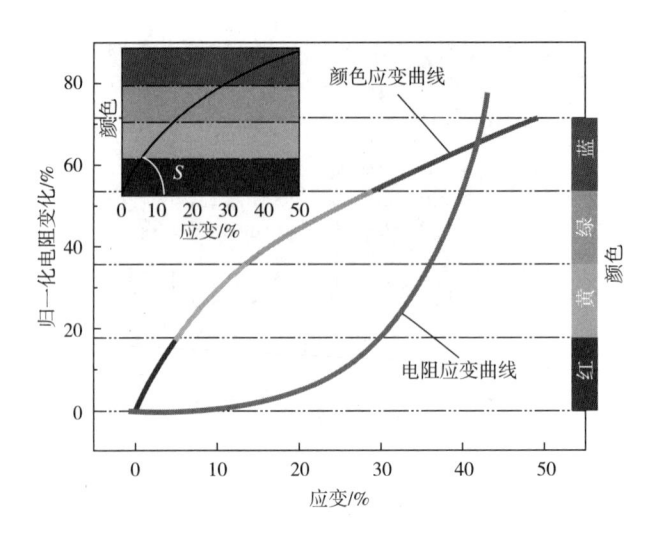

图 3-19　柔性光子晶体颜色、CNTs/硅橡胶复合材料电阻与应变的对应关系曲线

传感。不同的是，柔性光子晶体在应变小于30%时可以表现出明显的颜色变化，经历了从红、黄、绿、蓝四种颜色变化。可知在小于30%的应变下柔性光子晶体的颜色变化对应变具有较高的灵敏度，这恰好弥补了上述电阻类柔性应变传感器的不足。因此，本章制备出的柔性光子晶体可以用于对小于30%的应变进行有效的传感显示。

3.6　本章小结

本章分析了现有柔性光子晶体力致变色性能中存在的不足，在此基础上，以开发能在小应变量下实现覆盖整个可见光区域的大变色范围的柔性光子晶体为目标，从材料、结构和工艺角度入手，采用184硅橡胶为基体材料，开展具有空气柱型纳米结构的柔性光子晶体的制备工艺研究。深入研究了该柔性光子晶体的力致变色行为规律；探究了应变与微纳结构变形对颜色的影响规律；研究了柔性光子晶体的材料模量及结构刚度；测试了所制备的柔性光子晶体材料的循环变色稳定性；并对其在应变传感中的应用进行了探讨。得到如下研究结论：

①二维柔性光子晶体可以避免一维柔性光子晶体的结构色变化范围小、三维蛋白石结构柔性光子晶体柔性不足而变形小的问题，可在小应变量下实现覆盖整个可见光区域的大变色范围，因此，本文研究聚焦于二维柔性光子晶体。

②考虑到柔性光子晶体表面应具有抗冲击破坏性能，以及工艺流程的简化和可重复性，提出采用两次纳米压印法制备了具有周期性排布空气柱结构的柔性光

子晶体。该柔性光子晶体以 184 硅橡胶为基体，表面结构为周期 600 nm，直径 300 nm 的三角形排布空气柱阵列，单个样品结构色区域的最大有效面积为 46 mm×46 mm。

③当对柔性光子晶体进行单轴拉伸时，其纳米结构的空气柱截面由圆形逐渐变为椭圆形，椭圆长轴随拉伸量的增加而增大，短轴相应减小，从而导致垂直于拉伸方向的晶格常数减小。随着拉伸应变的不断增大，样品颜色逐渐蓝移，当应变量分别为 0、10%、17%、30% 时，带隙中心波长分别为 651 nm、573 nm、535 nm、471 nm，对应的反射率值分别为 48.7%、46.3%、45.5%、44.3%，颜色依次呈现红、黄、绿、蓝。

④在 2000 次循环拉伸实验后，所制备的柔性光子晶体在 17% 和 30% 的拉伸应变下带隙中心波长变化的波动范围仅分别为 13 nm 和 16 nm，对应的反射率峰值变化范围仅分别为 3.8% 和 4.7%。说明 2000 次以下的循环工作对本文提出并制备的柔性光子晶体的拉伸变色性能影响很小，表明该材料具有较好的循环工作稳定性。

⑤本文所制备的柔性光子晶体具有在 30% 的小应变量下实现整个可见光范围的颜色变化（$\Delta \lambda$ = 180 nm）的工作能力，该结果表明本章研究的柔性光子晶体性能兼具变色范围大与应变小的特征，综合性能优于现有柔性光子晶体性能。此外，该成果一方面表明了本章给出的柔性光子晶体制备工艺的合理性，另一方面与上一章数值分析结果相吻合，从而证明了上一章所建立的数值分析模型的正确性。

⑥实际应用中，可以利用本文制备的柔性光子晶体颜色的敏感变化感知结构件应变小于 30% 的应变，以弥补 CNTs/硅橡胶复合材料柔性应变传感器对小应变灵敏度不足的缺陷。

第4章 基于多色集合的柔性光子晶体结构和工艺参数优化

上一章研究了柔性光子晶体的制备工艺，并以三角形排布、184型PDMS为基体的二维柔性光子晶体为对象，分析了其力致变色的相关特性。事实上，二维光子晶体晶格单元常见的排布方式有正方形和三角形两种；单元形状可以是圆孔、方孔或其他形状；晶体材料的基体可以选择其他类型的硅橡胶或树脂。选择不同的参数可对柔性光子晶体的性能产生不同的影响。显然，为满足柔性光子晶体的不同性能需求，参数的合理选择或优化是非常重要的。

鉴于现有研究对柔性光子晶体结构和工艺参数的选取基本上均是基于经验，对于参数的优化研究几乎是空白的问题，本章对柔性光子晶体结构及工艺参数优化进行研究。首先研究柔性光子晶体晶格结构参数对其性能的影响规律，通过数值计算探究不同排布方式、不同晶格常数、不同晶格单元形状和尺寸等因素对柔性光子晶体性能的影响；然后对柔性光子晶体工艺参数对性能的影响规律进行研究，分析不同基体材料、不同材料配比和添加剂对其性能的影响规律；最后基于多色集合理论框架，结合以上各项分析结果，建立柔性光子晶体结构和工艺参数的多目标优化模型，从而为特定使用需求下选择适当的结构和工艺参数提供依据。

4.1 晶格结构参数对光子晶体性能的影响规律

光子晶体的晶格指其内部周期性排列的结构，它是由若干个晶格单元（结点）按照一定的规律排列而成的。光子晶体的晶格结构参数包括晶格常数、晶格单元的排布方式、晶格单元截面尺寸和高度、晶格单元的形状等因素，这些要素都可能对光子晶体性能产生影响。本节利用第2章建立的柔性光子晶体电致变色理论模型，采取数值分析方法着重分析上述各单因素对光子晶体变色性能影响的趋势和程度，探究各影响因素与电致变色性能的关联度，为后续章节建立多目标优化模型提供依据。

4.1.1 晶格常数对光子晶体性能的影响

晶格常数是指光子晶体中晶胞的边长，即相邻晶格单元间的距离。晶格常数大小决定了光子晶体的衍射平面间距，理论上会对光子带隙产生重要影响。本小节我们采用 2.3 节建立的数值计算模型，对选取的三种晶格常数下光子晶体的力致变色性能进行分析。为确保分析结果的可比性，计算过程中我们将其他参数和条件均设为完全相同。

如图 4-1 所示为本节选定的 500 nm、600 nm、700 nm 三种晶格常数下的光子晶体结构，材料统一取为 184 硅橡胶，晶格单元截面统一使用圆形，直径取 300 nm，孔深统一取 300 nm。当柔性光子晶体在水平单向拉伸的作用下产生变形时，其微观结构的形貌将发生变化，平行于拉伸方向的孔间距会增大，垂直方向的孔间距会减小；平行于拉伸方向的空气柱直径将增大，垂直方向的空气柱直径将减小。为便于区分，此处规定平行于拉伸方向的空气柱直径为 D，垂直于拉伸方向的直径为 d，也可分别代表拉伸后椭圆的大径与小径。

(a) 晶格常数为500 nm　　　(b) 晶格常数为600 nm　　　(c) 晶格常数为700 nm

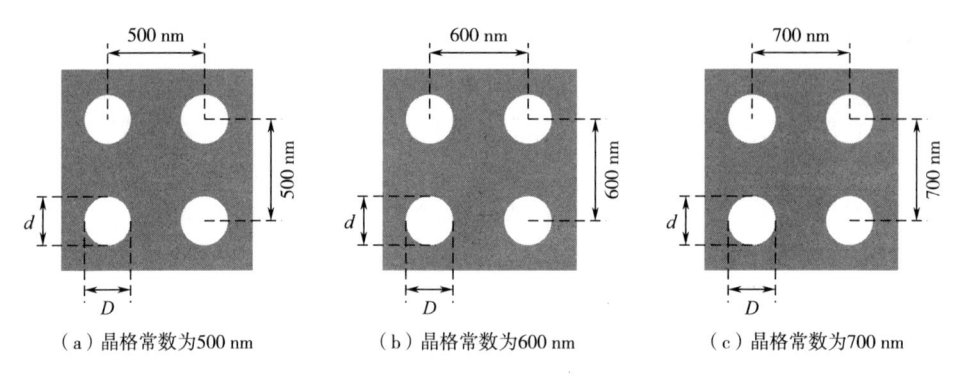

图 4-1　不同晶格常数光子晶体的结构示意图

为了对比上述三种结构光子晶体的力致变色性能，对它们在最大应变达到 60% 的变形过程中的颜色变化进行数值计算，并将仿真结果进行对比，结果如图 4-2 所示。可以看到，在柔性光子晶体的应变逐渐由 0 增大至 60% 的过程中，垂直于拉伸方向的孔间距缩小了 150 nm 以上，如图 4-2（a）所示。其中，晶格常数为 700 nm 的结构的孔间距缩小量达到了 200 nm 以上，为三者中最大值，而晶格常数为 500 nm 的结构的孔间距缩小量最小。显然在相同的拉伸率下，晶格常数越大，其变化范围也将越大。将变形数据输入 FDTD Solution 进行对应的光学分析，可以得到如图 4-2（b）所示的反射光谱中心波长随应变变化的规律。可见，在应变由 0 增大到 60% 的过程中，晶格常数为 500 nm 的结构的光谱中心波长减小了 189 nm；晶格常数为 600 nm 的结构的光谱中心波长减小了 263 nm；晶格常数为 700 nm 的结构的光谱中心波长减小了 332 nm。由上述结果可知，在相同的拉伸率下，随着晶格常数的增大，柔性光子晶体反射光谱中心波长随应变的变化范围也将增大。

(a) 垂直方向间距随应变变化规律

(b) 反射光谱中心波长随应变变化规律

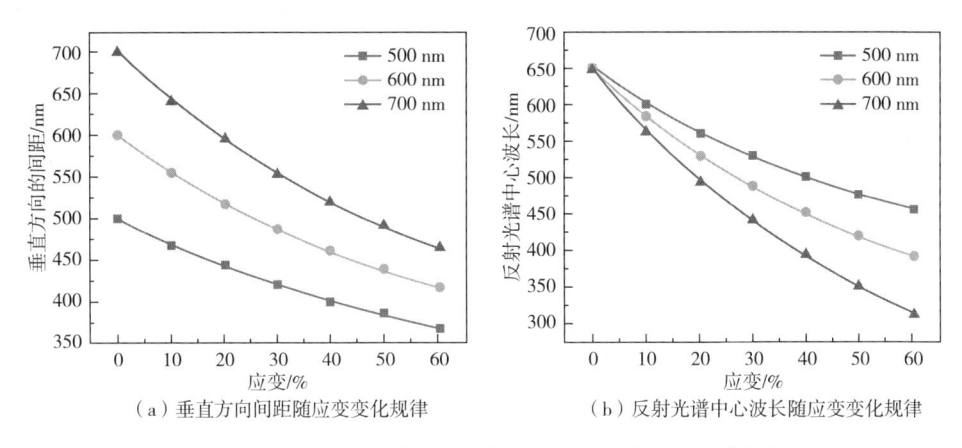

图 4-2　晶格常数对柔性光子晶体力致变色性能影响的计算结果

4.1.2　排布方式对光子晶体性能的影响

目前，二维光子晶体晶格单元的排布方式主要有三角形和正方形两种。为了探索晶格单元排布方式对光子晶体性能的影响，本节同样采用数值计算方法对两种排布方式下柔性光子晶体的力致变色性能进行分析。为了确保分析结果的可比性，计算过程中我们将晶格单元截面尺寸、高度等参数以及光子晶体应变范围均设为完全相同。图 4-3 为本节所对比的两种排布方式下的光子晶体结构，晶格单元截面统一使用圆形，晶格常数取 600 nm，直径取 300 nm，孔深统一取 300 nm。为便于区分，规定平行于拉伸方向的空气柱直径为 D，垂直于拉伸方向的直径为 d，也可分别代表拉伸后椭圆的大径与小径。

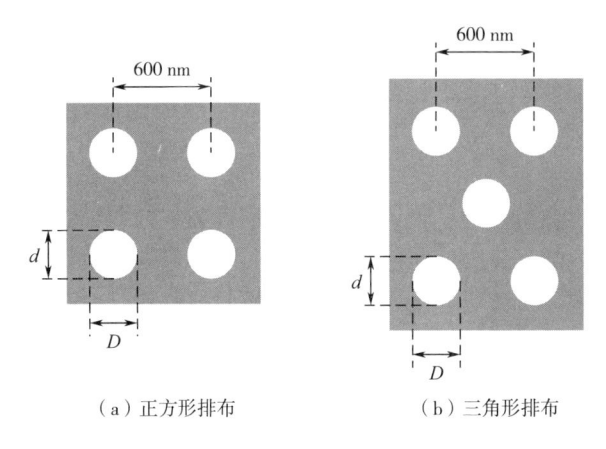

(a) 正方形排布　　　　(b) 三角形排布

图 4-3　不同排布方式光子晶体的结构示意图

数值计算结果如图 4-4 所示。可以看到，在柔性光子晶体的应变逐渐由 0 增大至 60% 的过程中，垂直于拉伸方向的孔间距缩小了 170 nm 以上，如图 4-4 (a) 所示。其中，正方形排布方式的结构垂直方向孔间距的缩小量为 187 nm，而三角形排布方式的结构孔间距缩小量为 169 nm，二者仅相差了 18 nm。将变形数据输入 FDTD Solution 进行对应的光学分析，可以得到如图 4-4 (b) 所示的反射光谱中心波长随应变变化的规律。可见，在应变由 0 增大到 60% 的过程中，正方形排布方式的结构光谱中心波长减小了 241 nm；三角形排布方式的结构光谱中心波长减小了 262 nm。

（a）垂直方向间距随应变变化规律　　（b）反射光谱中心波长随应变变化规律

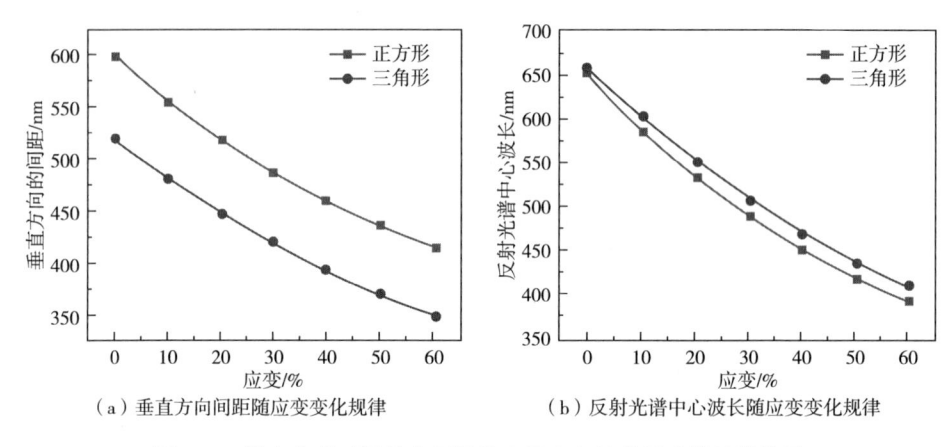

图 4-4　排布方式对柔性光子晶体力致变色性能影响的计算结果

由上述计算结果可知，在相同的拉伸率下，正方形排布方式的柔性光子晶体反射光谱中心波长变化量比三角形排布方式的结构多 21 nm，但二者落在的颜色区域是相同的，表明对宏观颜色的影响很小。上述结果说明晶格单元的排布方式对柔性光子晶体力致变色性能的影响很小。

4.1.3　晶格单元截面尺寸对光子晶体性能的影响

晶格单元截面尺寸和晶格常数的大小对光子晶体结构中的占空比会产生影响，而占空比理论上与光子晶体的相对折射率有关。为此，本小节我们同样采用 2.3 节中所述的数值计算方法，对选取的三种典型晶格单元截面尺寸下的光子晶体的力致变色性能进行分析。为了确保分析结果的可比性，计算过程中我们将晶格常数、排布方式等其他参数和条件均设为完全相同。

如图 4-5 所示，本节选定了晶格单元截面空气柱直径分别为 200 nm、300 nm、400 nm 三种光子晶体结构，晶格单元截面统一使用圆形，晶格常数取 600 nm，孔深统一取 300 nm。

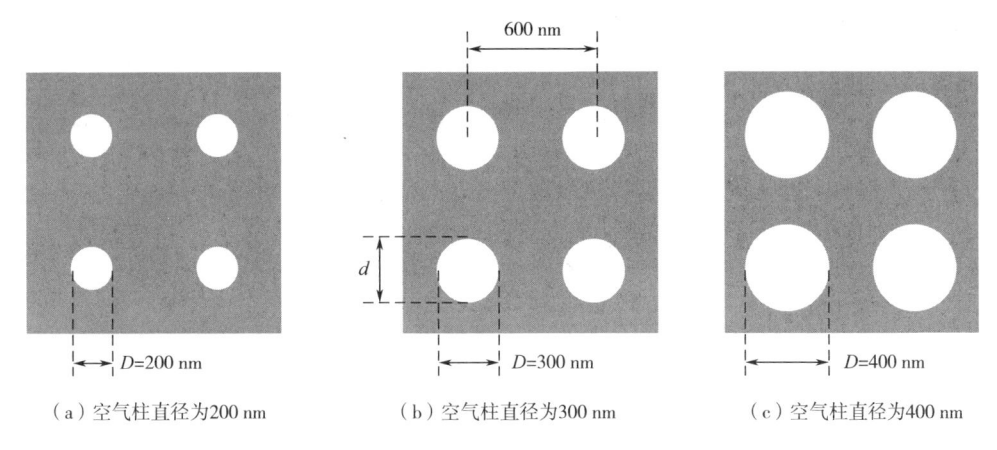

第 4 章 基于多色集合的柔性光子晶体结构和工艺参数优化

(a) 空气柱直径为200 nm　　(b) 空气柱直径为300 nm　　(c) 空气柱直径为400 nm

图 4-5　不同晶格单元截面尺寸光子晶体的结构示意图

图 4-6 是上述三种晶格单元截面尺寸下光子晶体的力致变色性能。可以看到，在柔性光子晶体的应变逐渐由 0 增大至 60% 的过程中，垂直于拉伸方向的孔间距缩小了 130 nm 以上，如图 4-6（a）所示。其中，晶格单元截面空气柱直径为 200 nm 的结构的孔间距缩小量达到了 220 nm 以上，为三者中最大值，而晶格单元截面空气柱直径为 400 nm 的结构的孔间距缩小量最小。显然，在相同的拉伸率下，晶格单元截面空气柱直径越小，则垂直方向间距的变化范围将越大。造成以上现象的原因是空气柱的直径决定了光子晶体结构的占空比，空气柱直径越大，则相同应变下孔的变形占总体变形的比例也越大，从而导致垂直方向间距的变化量相应减小。将变形数据输入 FDTD Solution 进行对应的光学分析，可以得

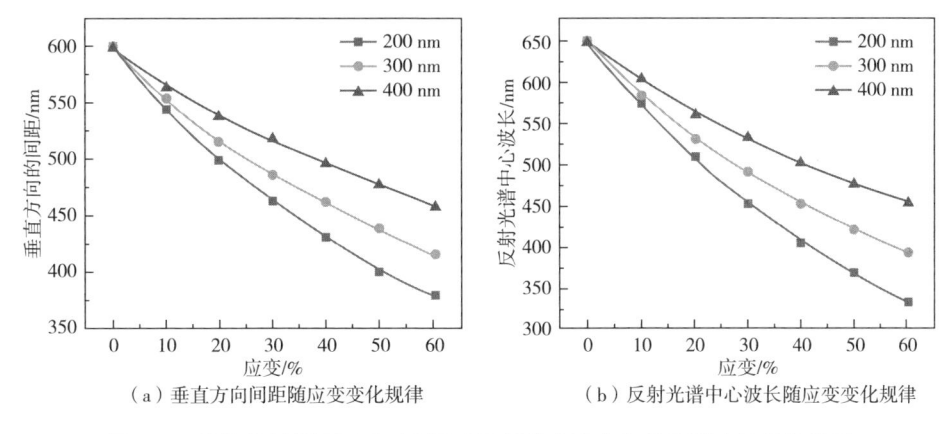

(a) 垂直方向间距随应变变化规律　　(b) 反射光谱中心波长随应变变化规律

图 4-6　晶格单元截面尺寸对柔性光子晶体力致变色性能影响的计算结果

到如图 4-6（b）所示的反射光谱中心波长随应变变化的规律。可见：在应变由 0 增大到 60% 的过程中，晶格单元截面空气柱直径为 200 nm 的结构的光谱中心波长减小了 316 nm；晶格单元截面空气柱直径为 300 nm 的结构的光谱中心波长减小了 257 nm；晶格单元截面空气柱直径为 400 nm 的结构的光谱中心波长减小了 198 nm。由上述结果可知，在相同的拉伸率下，随着晶格单元截面空气柱直径的增大，柔性光子晶体反射光谱中心波长随应变的变化范围会相应减小。

4.1.4　晶格单元高度对光子晶体性能的影响

由 4.1.3 小结的内容可知，晶格单元截面尺寸对光子晶体的力致变色性能具有很大的影响，考虑到二维空气柱型光子晶体的晶格单元是一个圆柱体结构，其截面尺寸和高度都对占空比产生一定影响。为此本小节将对三种晶格单元高度下光子晶体的力致变色性能进行分析。为了确保分析结果的可比性，计算过程中我们同样将晶格常数、排布方式、截面形状与尺寸等其他参数和条件均设为完全相同。

如图 4-7 所示为本节选定的晶格单元高度分别为 300 nm、200 nm、100 nm 的三种光子晶体结构，晶格单元截面统一使用圆形，晶格常数取 600 nm，孔径统一取 300 nm。

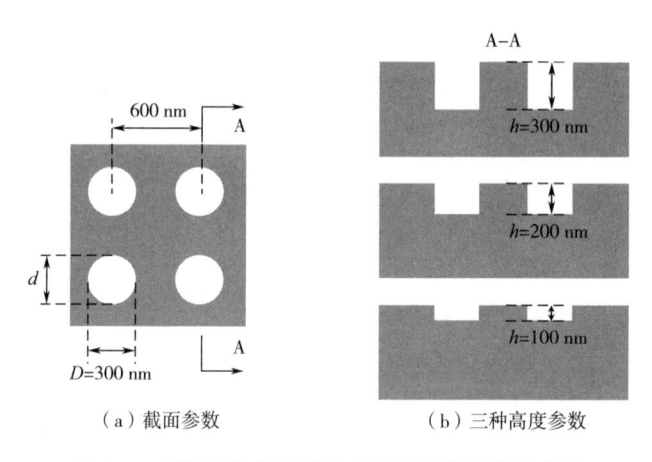

（a）截面参数　　（b）三种高度参数

图 4-7　不同晶格单元高度光子晶体的结构示意图

图 4-8 是晶格单元高度对柔性光子晶体力致变色性能影响的规律。可以看到，在柔性光子晶体的应变逐渐由 0 增大至 60% 的过程中，垂直于拉伸方向的孔间距缩小了 175 nm 以上，如图 4-8（a）所示。其中，晶格单元高度为 100 nm 的结构的孔间距缩小量达到了 199 nm，为三者中最大值，而晶格单元高度为 300 nm 的结构的孔间距缩小量最小（187 nm），二者仅相差 12 nm。显然在相同

的拉伸率下，晶格单元高度越小则垂直方向间距的变化范围将越大，但差别很小。将变形数据输入 FDTD Solution 进行对应的光学分析，可以得到如图 4-8 (b) 所示的反射光谱中心波长随应变变化的规律。可见，在应变由 0 增大到 60%的过程中，晶格单元高度为 100 nm 的结构的光谱中心波长减小了 279 nm；晶格单元高度为 200 nm 的结构的光谱中心波长减小了 267 nm；晶格单元高度为 300 nm 的结构的光谱中心波长减小了 258 nm。由上述结果可知，在相同的拉伸率下，晶格单元高度为 100 nm 的柔性光子晶体反射光谱中心波长变化量比单元高度为 300 nm 的样品仅多 21 nm，但二者落在的颜色区域相同，表明对宏观颜色的影响很小。上述结果说明晶格单元高度对柔性光子晶体力致变色性能的影响很小。

（a）垂直方向间距随应变变化规律

（b）反射光谱中心波长随应变变化规律

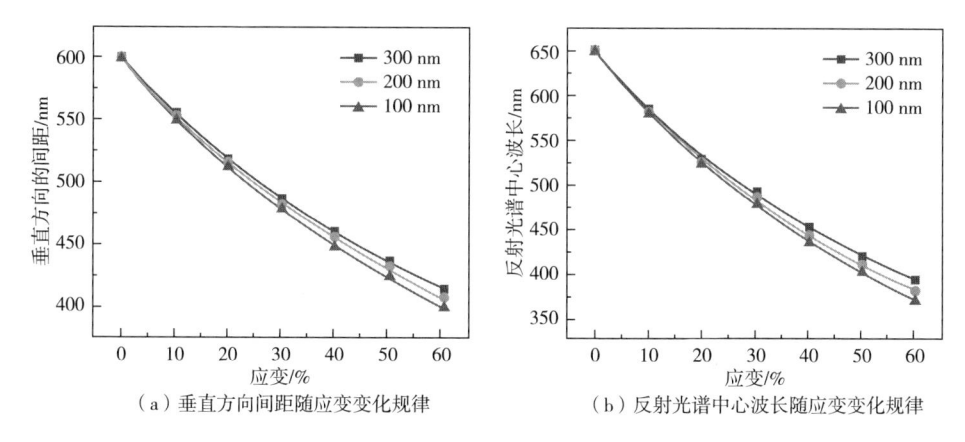

图 4-8　晶格单元高度对柔性光子晶体力致变色性能影响的计算结果

4.1.5　晶格单元形状对光子晶体性能的影响

为了分析柔性光子晶体晶格单元形状对其力致变色性能的影响规律，本小节同样采用 2.3 节中所述的数值计算方法，对选取的正方形、六边形、圆形三种典型晶格单元形状下柔性光子晶体的力致变色性能进行分析。为了确保分析结果的可比性，计算过程中同样将晶格常数、排布方式、晶格单元基准直径和高度等其他参数及条件均设为完全相同。

图 4-9 为本节选定的晶格单元截面形状为正方形、六边形、圆形的三种光子晶体结构，晶格常数取 600 nm，晶格单元当量直径取 300 nm，孔深统一取 300 nm。

图 4-10 所示是晶格单元形状对柔性光子晶体力致变色性能影响的规律。可以看到，在柔性光子晶体的应变逐渐由 0 增大至 60%的过程中，垂直于拉伸方向

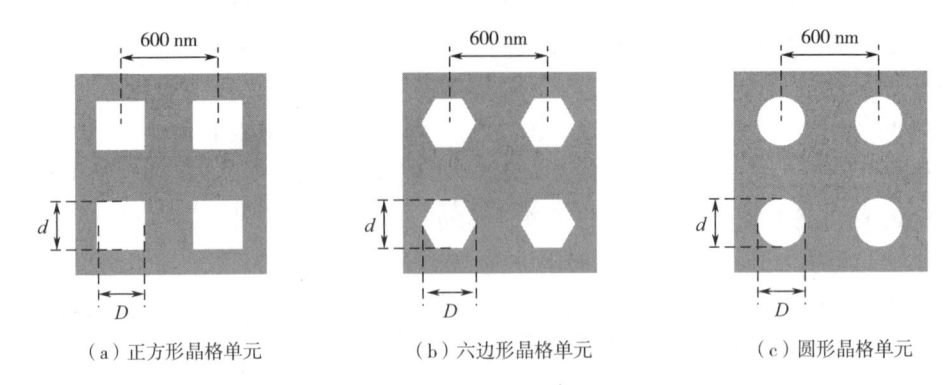

(a) 正方形晶格单元　　　　　　(b) 六边形晶格单元　　　　　　(c) 圆形晶格单元

图 4-9　不同晶格单元形状光子晶体的结构示意图

的孔间距缩小了 175 nm 以上，如图 4-10（a）所示。其中，晶格单元为正方形的结构的孔间距的缩小量达到了 176 nm，为三者中最小值，而晶格单元为圆形的结构的孔间距缩小量最大（185 nm），二者仅相差 9 nm。将变形数据输入 FDTD Solution 进行对应的光学分析，可以得到如图 4-10（b）所示的反射光谱中心波长随应变变化的规律。可见，在应变由 0 增大到 60% 的过程中，晶格单元为正方形的结构的光谱中心波长减小了 243 nm；晶格单元为六边形的结构的光谱中心波长减小了 252 nm；晶格单元为圆形的结构的光谱中心波长减小了 259 nm。

(a) 垂直方向间距随应变变化规律　　　　　　(b) 反射光谱中心波长随应变变化规律

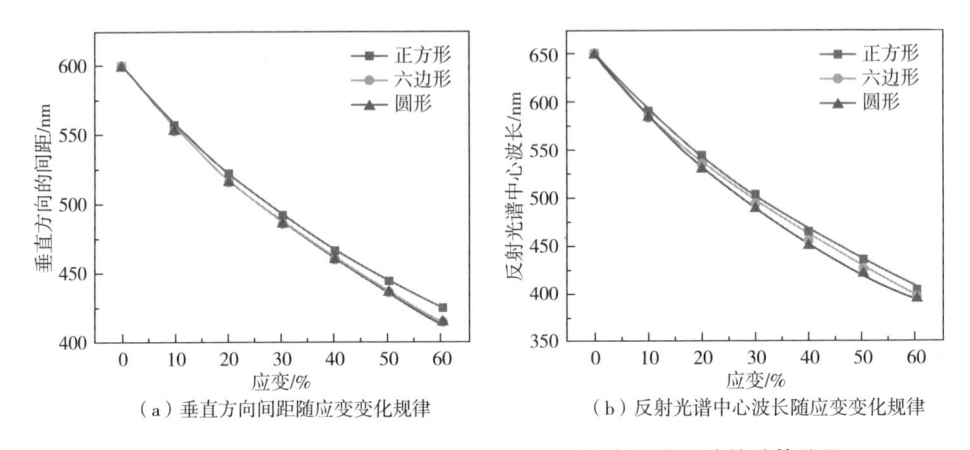

图 4-10　晶格单元形状对柔性光子晶体力致变色性能影响的计算结果

由上述结果可知，在相同的拉伸率下，不同晶格单元形状的柔性光子晶体反射光谱中心波长随应变的变化范围差别在 16 nm 以下，表明其对宏观颜色几乎不产生影响，即晶格单元形状对柔性光子晶体力致变色性能的影响很小。

4.2 工艺参数对光子晶体性能的影响规律

柔性光子晶体除了固有的结构参数外，柔性光子晶体制备过程中的工艺参数也会对其性能产生影响。正如第 3 章所述，在柔性光子晶体的制备过程中包含材料的配制、模板的制备和柔性光子晶体的成型过程，其中涉及材料类型、材料配比、添加剂、固化温度等可调节的多个工艺参数，这些参数的改变都会对柔性光子晶体的力致变色性能产生一定的影响。由于第 2 章建立的力致变色理论模型未能涉及柔性光子晶体的工艺参数，不能采取该模型对工艺参数进行研究，为此，本节利用实验手段分析上述各影响因素对光子晶体变色性能影响的趋势和程度，探究各影响因素对性能的关联度，为后续章节建立多目标优化模型提供依据。

4.2.1 基体材料对光子晶体性能的影响

柔性光子晶体要求材料具有可拉伸变色性能，具体的来说材料应该满足三个条件：第一，材料应具有大变形和形状恢复能力。即材料需要在外力作用下产生较大的、可重复的变形，且在多次拉伸作用下具有一定的寿命；第二，材料应具有良好的力学性能。即柔性材料的低模量与强度之间应具有良好的匹配关系，确保材料在容易拉伸的同时不易因拉伸而破坏；第三，应具有良好的光学性能。此处光学性能主要考虑高透明度和高折射率，高透明度的光子晶体具有更好的光透射性，其颜色显示往往更加明亮和均匀。高折射率可以确保与空气折射率的差值，从而产生良好的光学效果。

分析现有柔性材料性能可知，满足上述条件的材料主要有 184 硅橡胶、186 硅橡胶、Ecoflex 硅橡胶、296 树脂、水凝胶等，表 4-1 所示是这几种材料的主要性能对比。

表 4-1 可用基体材料的主要性能对比

材料类型	折射率	透明度	杨氏模量	化学稳定性	工艺兼容性
184 硅橡胶	1.4	高透明	1.8~4.6 MPa	耐热耐蚀	优
186 硅橡胶	1.35	透明	0.7~2.2 MPa	耐低热耐腐蚀	优
Ecoflex 硅橡胶	1.3	半透明（乳白色）	1MPa	耐低热耐腐蚀	良
296 树脂	1.3	透明	0.9~2.9 MPa	耐低热耐腐蚀	良
水凝胶	1.2	高透明	3kPa	不耐热耐腐蚀	良

上述材料都具有良好的大变形和形状恢复能力，同时具有较好的力学性能和

光学性能，均可满足作为柔性光子晶体基体材料的基本要求。相比而言，184 硅橡胶和 186 硅橡胶综合性能最适合作为柔性光子晶体的基材，均具有适中的杨氏模量、高折射率、高透明度、良好的化学稳定性和工艺兼容性；Ecoflex 硅橡胶虽然具有优异的变形能力和力学性能，但其样品整体呈现乳白色，较低的透明度会对光子晶体的颜色呈现产生不利影响；296 树脂的整体性能与 186 硅橡胶接近，呈现出较好的综合性能；水凝胶具有低模量、高折射率、高透明度等优点，但其对温度和 pH 较敏感，在特定温度或 pH 下会产生响应，另外其工作稳定性受到水分的影响，工作一段时间失水后其变形能力将受到很大影响。

由以上分析可知，Ecoflex 硅橡胶透明度较差、水凝胶稳定性较差，均不适宜作为柔性光子晶体的基体材料，而 184 硅橡胶、186 硅橡胶和 296 树脂从性能上较适合作为柔性光子晶体的基体材料。因此本小节将选用以上三种材料作为基体制备柔性光子晶体，并对样品的光学显示效果进行对比，从而作为最终优选基体材料的依据。

图 4-11 为利用三种材料在常规条件下制备得到的柔性光子晶体样品，各样品颜色拍摄统一采用黑色背景。可见，以 184 硅橡胶为基体的样品具有良好的变形能力、高透明度和优异的亮度及色彩饱和度；以 186 硅橡胶为基体的样品具有良好的变形能力，但色彩饱和度与 184 硅橡胶为基体的样品相比略有不足，究其原因是 184 硅橡胶的折射率更高，可以与空气柱之间形成更大的折射率差值；而以 296 树脂为基体的样品在色彩纯度和透明度上都不太理想。因此，在实际应用中，应该优先选择 184 硅橡胶材料作为柔性光子晶体材料的基体材料。

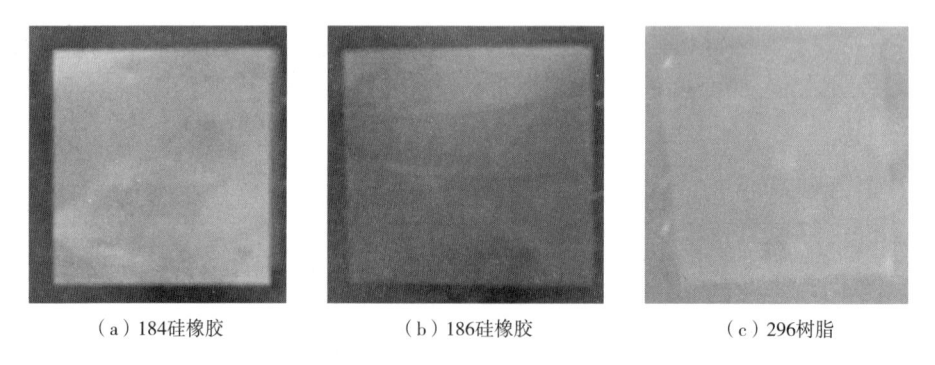

（a）184 硅橡胶　　　　（b）186 硅橡胶　　　　（c）296 树脂

图 4-11　用三种基体材料制备的柔性光子晶体样品颜色

4.2.2　材料配比对光子晶体性能的影响

上一小节选中的三种基体材料都是由 A、B 组分按照商品说明书中的比例混合制备而成的。显然，当组分配比的比例不同时，材料的杨氏模量和泊松比会产生一定程度的变化,导致其力致变形特性发生改变进而影响力致变色性能。已有研究结果表明,随着 A 与 B 组分质量比值的增大,硅橡胶的弹性模量和泊松比均会发生一定程度的减小。因此,本小节通过实验研究材料配比对光子晶体力致变色性能的影响,分别探究三种基体材料中 A、B 组分的最佳配比。

(1) 184 硅橡胶的配比研究

为了保证实验结果的可比性,本部分实验将固化温度统一设置为 60 ℃,加热时间统一为 4h,A 组分的质量固定取 3 g。随后选取 A 与 B 组分质量比分别为 5∶1、10∶1、20∶1 三种配比方式进行实验,以研究材料配比对光子晶体性能的影响。

实验中,光子晶体的尺寸为 16 mm × 6 mm。当样品被拉伸到长度为 18 mm 和 20 mm 时,对应的拉伸应变为 12.5% 和 25%,分别对三种配比得到的样品在上述两种应变下的反射光谱进行测量,得到如图 4-12 所示的结果。由图 4-12(a) 可知,当拉伸应变达到 12.5% 时,组分 A∶B 质量比为 5∶1、10∶1、20∶1 的样品反射光谱中心波长变化量分别为 125.4 nm、118.8 nm、113.8 nm,由于配比的变化使波长变化量变化了 11.6 nm。由图 4-12(b) 可知,当拉伸应变达到 25% 时,组分 A∶B 质量比为 5∶1、10∶1、20∶1 的样品反射光谱中心波长变化量分别为 200.2 nm、189.6 nm、179.8 nm,由于配比的变化使波长变化量变化了 20.4 nm。

(a) 应变12.5%时的反射光谱中心波长变化

(b) 应变25%时的反射光谱中心波长变化

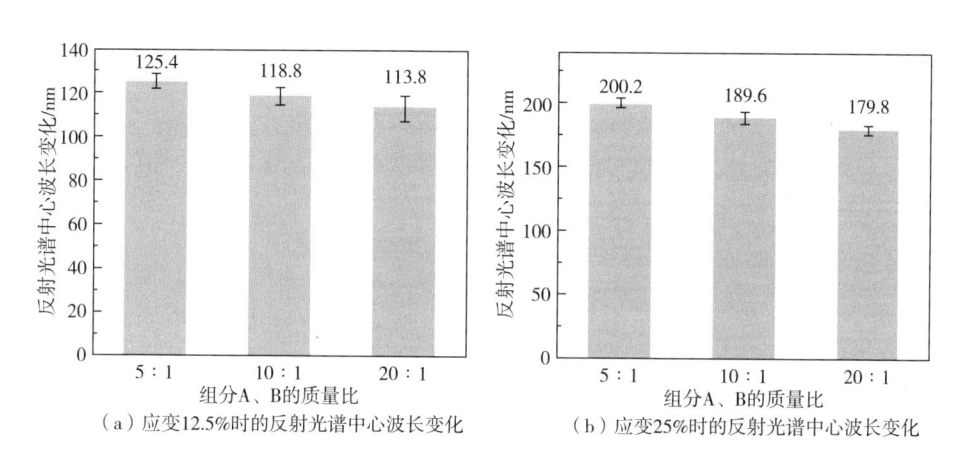

图 4-12 三种配比下 184 硅橡胶光子晶体的力致变色性能对比

由上述实验结果可知,184 硅橡胶的配比不同,会对其力致变色性能产生影响,当 B 组分的占比在一定范围内增大时,柔性光子晶体在相同应变量下的反射光谱中心波长移动范围会增大。这是由于 B 组分在 184 硅橡胶中充当固化剂的作用,固化剂比重增大会导致成型后的样品的泊松比增大,更大的泊松比将导致相同拉伸应变下产生更大的垂直于拉伸方向的变形量，因此将对应产生更大的反射光谱中心波长变化。然而，固化剂比重的增大也会导致样品杨氏模量的增大，从而对其变形能力产生一定程度的影响。因此应综合考虑配比对泊松比和杨氏模量带来的影响，选择适中的组分配比才能使柔性光子晶体的力致变色性能达到最佳状态。

(2) 186 硅橡胶的配比研究

为了保证结果的可比性，本部分实验将固化温度统一设置为 80 ℃，加热时间统一为 2h，A 组分的质量固定取 3g。随后选取 A、B 组分质量比分别为 5∶1、10∶1、15∶1 三种配比方式进行实验，以研究材料配比对光子晶体性能的影响。

实验中使用与 184 硅橡胶测试时相同尺寸的样品。当样品被拉伸到长度为 18 mm 和 20 mm 时对应的拉伸应变为 12.5% 和 25%，分别对三种配比得到的样品在上述两种应变下的反射光谱进行测量，得到如图 4-13 所示的结果。由图 4-13 (a) 可以看出，当拉伸应变达到 12.5% 时，组分 A∶B 质量比为 5∶1、10∶1、15∶1 的样品反射光谱中心波长变化量分别为 124.6 nm、120.2 nm、116.2 nm，由于配比的变化使波长变化量变化了 8.4 nm。由图 4-13 (b) 可以看出，当拉伸应变达到 25% 时，组分 A、B 质量比为 5∶1、10∶1、15∶1 的样品反射光谱中心波长变化量分别为 200.2 nm、192.8 nm、186.4 nm，由于配比的变化使波长变化量变化了 13.8 nm。

由上述实验结果可知，186 硅橡胶的配比会对其力致变色性能产生影响，当 B 组分的占比在一定范围内增大时，柔性光子晶体在相同应变量下的反射光谱中心波长移动范围会增大，可见，A、B 组分配比对柔性光子晶体力致变色性能的影响趋势与 184 硅橡胶类似。

(a) 应变12.5%时的反射光谱中心波长变化

(b) 应变25%时的反射光谱中心波长变化

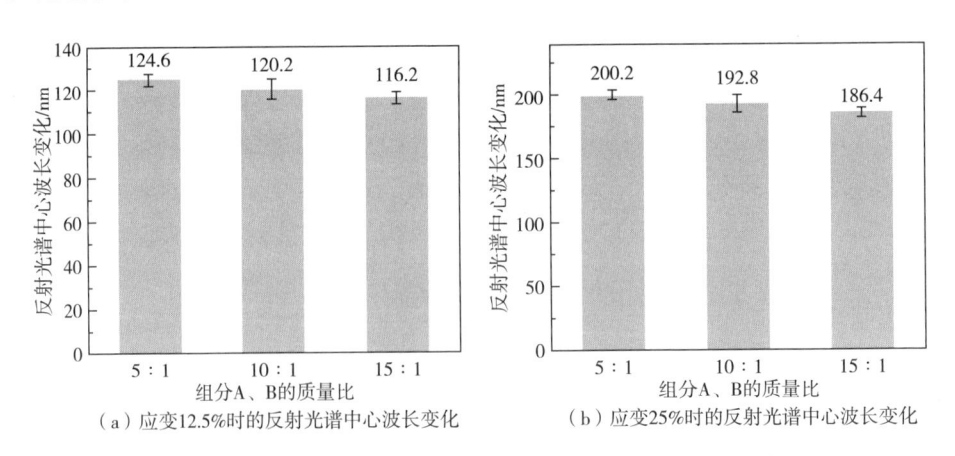

图 4-13　三种配比下 186 硅橡胶光子晶体的力致变色性能对比

(3) 296 树脂的配比研究

与上述两种材料类似,本部分实验将固化温度统一设置为 80 ℃,加热时间统一为 2 h,A 组分的质量固定取 3 g。随后选取 A、B 组分质量比分别为 5∶1、10∶1、15∶1 三种配比方式进行实验,以研究材料配比对光子晶体性能的影响。

实验中使用与前述两种硅橡胶测试时相同尺寸的样品。当样品被拉伸到长度为 18 mm 和 20 mm 时对应的拉伸应变为 12.5% 和 25%,分别对三种配比得到的样品在上述两种应变下的反射光谱进行测量,得到如图 4-14 所示的结果。如图 4-14(a)所示,当拉伸应变达到 12.5% 时,组分 A、B 质量比为 5∶1、10∶1、15∶1 的样品反射光谱中心波长变化量分别为 122.2 nm、117.4 nm、114.6 nm,由于配比的变化使波长变化量变化了 7.6 nm。如图 4-14(b)所示,当拉伸应变达到 25% 时,组分 A、B 质量比为 5∶1、10∶1、15∶1 的样品反射光谱中心波长变化量分别为 196.2 nm、188.8 nm、182.6 nm,由于配比的变化使波长变化量变化了 13.6 nm。

(a)应变 12.5% 时的反射光谱中心波长变化

(b)应变 25% 时的反射光谱中心波长变化

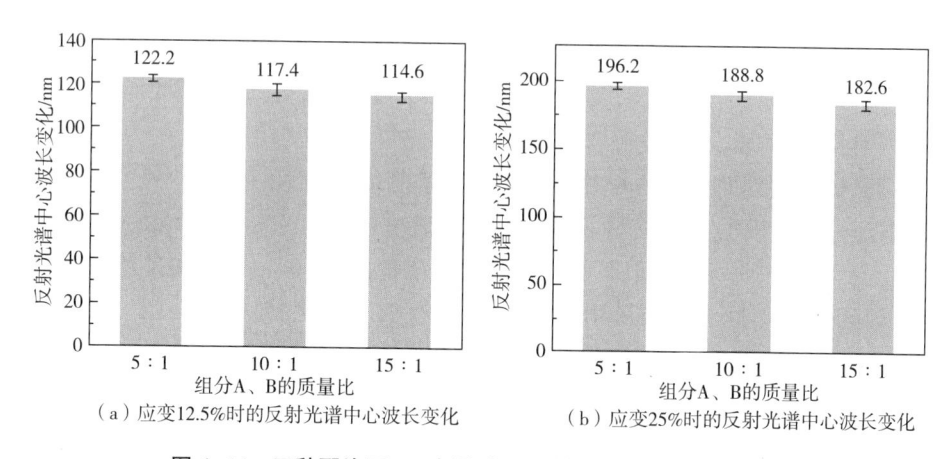

图 4-14 三种配比下 296 树脂光子晶体的力致变色性能对比

由上述实验结果同样可知,296 树脂的配比会对其力致变色性能产生影响,当 B 组分的占比在一定范围内增大时,柔性光子晶体在相同应变量下的反射光谱中心波长移动范围会增大。

总体来看,184 硅橡胶、186 硅橡胶、296 树脂这三种基体材料的 A、B 组分配比对柔性光子晶体力致变色性能的影响趋势是一致的。从三者的实验数据可知,虽然随着 A、B 组分比重的变化,柔性光子晶体在相同应变下的反射光谱中心波长移动范围会相应变化,但变化量并不显著,即宏观的颜色显示并不会产生明显影响。

4.2.3 添加剂对光子晶体性能的影响

对于基于硅橡胶或树脂类材料制备的柔性光子晶体，在制备过程中液态配料的黏度会对光子晶体薄膜的成型效果产生影响，黏度过高将影响材料的润湿性，造成液态配料流入纳米结构的不充分进而导致样品的颜色显示较差；同时，样品的模量对柔性光子晶体的拉伸变色性能也有很大的影响。适当地使用添加剂可以对高分子材料的黏度和力学性能等进行调节，在硅橡胶中常通过添加硅油对其模量和变形能力进行调节。本小节将在前述三种基体材料中添加硅油（OS-20，Dow Corning，美国），以研究添加剂对光子晶体性能的影响，分别探究三种基体材料中添加剂的最佳配比。

(1) 添加剂对基于184硅橡胶的柔性光子晶体性能影响研究

本部分实验根据商品说明书，将固化温度统一设置为60 ℃，加热时间统一为4h，A组分的质量固定取3 g，A、B组分质量比为10∶1，选取硅油作为添加剂进行实验，以研究添加剂对184硅橡胶为基体的光子晶体性能的影响。实验中发现，在添加少量硅油后184硅橡胶的黏度显著降低，难以形成力学性能较好的柔性薄膜。鉴于前述以184硅橡胶为基体的柔性光子晶体已经具有了良好的光学性能，因此对于184硅橡胶而言，不注入添加剂时性能最佳。

(2) 添加剂对基于186硅橡胶的柔性光子晶体性能影响研究

本部分实验根据商品说明书，将固化温度统一设置为80 ℃，加热时间统一为2 h，A组分的质量固定取3 g，A、B组分质量比为10∶1，选取硅油作为添加剂并以硅油与A、B组分质量比分别为0∶15∶1.5、5∶15∶1.5、10∶15∶1.5、15∶15∶1.5四种配比方式进行实验，以研究添加剂对186硅橡胶为基体的柔性光子晶体性能的影响。

实验中制备得到的四组样品如图4-15所示。图4-15（a）、(b) 为0∶15∶1.5和5∶15∶1.5两种配比下制备得到的186硅橡胶光子晶体样品，显然样品并无明显颜色，这反映了在添加剂质量分数少于23%时，较高黏度的186硅橡胶对材料的润湿性产生影响，无法形成理想的纳米结构。

图4-15（c）、(d) 为10∶15∶1.5和15∶15∶1.5两种配比下制备得到的186硅橡胶光子晶体样品，可见这两种配比下得到了较理想的结构色，这反映了当添加剂质量分数大于37.7%时186硅橡胶的黏度足够低，良好的润湿性使液态硅橡胶与模板纳米结构充分接触，形成了较为理想的纳米结构。另外，由于186硅橡胶的折射率小于184硅橡胶，因此该样品的宏观颜色纯度低于184硅橡胶光子晶体样品。

(a) 0∶15∶1.5 (b) 5∶15∶1.5 (c) 10∶15∶1.5 (d) 15∶15∶1.5

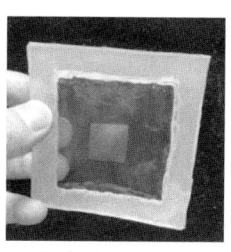

图 4-15 四种配比下 186 硅橡胶光子晶体样品

(3) 添加剂对基于 296 树脂的柔性光子晶体性能影响研究

本部分实验将固化温度统一设置为 80 ℃，加热时间统一为 2 h，A 组分的质量固定取 3 g，A、B 组分质量比为 10∶1，选取硅油作为添加剂并以硅油与 A、B 组分质量比分别为 0∶15∶1.5、5∶15∶1.5、10∶15∶1.5、15∶15∶1.5 四种配比方式进行实验，以研究添加剂对 296 树脂为基体的柔性光子晶体性能的影响。

实验中制备得到的四组样品的结果如图 4-16 所示。其中，图 4-16（a）、(b)、(c) 所示为 0∶15∶1.5、5∶15∶1.5 和 10∶15∶1.5 三种配比下制备得到的 296 树脂光子晶体样品，可见，由于随着添加剂比例的增加液体配料的黏度明显降低，无法形成理想的纳米结构，所制得的样品均无明显宏观颜色。图 4-16 (d) 为配比为 15∶15∶1.5 时制备得到的 296 树脂光子晶体样品，在此配比下（添加剂质量分数为 47.6%）样品得到了较理想的结构色，这反映出在此配比下液体配料的黏度已足够低，良好的润湿性使液态树脂与模板纳米结构充分接触，形成了较为理想的纳米结构。然而由于 296 树脂的折射率小于 184 硅橡胶及 186 硅橡胶，因此该样品的宏观颜色纯度低于前述两种硅橡胶光子晶体样品。另外，296 树脂光子晶体的透明度也低于前述两种硅橡胶光子晶体样品。

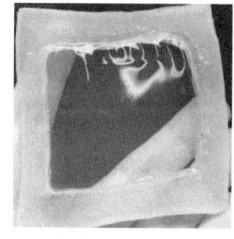

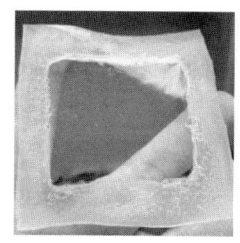

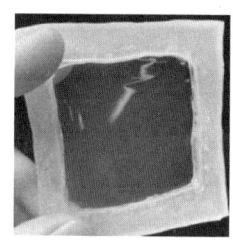

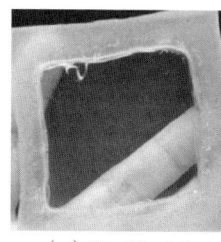

(a) 0∶15∶1.5 (b) 5∶15∶1.5 (c) 10∶15∶1.5 (d) 15∶15∶1.5

图 4-16 四种配比下 296 树脂光子晶体样品

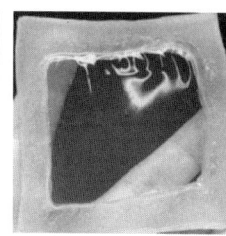

总体来看，对于184硅橡胶而言，不注入添加剂时性能最佳；对于186硅橡胶而言，添加剂质量分数大于37.7%时可以形成较为理想的纳米结构；对于296树脂而言，添加剂质量分数为47.6%时可以得到较理想的结构色。从光子晶体的结构色比较可知，基于184硅橡胶的光子晶体颜色最鲜艳，186硅橡胶次之，而296树脂光子晶体的透明度低于前述两种硅橡胶光子晶体。

4.2.4 固化温度对光子晶体性能的影响

如前所述，材料的力学性能会对柔性光子晶体的力致变色性能产生影响。由于加热温度的控制会对样品的力学性能产生一定程度的影响，因此，对于前述三种基体材料的柔性光子晶体，制备过程中的加热固化是一个共同的关键环节。为此，本小节通过实验研究加热温度对柔性光子晶体力致变色性能的影响，分别探究三种基体材料的最佳固化温度。

(1) 固化温度对184硅橡胶性能影响的研究

为了保证结果的可比性，本部分实验将A组分的质量固定取3 g，A、B组分质量比为10∶1。随后选取加热温度分别为60 ℃、80 ℃、100 ℃三种状态进行固化，加热时间统一设置为4 h，以研究固化温度对光子晶体性能的影响。

实验中，规定样品尺寸为50 mm × 6 mm，其中光子晶体为样品中部尺寸为16 mm × 6 mm的区域。当样品被拉伸到长度为18 mm和20 mm时对应的拉伸应变为12.5%和25%，分别对三种固化温度得到的样品在上述两种应变下的反射光谱进行测量，得到如图4-17所示的结果。如图4-17 (a) 所示，当拉伸应变达到12.5%时，固化温度为60 ℃、80 ℃、100 ℃的样品反射光谱中心波长变化量分别为118.8 nm、119.8 nm、123 nm，固化温度的差异使波长变化量变化了4.2 nm。如图4-17 (b) 所示，当拉伸应变达到25%时，固化温度为60 ℃、80 ℃、100 ℃的样品反射光谱中心波长变化量分别为189.6 nm、193 nm、196.4 nm，固化温度的差异使波长变化量变化了6.8 nm。

由上述实验结果可知，固化温度会对其力致变色性能产生一定影响，当固化温度在60 ℃到100 ℃范围内升高时，柔性光子晶体在相同应变量下的反射光谱中心波长移动范围会产生少量的增大。这是由于固化温度升高，成型后样品的泊松比增大，更大的泊松比将导致相同拉伸应变下产生更大的垂直于拉伸方向的变形量，因此将产生更大的反射光谱中心波长变化。然而，固化温度升高的同时会导致样品成型时交联加剧，从而对其可拉伸性能产生很大程度的影响。可以看出在提高固化温度时，样品的反射光谱中心波长移动范围的增大量并不显著（小于10 nm），对宏观颜色产生的影响较小，但温度升高使样品交联加剧，进而导致可拉伸性能降低。因此在60 ℃基础上提高固化温度并不会对样品的力致变色性能

第4章 基于多色集合的柔性光子晶体结构和工艺参数优化

(a) 应变12.5%时的反射光谱中心波长变化

(b) 应变25%时的反射光谱中心波长变化

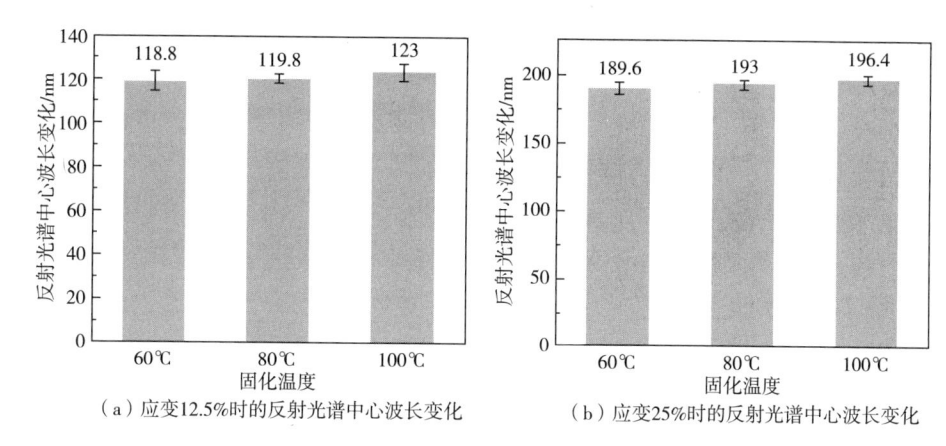

图 4-17 三种固化温度下 184 硅橡胶光子晶体的力致变色性能对比

产生有利影响。

(2) 固化温度 186 硅橡胶性能影响研究

为了保证结果的可比性，本部分实验将 A 组分的质量固定取 3 g，A、B 组分及固化剂质量比为 15∶1.5∶10。随后选取加热温度分别为 60 ℃、80 ℃、100 ℃ 三种状态进行固化，加热时间统一设置为 2 h，以研究固化温度对光子晶体性能的影响。

实验中使用与 184 硅橡胶测试时相同尺寸的样品。当样品被拉伸到长度为 18 mm 和 20 mm 时对应的拉伸应变为 12.5% 和 25%，分别对三种固化温度下得到的样品在上述两种应变下的反射光谱进行测量，得到如图 4-18 所示的结果。如图 4-18（a）所示，当拉伸应变达到 12.5% 时，固化温度为 60 ℃、80 ℃、100 ℃ 的样品反射光谱中心波长变化量分别为 119.8 nm、120.2 nm、122.2 nm，固化温度的差异使波长变化量变化了 2.4 nm。如图 4-18（b）所示，当拉伸应变达到 25% 时，固化温度为 60 ℃、80 ℃、100 ℃ 的样品反射光谱中心波长变化量分别为 192.2 nm、192.8 nm、195 nm，固化温度的差异使波长变化量变化了 2.8 nm。

由上述实验结果可知，固化温度会对 186 硅橡胶柔性光子晶体的力致变色性能产生一定影响，当固化温度在 60 ℃ 到 100 ℃ 范围内升高时，柔性光子晶体在相同应变量下的反射光谱中心波长移动范围会略微增大。与 184 硅橡胶类似，提高固化温度并不会对 186 硅橡胶光子晶体样品的力致变色性能产生有利影响。

(3) 固化温度对 296 树脂性能影响研究

为了保证结果的可比性，本部分实验将 A 组分的质量固定取 3 g，A、B 组分及固化剂质量比为 10∶1∶10。随后选取加热温度分别为 60 ℃、80 ℃、100 ℃ 三

(a) 应变12.5%时的反射光谱中心波长变化　　(b) 应变25%时的反射光谱中心波长变化

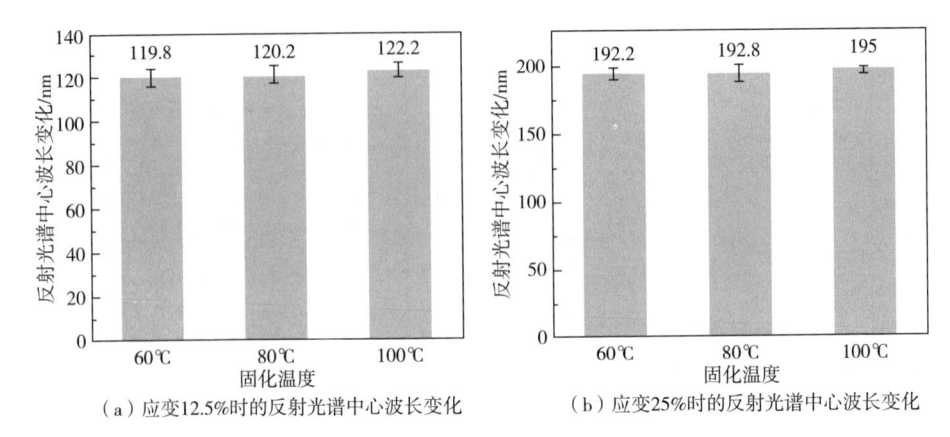

图 4-18　三种固化温度下 186 硅橡胶光子晶体的力致变色性能对比

种状态进行固化，加热时间统一设置为 2h，以研究固化温度对光子晶体性能的影响。

实验中使用与前述两种硅橡胶测试时相同尺寸的样品。当样品的拉伸应变为 12.5% 和 25% 时，分别对三种固化温度下得到的样品在上述两种应变下的反射光谱进行测量，得到如图 4-19 所示的结果。如图 4-19（a）所示，当拉伸应变达到 12.5% 时，固化温度为 60 ℃、80 ℃、100 ℃ 的样品反射光谱中心波长变化量分别为 118.2 nm、117.4 nm、118.4 nm，由于配比的变化使波长变化量变化了 1 nm。如图 4-19（b）所示当拉伸应变达到 25% 时，固化温度为 60 ℃、80 ℃、100 ℃ 的样品反射光谱中心波长变化量分别为 189 nm、188.8 nm、189.6 nm，由于配比的变化使波长变化量变化了 0.8 nm。

(a) 应变12.5%时的反射光谱中心波长变化　　(b) 应变25%时的反射光谱中心波长变化

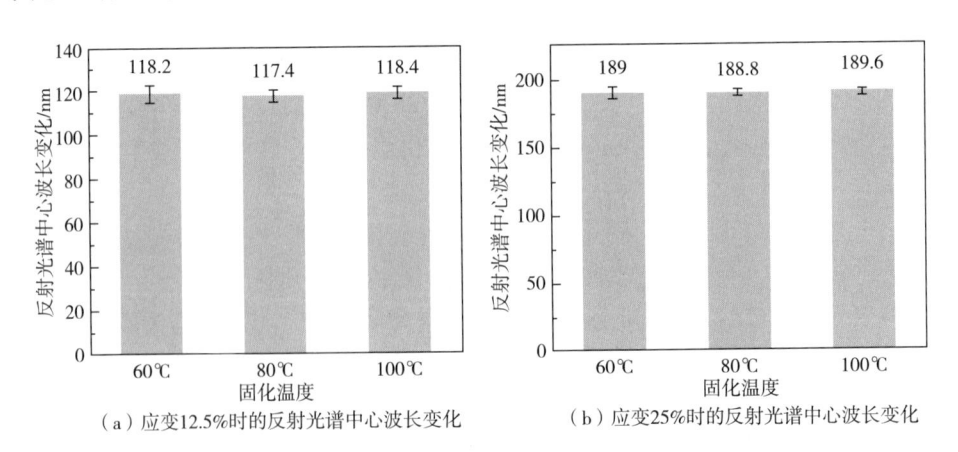

图 4-19　三种固化温度下 296 树脂光子晶体的力致变色性能对比

对于在整个可见光范围内变色的材料而言，1 nm 和 0.8 nm 的反射光谱中心波长变化量只相当于整个可见光波长范围（380~780 nm）的 0.25%，并不会对实际产生的结构色产生影响，通常可以忽略不计。事实上，在使用同一块样品进行不同组次的实验测试时，由于外部固有干扰和系统误差造成的测试数据偏差范围也在 5~9 nm，并不会影响测试数据的可信度。

由上述实验结果可知，固化温度会对 296 树脂柔性光子晶体的力致变色性能产生一定影响，当固化温度在 60~100 ℃ 内升高时，柔性光子晶体在相同应变量下的反射光谱中心波长移动范围会少量变化，但固化温度对 296 树脂柔性光子晶体的力致变色性能影响很小。

总体来看，固化温度对基于 184 硅橡胶、186 硅橡胶、296 树脂这三种基体材料的柔性光子晶体力致变色性能的影响比较小。虽然随着固化温度的升高，柔性光子晶体在相同应变量下的反射光谱中心波长会有所增大或变化，但变化量不大，即宏观的颜色显示并不会产生明显影响。

4.3　基于多色集合的柔性光子晶体结构和工艺参数优化模型

前面小节分析了各主要结构和工艺参数对柔性光子晶体力致变色性能的影响规律，结果显示各参数对柔性光子晶体的力致变色性能均有影响，但趋势和程度不尽相同。因此，在制备柔性光子晶体时，需根据力致变色性能要求选择适当的结构与工艺参数。力致变色性能的多重性决定了柔性光子晶体的结构与工艺参数配置是一个多目标优化问题。在这个优化问题中，不仅包含了较多的待优化参数，而且结构参数与工艺参数是完全不同的两大类型，更为棘手的是工艺特性缺乏理论模型表达，因此，一般的优化方法难以处理柔性光子晶体结构与参数的优化问题，为此，本文提出采取多色集合方法构建柔性光子晶体结构与参数优化问题的理论模型，在此基础上开展多目标优化。

多色集合的本质是一种形式化的信息处理工具，其核心思想是使用形式上相同的传统集合论、数理逻辑等工具来描述设计过程、制造系统等不同对象，将复杂抽象的系统形式化地描述为集合整体性质与组成元素之间的逻辑关系，因而在设计过程和制造系统建模与优化领域具有独特的优势。

多色集合的建模过程主要分为两步：层次结构模型的建立和推理矩阵的建立。首先，通过层次划分将科学和工程中抽象的问题进行分解，得到层次化的元素集合，建立层次结构模型。多色集合的层次结构模型一般分为特征层、物理层和功能层（或方案层），其中，特征层表示设计需求所代表的基本特征；物理层是将特征层中的基本特征进行划分得到的具体参数指标体系，可以看作是特征层的细分和参数化表示；功能层表示所设计的产品或系统需要实现的若干独立功能。随后将物理层和功能层中各元素之间的逻辑关系通过矩阵运算的形式予以实现，建立推理矩阵。矩阵中用"1"和"0"表示行列之间的元素有无关联。这种模型可以用来使抽象问题具象化，并进一步表示分解后特征层、物理层（元素层）、功能层之间的逻辑关系，因而适用于各种系统和过程的建模与方案优化。为此，本节将基于前面小节得到的单因素影响规律，在多色集合理论框架下，建立柔性光子晶体结构和工艺参数的多目标优化模型，实现特定功能需求下结构和工艺参数的优化配置。

4.3.1 多色集合层次结构模型的建立

本小节将基于前面小节得到的单因素影响规律，利用多色集合建立对应的层次结构模型。考虑到柔性光子晶体参数分为结构和工艺参数两类，因此将特征层划分为结构参数和工艺参数，分别用 A_1 和 A_2 表示。

在物理层中分别针对特征层中的两类参数进行展开，用 a 代表物理层中分解得到的各个影响参数，用 a 的上角标"1"代表结构参数、a 的上角标"2"代表工艺参数，而用下角标数字代表不同参数类别中的不同元素。例如：结构参数共有晶格常数、排布方式、截面尺寸、单元高度和单元形状五类，每一类中根据不同取值具体划分为多个元素，其中晶格常数可以取 500 nm、600 nm、700 nm 三种，因此用 a_1^1、a_2^1、a_3^1 三个符号代表这三个元素。工艺参数将 184 硅橡胶、186 硅橡胶、296 树脂三种基体材料划分为三类，每一类中同样根据不同参数取值具体划分为多个元素，如 184 硅橡胶 A 与 B 组分质量比可以取 5∶1、10∶1、20∶1 三种配比方式，因此用 a_4^2、a_5^2、a_6^2 三个符号代表这三个元素。功能层中将柔性光子晶体的功能划分为变形能力、变色范围和颜色纯度三个目标，分别用 F_1、F_2、F_3 代表功能层的三个独立功能。

图 4-20 为基于多色集合理论框架建立的柔性光子晶体结构和工艺参数的层次结构模型，其中，特征层有两个参数；物理层左侧五个虚线框分别表示五类结构参数，右侧三个大虚线框表示三种基体材料，在每个大虚线框内又分别用三个小虚线框代表材料三种参数，虚线框内元素个数即为不同取值个数；功能层中有三个参数。

模型中各符号所代表的具体含义详见表 4-2。柔性光子晶体的结构参数可以分解为五类，即晶格常数、排布方式、单元截面尺寸、单元高度、单元形状。上述五种参数都会不同程度地影响功能层中的变形能力、变色范围和颜色纯度等三个目标。工艺参数进行了两层分解，第一层根据基体材料的不同将模型分为 184 硅橡胶、186 硅橡胶、296 树脂三大类，第二层在每种基体材料下又分解为材料配比、添加剂、固化温度三种参数，同样，每种基体材料及相应的参数设置都会

第4章 基于多色集合的柔性光子晶体结构和工艺参数优化

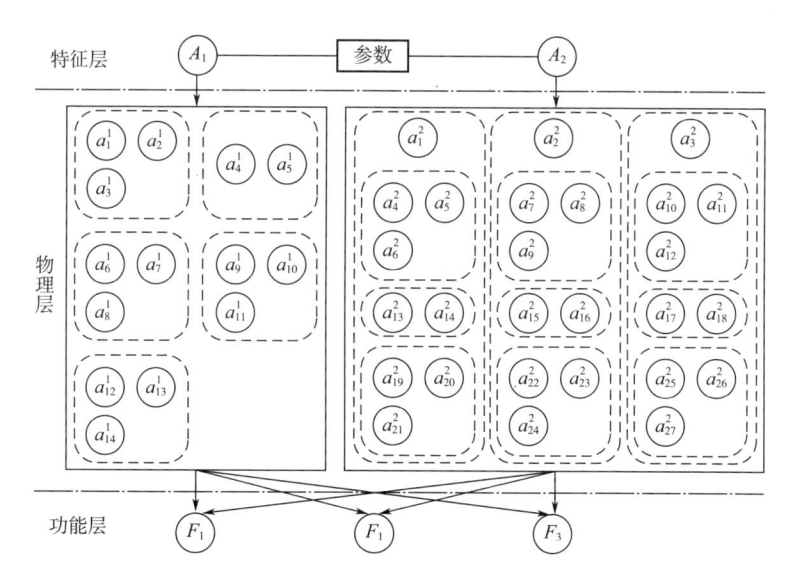

图 4-20 结构和工艺参数优化的多色集合层次结构模型

不同程度地影响功能层的三个目标。

表 4-2 多色集合层次结构模型中的符号意义

符号	意义	符号	意义	符号	意义
A_1	结构参数	a_1^2	184 硅橡胶	a_{17}^2	296 树脂不加添加剂
A_2	工艺参数	a_2^2	186 硅橡胶	a_{18}^2	296 树脂加添加剂
a_1^1	晶格常数 500 nm	a_3^2	296 树脂	a_{19}^2	60 ℃
a_2^1	晶格常数 600 nm	a_4^2	5∶1	a_{20}^2	80 ℃
a_3^1	晶格常数 700 nm	a_5^2	10∶1	a_{21}^2	100 ℃
a_4^1	正方形排布	a_6^2	20∶1	a_{22}^2	60 ℃
a_5^1	三角形排布	a_7^2	5∶1	a_{23}^2	80 ℃
a_6^1	直径 200 nm	a_8^2	10∶1	a_{24}^2	100 ℃
a_7^1	直径 300 nm	a_9^2	15∶1	a_{25}^2	60 ℃
a_8^1	直径 400 nm	a_{10}^2	5∶1	a_{26}^2	80 ℃
a_9^1	高度 100 nm	a_{11}^2	10∶1	a_{27}^2	100 ℃
a_{10}^1	高度 200 nm	a_{12}^2	15∶1	F_1	变形能力
a_{11}^1	高度 300 nm	a_{13}^2	184 硅橡胶不加添加剂	F_2	变色范围
a_{12}^1	正方形晶格单元	a_{14}^2	184 硅橡胶加添加剂	F_3	颜色纯度
a_{13}^1	六边形晶格单元	a_{15}^2	186 硅橡胶不加添加剂		
a_{14}^1	圆形晶格单元	a_{16}^2	186 硅橡胶加添加剂		

上述层次结构模型通过结构和工艺参数的分解形式化地表明了柔性光子晶体的功能需求及参数之间的映射关系。通过这种映射关系，可以在参数选择时将抽象的"性能良好的柔性光子晶体"转化为具体的结构与工艺参数选择。但是，层次结构模型中的映射关系并没有考虑参数对功能层的影响程度，显然，只有对每个功能的影响程度进行量化赋值，建立与层次结构模型相对应的推理矩阵，才可得到柔性光子晶体结构和工艺参数优化模型。

4.3.2 基于多色集合的多目标优化推理模型

本小节将利用已有实验和仿真数据对每种参数对每个功能的影响程度进行量化赋值。传统的多色集合矩阵中，行列元素之间有无逻辑关系分别用"1"和"0"表示，它并不能清晰地反映逻辑关系中的"灰色"部分。Du 等在原有多色集合经典模型的基础上引入层次分析法的思想，开发了具有量化属性的推理矩阵，使得分析结果不仅可以解决定性的趋势分析问题，还可以进一步解决定量的优化计算问题。本小节将采用上述改进的量化矩阵模型，建立柔性光子晶体结构和工艺参数优化的推理机制。

按照层次结构模型的结构和参数类型，我们构建推理矩阵。由于各结构参数之间没有从属关系，因此结构参数推理用一个推理矩阵即可表示；而在工艺参数中，由于 3 种基体材料需分别进行推理，因此首先应建立一个基体材料推理矩阵，随后在每种基体材料下进行其他工艺参数的推理，需对应 3 种材料建立 3 个推理矩阵。因此，本文所建立的推理模型应由 5 个推理矩阵组成。

图 4-21 为本文针对层次结构模型建立的结构和工艺参数多目标优化推理模型，即 5 个推理矩阵。矩阵的行代表物理层的每种影响因素，列代表 3 个功能需求。模型左侧的 14×3 矩阵为结构参数推理矩阵，每个列向量代表某一功能参数与 5 个结构参数中的 14 个具体取值之间的逻辑关系；模型右侧的 4 个矩阵为工艺参数推理矩阵，其中上部 3×3 矩阵为第一层的基体材料选择矩阵，每个列向量代表某一功能参数与 3 种基体材料之间的逻辑关系；下部 3 个 8×3 矩阵分别为第二层中针对 3 种基体材料的工艺参数推理矩阵，每个列向量代表某一功能参数与材料配比、添加剂、固化温度三类参数之间的逻辑关系。

在图 4-21 中，矩阵中各点的取值为对应参数与功能的相关程度，其取值是根据实验和仿真数据进行归一化的结果，数值越大代表与功能的相关程度越优。但需要说明的是，矩阵中"0"和"1"两种取值较为特殊，当"0""1"成对出现时，它们分别代表使某功能丧失和实现；当"1"单独出现时，代表该参数对相应功能不会造成影响。例如：在结构参数矩阵的第一列中，根据 4.1 节的仿真结果，晶格常数、排布方式、晶格单元截面尺寸、晶格单元高度、晶格单元形

第4章 基于多色集合的柔性光子晶体结构和工艺参数优化

状对柔性光子晶体的变形能力 F_1 本身并无影响，变形能力只与柔性光子晶体材料本身力学性能有关，因此各参数对 F_1 的影响程度一致，均取1；在结构参数矩阵第二列中，五类参数均对变色范围有影响，需根据4.1节的仿真结果进行赋值。例如：对晶格常数而言，根据计算结果可知，500 nm、600 nm、700 nm 三种取值在相同应变量下产生的波长变化量比值约为 0.24：0.34：0.42，为此将第二列中 a_1^1、a_2^1、a_3^1 三行分别取值为 0.24、0.34、0.42；正方形和三角形排布结构在相同应变量下产生的波长变化量比值为 0.48：0.52，因此将第二列中 a_4^1、a_5^1 两行分别取值为 0.48、0.52。结构参数对材料变形能力无明显影响，因而第一列取值均为1。结构参数矩阵取值以此类推，依据4.1节的仿真数据，可得到矩阵中各元素的具体取值。

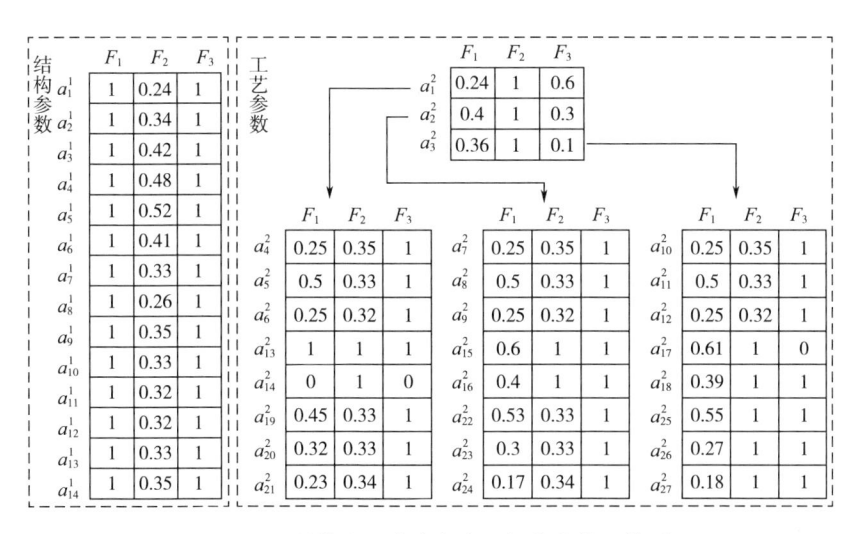

结构参数

	F_1	F_2	F_3
a_1^1	1	0.24	1
a_2^1	1	0.34	1
a_3^1	1	0.42	1
a_4^1	1	0.48	1
a_5^1	1	0.52	1
a_6^1	1	0.41	1
a_7^1	1	0.33	1
a_8^1	1	0.26	1
a_9^1	1	0.35	1
a_{10}^1	1	0.33	1
a_{11}^1	1	0.32	1
a_{12}^1	1	0.32	1
a_{13}^1	1	0.33	1
a_{14}^1	1	0.35	1

工艺参数

	F_1	F_2	F_3
a_1^2	0.24	1	0.6
a_2^2	0.4	1	0.3
a_3^2	0.36	1	0.1

	F_1	F_2	F_3
a_4^2	0.25	0.35	1
a_5^2	0.5	0.33	1
a_6^2	0.25	0.32	1
a_{13}^2	1	1	1
a_{14}^2	0	1	0
a_{19}^2	0.45	0.33	1
a_{20}^2	0.32	0.33	1
a_{21}^2	0.23	0.34	1

	F_1	F_2	F_3
a_7^2	0.25	0.35	1
a_8^2	0.5	0.33	1
a_9^2	0.25	0.32	1
a_{15}^2	0.6	1	1
a_{16}^2	0.4	1	1
a_{22}^2	0.53	0.33	1
a_{23}^2	0.3	0.33	1
a_{24}^2	0.17	0.34	1

	F_1	F_2	F_3
a_{10}^2	0.25	0.35	1
a_{11}^2	0.5	0.33	1
a_{12}^2	0.25	0.32	1
a_{17}^2	0.61	1	0
a_{18}^2	0.39	1	1
a_{25}^2	0.55	1	1
a_{26}^2	0.27	1	1
a_{27}^2	0.18	1	1

图 4-21　结构和工艺参数多目标优化推理模型

在工艺参数矩阵中，第一层的基体材料选择矩阵根据三种基体材料的相关性质进行取值。第一列中，由三种基体材料的模量之比可以确定 a_1^2、a_2^2、a_3^2 取值分别为 0.24、0.4、0.36；第二列中，基体材料对相同应变下材料的变色范围无显著影响，因此第二列均取值为1；第三列中，由 4.2.1 节可知，三种基体材料的颜色纯度有明显差别，为体现差别取 a_1^2、a_2^2、a_3^2 分别为 0.6、0.3、0.1。

在第二层三个矩阵中，左侧为针对 184 硅橡胶为基体材料的工艺参数矩阵，该矩阵元素根据 184 硅橡胶模量测试数据进行取值。如表 4-3 所示，三种配比下材料模量之比约为 4：2：1，虽然配比 20：1 时模量减小，但样品在拉伸时易发生断裂，故变形能力实际上相对于配比为 10：1 的样品是减弱的，为此将该矩阵第一列中 a_4^2、a_5^2、a_6^2 分别取为 0.25、0.5、0.25；没有添加剂的 184 硅橡胶样品具有很好的变形能力,但加入添加剂稀释后样品易发生断裂,为此将第一列中 a_{13}^2、a_{14}^2 分别取为 1、0;由表 4-3 可知,三种固化温度下 184 硅橡胶的模量之比约为 0.45∶0.32∶0.23,因此将第一列中 a_{19}^2、a_{20}^2、a_{21}^2 分别取为 0.45、0.32、0.23。第二列中,由 4.2.2 节可知,三种配比下材料的变色范围比值约为 0.35∶0.33∶0.32,因此将第二列中 a_4^2、a_5^2、a_6^2 分别取为 0.35、0.33、0.32;添加剂对相同应变下材料的变色范围无直接影响,因此第二列中 a_{13}^2、a_{14}^2 均取值为 1;由 4.2.4 节可知,三种固化温度下 184 硅橡胶的变色范围之比约为 0.33∶0.33∶0.34,因此将第二列中 a_{19}^2、a_{20}^2、a_{21}^2 分别取为 0.33、0.33、0.34。第三列中,配比对颜色纯度无直接影响,因此第三列中 a_4^2、a_5^2、a_6^2 均取为 1;没有添加剂的 184 硅橡胶样品具有很好的颜色纯度,但加入添加剂稀释后的样品无颜色,为此将第三列中 a_{13}^2、a_{14}^2 分别取为 1、0;固化温度对颜色纯度无直接影响,因此第三列中 a_{19}^2、a_{20}^2、a_{21}^2 均取为 1。

表 4-3 184 硅橡胶模量测试数据

配比			固化温度/℃		
5∶1	10∶1	20∶1	60	80	100
6.17	3.2	1.28	3.2	4.5	6.26

与上述取值方法同理,可分别根据表 4-4、表 4-5 及 4.2 节相关实验数据对 186 硅橡胶和 296 树脂的工艺参数推理矩阵进行取值。

表 4-4 186 硅橡胶模量测试数据

配比			固化温度/℃			添加剂	
5∶1	10∶1	15∶1	60	80	100	有	无
3.78	1.92	0.94	1.09	1.92	3.38	1.29	1.92

表 4-5 296 树脂模量测试数据

配比			固化温度/℃			添加剂	
5∶1	10∶1	15∶1	60	80	100	有	无
4.25	2.13	1.21	1.05	2.13	3.2	1.34	2.13

基于多色集合模型进行优化的方法,就是根据具体情况进行方案选择,根据功能要求对矩阵中的各方案进行搜索,并依据结构和工艺参数的功能相关度进行优选。考虑到不同使用情况中对三种功能要求的偏好不同,此处对每种功能设置权重系数 R_i,供结构和工艺的设计者根据情况进行设置。相关度计算方法为:

$$S = \max\left(\sum_{i=1}^{3} R_i \times V_{F_i}\right) \tag{4-1}$$

式中：S——相关度；

R_i——权重系数，$\sum_{i=1}^{3} R_i = 1$；

V_{F_i}——第 i 个功能参数的相关度取值。

针对第 i 个功能参数的 V_{F_i} 可具体表示为：

$$V_{F_i} = \sum_{j=1}^{14} a_j^1 + \sum_{k=1}^{3} a_k^2 \times \sum_{m=1}^{8} a_m^2 \tag{4-2}$$

式中：a_j^1——结构参数第 j 行取值；

a_k^2——工艺参数第一层第 k 行取值；

a_m^2——工艺参数第二层第 m 行取值。

具体的求解过程为：首先根据功能需求确定各项可选参数进而确定可选方案，随后根据推理矩阵、式（4-1）和式（4-2）计算每种方案的功能相关度 S，S 的值越大代表方案与功能的相关度越高，因此，计算得到功能相关度的最大值即所需的结构和工艺参数最优方案。

4.3.3 基于多色集合的柔性光子晶体参数优化

本小节将利用所建立的基于多色集合的柔性光子晶体结构和工艺参数优化模型，对本研究中的柔性光子晶体进行结构和工艺参数的优选。

由于本研究主要突出柔性光子晶体在良好的结构色显示效果基础上的变色和变形能力及应用，因此将3个功能参数的权重系数 R_1、R_2、R_3 分别设置为0.3、0.3、0.4。根据4.1和4.2两节中的仿真和实验结果，结合材料的制备工艺性，此处选定了六种可行性较高的方案，分别为：

方案一，材料为184硅橡胶、正方形排布、晶格常数为600 nm、圆形晶格单元直径和高度均取300 nm、材料A和B组分配比为5∶1、固化时在80 ℃下加热4 h。

方案二，材料为184硅橡胶、三角形排布、晶格常数为600 nm、圆形晶格单元直径和高度均取300 nm、材料A和B组分配比为10∶1、固化时在60 ℃下加热4 h。

方案三，材料为186硅橡胶、正方形排布、晶格常数为600 nm、圆形晶格单元直径和高度均取300 nm、材料A和B组分配比为5∶1、添加与A组分相同质量比的硅油进行稀释、固化时在80 ℃下加热4 h。

方案四，材料为186硅橡胶、三角形排布、晶格常数为600 nm、圆形晶格单元直径和高度均取300 nm、材料A和B组分配比为10∶1、添加与A组分相同质量比的硅油进行稀释、固化时在 60 ℃下加热 4 h。

方案五，材料为 296 树脂、正方形排布、晶格常数为 600 nm、圆形晶格单元直径和高度均取 300 nm、材料 A 和 B 组分配比为 5∶1、添加与 A 组分相同质量比的硅油进行稀释、固化时在 80 ℃下加热 4 h。

方案六，材料为 296 树脂、三角形排布、晶格常数为 600 nm、圆形晶格单元直径和高度均取 300 nm、材料 A 和 B 组分配比为 10∶1、添加与 A 组分相同质量比的硅油进行稀释、固化时在 60 ℃下加热 4 h。

利用本节提出的多色集合优化模型对上述各方案进行分析，以确定其中较优的方案。所选择的六种方案用多色集合元素表示如下：

方案一：$a_2^1\ a_4^1\ a_7^1\ a_{11}^1\ a_{14}^1\ a_1^2\ a_4^2\ a_{13}^2\ a_{20}^2$

方案二：$a_2^1\ a_5^1\ a_7^1\ a_{11}^1\ a_{14}^1\ a_1^2\ a_5^2\ a_{13}^2\ a_{19}^2$

方案三：$a_2^1\ a_4^1\ a_7^1\ a_{11}^1\ a_{14}^1\ a_2^2\ a_7^2\ a_{16}^2\ a_{23}^2$

方案四：$a_2^1\ a_5^1\ a_7^1\ a_{11}^1\ a_{14}^1\ a_2^2\ a_8^2\ a_{16}^2\ a_{22}^2$

方案五：$a_2^1\ a_4^1\ a_7^1\ a_{11}^1\ a_{14}^1\ a_3^2\ a_{10}^2\ a_{18}^2\ a_{26}^2$

方案六：$a_2^1\ a_5^1\ a_7^1\ a_{11}^1\ a_{14}^1\ a_3^2\ a_{11}^2\ a_{18}^2\ a_{25}^2$

根据图 4-21 中的推理矩阵，利用式（4-1）和式（4-2）计算得到以上 6 种方案的功能相关度分别为 15.677、15.788、14.780、14.992、14.798、15.008。可以看出，方案二的功能相关度最高，因此选择该方案作为后续应用研究中柔性光子晶体的结构和工艺方案，即材料为 184 硅橡胶、三角形排布、晶格常数为 600 nm、圆形晶格单元直径和高度均取 300 nm、材料 A 和 B 组分配比为 10∶1、固化时在 60 ℃下加热 4 h。

4.4 本章小结

为了改变现有研究对于柔性光子晶体结构和工艺参数的选取基本上均是基于经验的现状，本章对柔性光子晶体结构及工艺参数优化进行了研究。首先研究柔性光子晶体晶格结构参数对其性能的影响规律，通过数值计算探究不同排布方式、不同晶格常数、不同晶格单元形状和尺寸等因素对柔性光子晶体性能的影响；然后对柔性光子晶体工艺参数对性能的影响规律进行研究，分析不同基体材料、不同材料配比和添加剂对其性能的影响；最后基于多色集合理论框架，结合以上各项分析结果，建立了柔性光子晶体结构和工艺参数的多目标优化模型，从而为特定使用需求下选择适当的结构和工艺参数提供依据。研究结论如下：

①柔性光子晶体的结构参数主要包括晶格常数、晶格排布方式、单元截面尺寸、单元高度和形状。本章通过数值仿真分析了上述各主要结构参数对柔性光子

晶体变色性能的影响，得到各单因素结构参数对柔性光子晶体变色性能的影响规律。结果表明：晶格常数和单元截面尺寸对柔性光子晶体的变色性能影响较大，材料晶格常数越大，相同应变下的变色范围也越大；材料单元截面尺寸越大，相同应变下的变色范围越小。晶格排布方式、单元高度和形状对柔性光子晶体的变色性能影响不大。

②纳米压印法制备柔性光子晶体的工艺参数主要包括基体材料类型、材料配比、添加剂比例、固化温度。本章通过实验研究了上述各主要工艺参数对柔性光子晶体变色性能的影响，分析得到了各单因素工艺参数对柔性光子晶体变色性能的影响规律。结果表明：184硅橡胶、186硅橡胶和296树脂均可作为柔性光子晶体的基体材料，相比而言，184硅橡胶性能最优；材料配比对变色性能有一定影响但并不显著；制备中，184硅橡胶不需添加剂，但186硅橡胶和296树脂需要添加剂的稀释作用才能具备良好的基体材料性能；固化温度对柔性光子晶体的变色性能影响较小。

③鉴于柔性光子晶体的结构与工艺参数对其性能影响的复杂性，本文提出采用多色集合模型对其参数进行优化。然后以研究得到的结构和工艺参数对柔性光子晶体变色性能的影响规律为依据，基于多色集合理论框架建立了柔性光子晶体结构和工艺参数的层次结构模型，并构建了相应的推理矩阵和求解算法。最后利用所建立的优化模型对六种可行性较高的结构和工艺方案进行了分析，通过对比功能相关度确定了最优方案为：材料为184硅橡胶、三角形排布晶格常数为600 nm、圆形晶格单元直径和高度均取300 nm、材料A和B组分配比为10:1、固化时在60 ℃下加热4 h。从而为后续研究及实际应用奠定了基础。

第5章 形状记忆合金驱动的电致变色技术研究

前面章节分别研究了纳米压印技术制备柔性光子晶体的工艺，探究了柔性光子晶体的力致变色特性以及结构与工艺优化方法。在柔性光子晶体的实际应用中，是需要施加外力才能使其产生变形而发生颜色变化的。鉴于电活性材料是当前对柔性光子晶体施加外力的最具潜力的材料，研究实现柔性光子晶体电致变色的电活性驱动器就非常关键。为此，本章将基于形状记忆合金（shape memory alloy，SMA）开发用于柔性光子晶体拉伸变色的驱动器及相应的电致变色器件，在此基础上，探索电活性材料驱动下的电致变色技术及其应用。

本章首先分析了现有研究中电致变色器件性能存在的不足；其次基于形状记忆合金的变形特性，研究开发用于拉伸柔性光子晶体的驱动器；再次将该驱动器与柔性光子晶体进行集成，制备基于形状记忆合金的电致变色器件，并分析该电致变色器件在电信号作用下的电致变色性能；最后探索该器件在动态显示方面的应用。

5.1 现有电致变色器件性能分析

在柔性电致变色技术中，驱动电压、变色范围、等效弹性模量等都是非常关键的性能指标。研究者希望可以用尽可能低的驱动电压产生尽可能大的变色范围，同时希望电致变色器件具有尽可能好的柔性，即更低的等效弹性模量，以利于电致变形。

本节将依据上述考量指标，将已有研究中电致变色器件的性能进行综合比较，各代表性研究结果的具体参数见表5-1。为了直观比较，将表中的数据绘制成如图5-1所示，图中两个水平坐标分别反映器件的等效杨氏模量 E 和变色范围的带隙中心波长变化值 $\Delta\lambda$，纵坐标为驱动电压。可见，图中器件的性能主要分布在左上和右下两个区域内，在左上区域内的研究中，Yin、Park、Kim、Baumberg、Foulger 等分别利用各种电活性材料驱动电致变色过程，这些研究中器件整体的等效杨氏模量较低（柔性较好），但驱动电压较高（1~10 kV）。在右下区域内的研究中，Arsenault、Hwang、Zhang、Walish、Yang、Lee、Shim、Weiss 等通过各种手段，利用电压改变光子晶体的平均折射率（介电常数）或晶格常数以实现电致变色，这些研究中器件整体的驱动电压较低（<1000 V），但由于均采

用了玻璃基板和 ITO 电极，导致等效杨氏模量较大（柔性较差）。

通过对比发现，已有研究成果中具有较大杨氏模量（较硬）的电致变色器件所需驱动电压较低，但其变形能力较差；而具有较小杨氏模量（较软）的电致变色器件虽具有较好的变形能力，可满足特殊形状和结构的要求，但通常变色所需驱动电压太高（1~10 kV），导致供电模式更复杂，需要专门的高压放大模块。也就是说，在已有电致变色器件中，柔性好和低驱动电压往往难以同时兼顾。此外，许多器件变色范围较小，不能覆盖整个可见光范围。以上问题制约了电致变色器件在动态显示领域的应用。

表 5-1 典型电致变色研究中的主要参数对比

波长变化范围 $\Delta\lambda$ / nm	杨氏模量 E/MPa	变色驱动方法	驱动电压/V	代表符号
~110	~60k	电致溶胀	3	★
~235	~60k	电致溶胀	2.8	◀
~84	~56k	凝胶电化学变形	5	▲
~120	~160k	电化学反应改变折射率	1	⬟
~112	~56k	电致溶胀	5	◆
~100	~56k	电压控制纳米粒子分布	1.8	▶
~165	~60k	电压控制纳米粒子分布	4	■
~150	~60k	电压控制纳米粒子分布	3.2	▼
~3.3	~60k	电压促使介质相变	140	●
~150	~1.8	DE	3k	●
~130	~2	DE	4k	▲
~225	~2	DE	9k	★
~60	~2	DE	10k	◆
~25	~1.27	水凝胶	3k	■

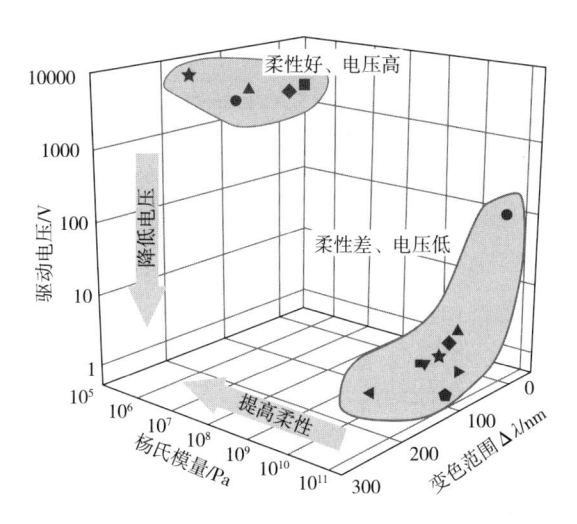

图 5-1 典型电致变色器件的性能对比

可见，有必要对柔性电致变色技术进行深入探究，开发出能兼顾柔性好、低驱动电压和大变色范围的电致变色器件，从而拓宽此类器件和技术的应用范围。

5.2 SMA 驱动的电致变色器件设计与制备

通过前面几章的研究结果可知，面向柔性光子晶体电致变色的驱动器应该满足三个基本性能：第一，能够在较低电压作用下产生较大的驱动力；第二，该驱动力能够驱动柔性光子晶体产生至少 30% 的应变，即使其具有大的变色范围；第三，驱动器具有良好的工作稳定性，在多次驱动中保持良好的驱动性能或寿命。由这三个基本性能可知，面向柔性光子晶体的驱动器首先应在较低电压下具有较大的驱动力。综合分析现有的电活性材料可知，形状记忆合金（shape memory alloy，SMA）是可以在较低电压下产生较大驱动力的材料，为此，本章首先探索将 SMA 材料用作柔性光子晶体的电致变形驱动器。

5.2.1 驱动器的方案与结构设计

SMA 是一种常见的形状记忆材料，其特点是能够"存储"之前的形态，并在外界电、热、光等信号的激励下恢复到之前的形态。由于其优异的力学性能和独特的形状恢复特性，基于 SMA 制备的智能结构和驱动器被广泛应用于航空航天、医疗设备、智能机器人等领域。电信号驱动的 SMA 是一种典型的电活性材料，它是通过电信号产生热量使材料温度升高至相变温度以上，进而产生形状改变的一种驱动方式。为此，本章选择利用电压驱动 SMA 产生变形的方式设计电致变色器件的驱动器。

由第 3 章可知，本文所制备的柔性光子晶体的变色是需要通过拉伸产生变形，因此需根据 SMA 的特性设计一种能有效输出较大拉伸变形的驱动器。根据 SMA 在加热到特定温度时会产生形状恢复这一特性，本文设计了一种基于 SMA 的 U 型驱动器，驱动方案如图 5-2（a）所示。其驱动机理如下：SMA 的形状在常温下可以人为改变，而当温度达到奥氏体转变温度（A_s）时，材料将自行恢复到其初始形状。此处选择初始形状为直线的 SMA，当通电加热到 A_s 时 U 型结构驱动器将向直线型转变，导致其两侧臂相离旋转，进而对连接于 U 型驱动器两端点处的柔性光子晶体产生拉伸作用。基于 SMA 的 U 型驱动器结构如图 5-2（b）所示。该结构由一根 SMA 丝（黑色部分）、三个刚性元件（黄色部分）及外部柔性包裹层（透明部分）组成。三个刚性元件彼此通过转动副连成一体，转动副可以实现相对 90°的转动，从而保证刚性元件之间足够的相对旋转位移。在三个刚性元件中设计了直径 1 mm 的通孔，将 SMA 丝穿过通孔将三个刚性元件连为一体。如前所述，柔性光子晶体的电致变色往往需要动态变化，或者说需要经历变色—恢复—再变色—再恢复的循环往复变化，为了保证驱动器在温度下降后具有形状恢复能力，在 U 型结构的外部包裹一层柔性硅橡胶弹性材料。同时，这层包裹材料也有助于驱动器与柔性光子晶体的连接。可以看到，该 U 型结构的两个上端点处依靠 SMA 在电压作用下的形状恢复性能产生张开变形而实现拉伸柔性光子晶体所需的变形输出，在温度降低时又依靠硅橡胶包裹层的弹性使结构恢复到初始形状。

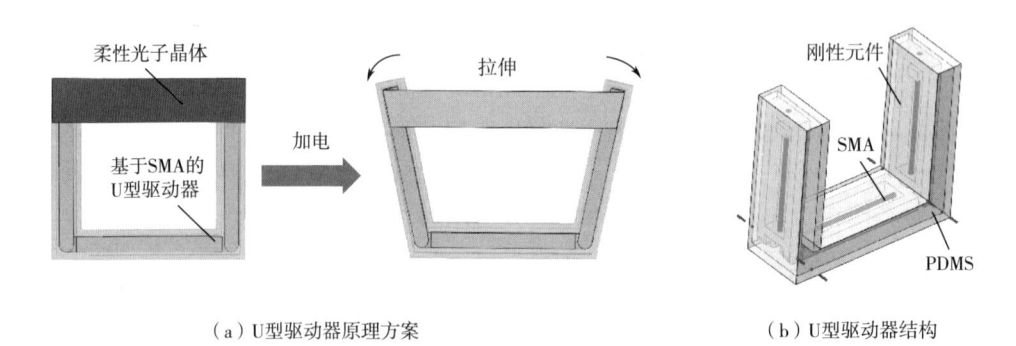

（a）U 型驱动器原理方案　　　　　　（b）U 型驱动器结构

图 5-2　基于 SMA 的 U 型驱动器方案与结构

由上述 SMA 驱动器变形原理分析可知，该结构既利用了 SMA 驱动力大的特点，又具有结构简单灵活的特征，更重要的是利用了 SMA 电加热形状恢复以及硅橡胶力学恢复性能，从而可以方便地实现驱动器的循环往复变形，引起柔性光子晶体晶格常数的改变，进而实现电致变色。

5.2.2 SMA 驱动的电致变色器件的制备工艺

（1）实验材料及实验设备

根据上述设计，本实验中所选取的实验材料如表 5-2 所示。其中，为便于特殊结构的刚性元件的制备，使用低黏度树脂通过光固化 3D 打印制备驱动器的刚性元件；选用具有良好延展性和兼容性的 Ecoflex 硅橡胶用于制作驱动器外部的弹性包裹材料；SMA 是驱动器内部的核心致动材料；184 硅橡胶是柔性光子晶体的基体材料；硅橡胶粘结剂用于连接柔性光子晶体与驱动器。在研究中所使用的制备设备以及电致变色器件性能测试仪器与第 3 章中的表 3-3 相同，此处不再赘述。

表 5-2 实验所用材料

名称	材料形态	规格及型号
Ecoflex 硅橡胶	黏性液体	Ecoflex 0050（Smooth-On，美国）
形状记忆合金（SMA）	丝状固体	直径 1 mm，A_s：62 ℃，M_s：62 ℃，中国远通
184 硅橡胶	黏性液体	Sylgard 184（Dow Corning，美国）
低黏度树脂	固体	Somos 8000（DSM，荷兰）
硅橡胶粘接剂	胶状	Sil-Poxy（Smooth-On，美国）

（2）电致变色器件的制备工艺

SMA 驱动的电致变色器件的详细制备过程如图 5-3 所示。

第一步，通过光固化 3D 打印低黏度树脂（Somos 8000）获得所设计的三个刚性元件，将 SMA 穿入刚性元件的对应孔中并将三个刚性元件的转动副进行连接，形成如图 5-3（a）所示的结构。

第二步，将 Ecoflex 0050 液态硅橡胶 A、B 组分 1∶1 混合、充分搅拌并抽真空 5 min，将（a）中的结构弯曲成 U 型，放入模具中并注入上述配制好的液态硅橡胶，在电热真空干燥箱 60 ℃ 条件下加热 4 h 固化得到所需的驱动器。

第三步，使用 Sil-Poxy 硅橡胶粘结剂将第 3 章中制备的柔性光子晶体固定在基于 SMA 的 U 型驱动器侧臂两端部，加热 15 min 得到 SMA 驱动的电致变色器件。

图 5-4（a）、（b）中的实物分别与图 5-3（a）、（b）中的原理图相对应。通过上述工艺制备得到的电致变色器件如图 5-4（c）所示，图中白色部分为 U 型驱动器，红色区域（30 mm × 10 mm）为柔性光子晶体。

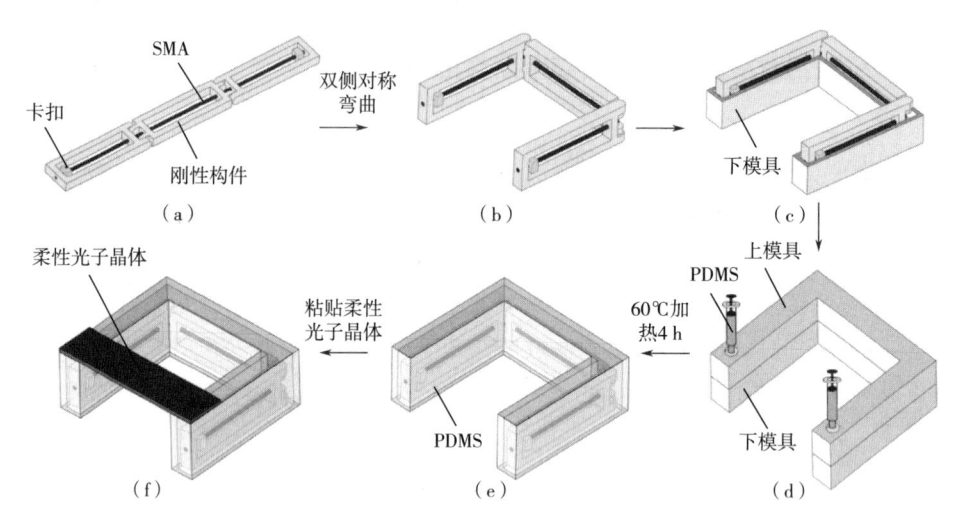

图 5-3 SMA 驱动的电致变色器件的制备工艺

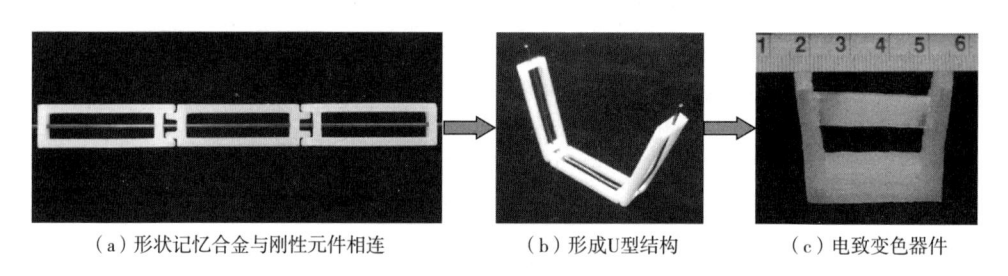

图 5-4 SMA 驱动的电致变色器件实物样品

5.3 SMA 驱动的电致变色器件颜色调控性能研究

5.3.1 电致变色器件的力电特性

SMA 驱动的电致变色器件是通过电致变形进而拉伸柔性光子晶体产生变色的，其中输出的力和位移是电信号转化为结构色的中间变量。输出力和柔性光子晶体变形所需的拉伸力必须匹配，才能进行有效的拉伸；在电压作用下电致变色器件的输出位移决定了柔性光子晶体的变色范围，因此器件的力电特性反映了电致变色器件的变色能力，为此，本节首先研究本文设计的 SMA 驱动器的力电特性。

首先研究不同电压下电致变色器件的力学特性，其结果如图 5-5 所示。将电致变色器件水平固定并将接触式压力传感器（ZNLBM，中国中诺传感器有限公司）的触头与器件 U 型结构一侧端点接触，在器件电致变色过程中，传感器实时记录器件输出力随时间的变化情况。在不同电压下进行上述测试，可得如图 5-5（a）所示的不同电压下器件输出力的测试结果。可以看出，器件输出力随驱动电压的升高而增大，在 1.5 V 时输出力可达 5.08 N。该图左上角的图形展示了输出力随电压变化的一般趋势，虽然各电压下达到的最大输出力数值不同，但变化趋势相同，即随着电压增大输出力增大。随后对器件的应力应变曲线进行了测试，使用拉力试验机分别夹紧器件中 U 型结构的两端，之后对其进行匀速拉伸，将拉伸时拉力试验机上显示的力和变形数据进行计算，可得器件的应力应变曲线如图 5-5（b）所示，右下角为柔性光子晶体的应力应变曲线。可以看出，由于超弹性材料 PDMS 的应变刚化效应，柔性光子晶体的杨氏模量随应变量的增加而非线性增大，而由于 SMA 的应力应变关系的影响，器件整体的应力应变关系则会发生相反的变化。

（a）不同驱动电压下器件的输出力 （b）器件及柔性光子晶体的应力应变曲线

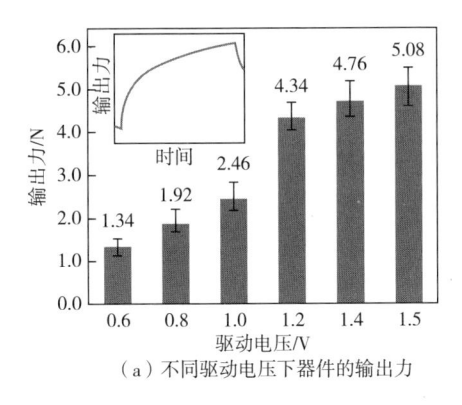

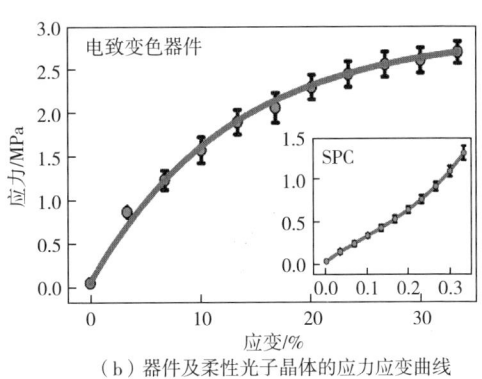

图 5-5 SMA 驱动的电致变色器件的力学性能测试

由图中曲线可计算出，电致变色器件的等效杨氏模量在 8~20 MPa，而由第 3 章的研究结果可知，本文开发的柔性光子晶体的杨氏模量不超过 5 MPa。这就表明，本章开发的 SMA 驱动的电致变色器件有能力输出足够的驱动力使柔性光子晶体产生变形，从而产生结构色的变化。

为了分析器件的变形输出能力，将电致变色器件水平固定并将激光位移传感器（IL-065，Keyence，日本）的测试点放置在器件 U 型结构一侧端点处，在器件电致变色过程中，传感器记录器件端点处变形随时间的变化情况。由前面章节可知，本文制备的柔性光子晶体的有效尺寸为 30 mm，该柔性光子晶体产生由红到蓝的全域变色需要 9 mm 的拉伸变形，因此本节实验中当位移达到变色所需的 9 mm 时切断电源。在不同电压下进行测试，可得如图 5-6 所示的不同电压下器件输出位移的测试结果，其中误差棒用来反映 5 组测试数据的不确定度，图 5-6

(a）为不同电压作用下电致变色器件端点处的输出位移变化曲线。可以看出，在电压作用下，在一定的时间范围内，器件端点的位移均会随着时间的增加而逐渐增大，电压大小不同，端点位移增加的速度也就不同，电压越大，增加的速度越快。图5-6（b）为不同电压下器件端点处位移的最大值。结果显示，使器件达到全域变色所需的9 mm拉伸变形的驱动电压应在1.0 V以上。

（a）不同电压下器件端点处的位移曲线

（b）不同电压下器件端点处位移的最大值

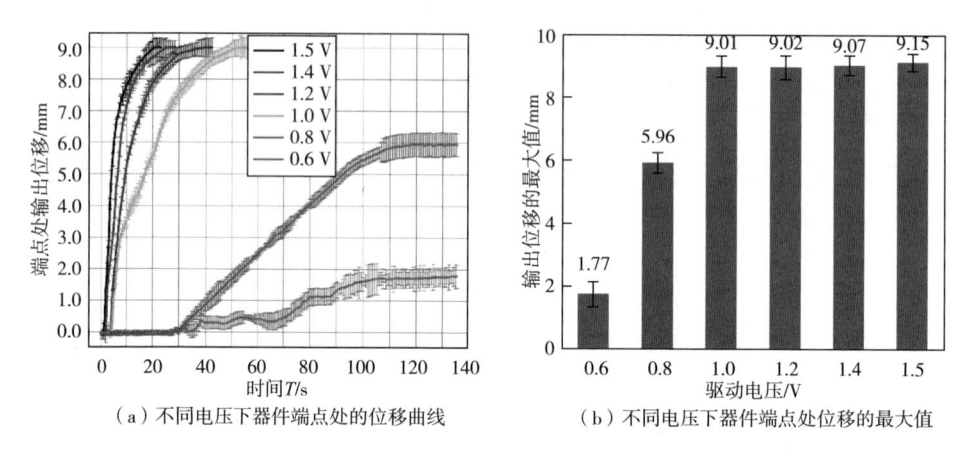

图5-6 不同电压下SMA驱动的电致变色器件端点处的输出位移

电压较高时，虽然会在更快的时间内产生所需的变形，但同时也会产生更大的热量，对于往复变形的器件，较大热量的及时散热就会变为新的问题，因此，实际应用中只需施加能在给定时间内满足所需变形的电压即可。

另外，在弹性恢复阶段，器件可以通过硅橡胶Ecoflex的超弹性作用恢复到初始形状。对比实验前后的颜色和尺寸可以发现，器件存在1%～2%的残余变形，但对颜色显示无明显影响。

5.3.2 电致变色器件的电光特性

本章中电光特性指电致变色器件的输入电压与输出的颜色信号之间的关系，电光特性直接体现了器件在颜色显示和变化方面的能力。掌握电致变色器件的力电特性之后，可以结合第3章中研究柔性光子晶体力光特性所得的结果，对器件的电光特性进行研究。

为了反映电致变色器件的变色性能，首先对电压作用下SMA驱动的电致变色器件的变色过程进行了实验，如图5-7所示。电压接通后，电致变色器件的U型结构经过短暂的加热开始产生变形，有效变色面积为30 mm × 10 mm的柔性光子晶体样品在电压作用下依次展现出红色（中心区域RGB：217，107，25）、黄色（中心区域RGB：191，157，0）、绿色（中心区域RGB：1，180，0）、青色

(中心区域 RGB：0，182，157) 和蓝色 (中心区域 RGB：28，10，254)，各颜色对应的拉伸量分别为 0、3 mm、5 mm、7 mm、9 mm。样品颜色变为蓝色后，器件形状达到稳定状态，颜色不再发生明显变化。

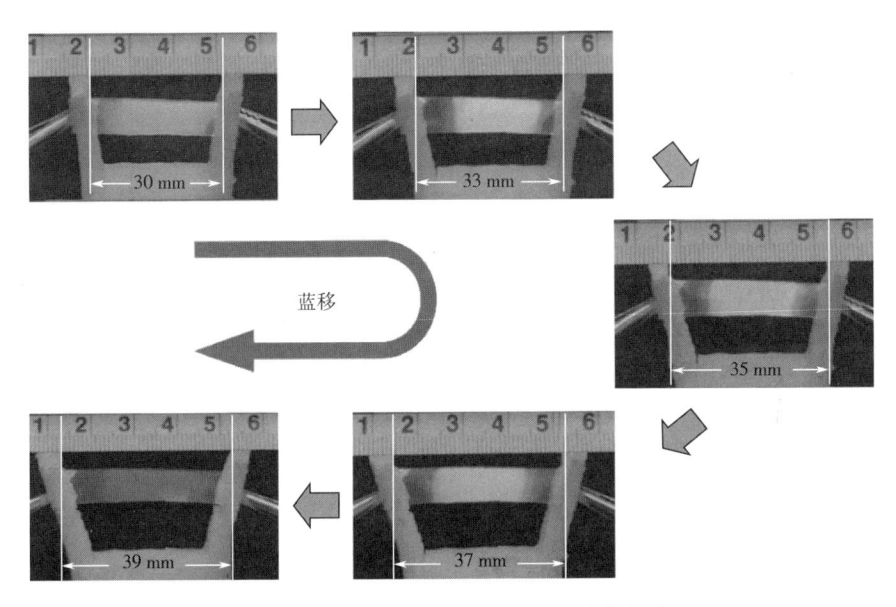

图 5-7 SMA 驱动的电致变色器件的变色过程

为了反映 SMA 驱动的电致变色器件在电压作用下的变色规律，对电致变色过程的光谱变化及波长变化范围进行了测试，结果如图 5-8 所示。其中图 5-8 (a) 反映了器件电致变色过程中反射谱的变化。可见，器件的初始颜色为红色，当电致变形从 0 逐渐增加到 9 mm 时，器件的光谱发生蓝移，同时峰值下降约 3%。当材料的拉伸变形为 3 mm 时应变为 10%，此时器件的宏观颜色由红色变为黄色；材料的拉伸变形为 5 mm 时应变为 17%，此时器件的宏观颜色变为绿色；材料的拉伸变形为 7 mm 时应变为 23%，此时器件的宏观颜色变为青色；材料的拉伸变形为 9 mm 时应变为 30%，此时器件的宏观颜色变为蓝色。图 5-8 (b) 为器件反射光谱的带隙中心波长变化量 Δλ 与输入电压间的关系，图中数据为五组测试数据的平均结果。结果显示，输入电压越高，器件能实现的带隙中心波长变化范围越大，对应于 0.6 V、0.8 V、1.0 V、1.2 V、1.4 V、1.5 V 电压下的波长变化范围 Δλ 分别为 24 nm、133 nm、180 nm、180 nm、180 nm、180 nm，这再次表明当输入电压超过 1.0 V 时，器件颜色变化可以覆盖从红到蓝的整个可见光范围。

由 SMA 驱动的电致变色器件的变色过程可知，器件的变色过程不只与电压

(a) 电致变色过程反射谱的变化

(b) 不同电压作用下的波长变化范围

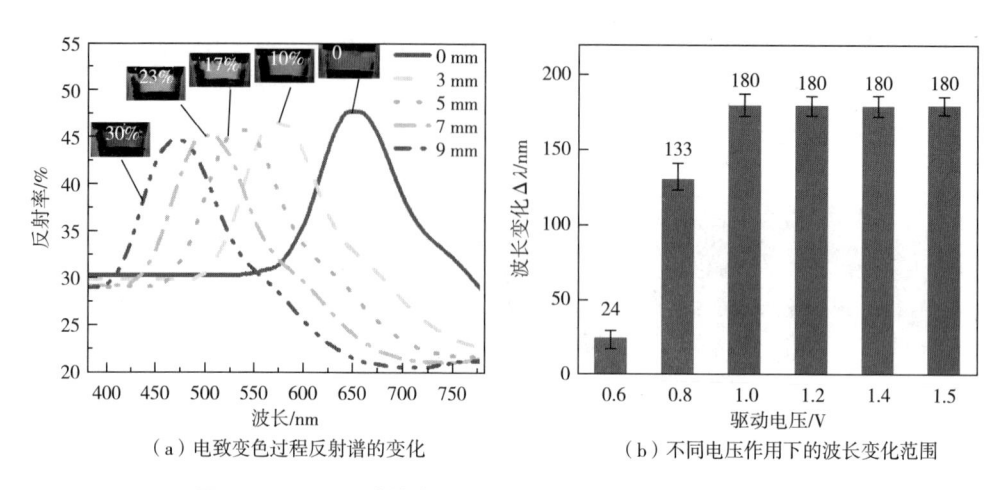

图 5-8 SMA 驱动的电致变色器件在电压作用下的变色规律

有关，也与通电时间有关。为了反映器件颜色变化与通电时间的关系，对不同电压下器件的反射光谱的带隙中心波长变化量 $\Delta\lambda$ 与通电时间之间的关系进行了实验，分析结果如图 5-9 所示，图中误差棒表示五组测试数据的不确定度。结果显示，当驱动电压在 0.6 V 和 0.8 V 时，完成变色的时间需 80 s 以上，且变色范围较小；当驱动电压在 1.0 V 以上时，完成变色所需时间在 60 s 以内，且变色范围可以达到 180 nm，覆盖了从红到蓝的整个可见光范围。

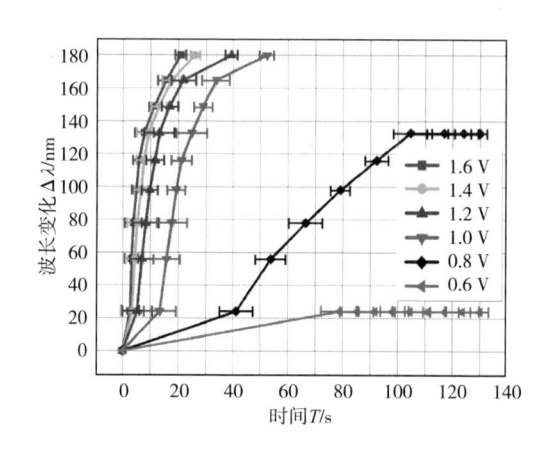

图 5-9 不同电压下反射光谱波长变化范围与时间的关系

结合 5.3.1 节和 5.3.2 节的内容可知，本章制备的 SMA 驱动的电致变色器件可以在 1.0 V 的低驱动电压下很好地实现覆盖整个可见光区域的大范围变色，与 5.1 节给出的现有研究成果相比，本文研究的电致变色器件兼顾了柔性好、驱动电压低和变色范围大的性能，综合性能好。

5.3.3 电致变色器件的迟滞效应

对电致变色器件而言，迟滞效应主要包括两层含义：电致变色过程的响应时间和断电后的颜色保持性。

从通电开始到完成变色所需时间即电致变色的响应时间，它是电致变色器件的一项重要的性能评价指标。如果响应时间过长，则会对器件在显示实时性要求高的领域应用产生一定限制。因此本节首先对 SMA 驱动的电致变色器件在不同电压作用下的变色响应时间进行表征，结果如图 5-10（a）所示。可见，0.6 V 电压下器件完成变色所需时间为 77.8 s，但其加热温度不足，变色范围仅为 24 nm；0.8 V 电压下器件完成变色所需时间为 104.3 s，耗时较长，变色范围为 133 nm，并不能完成可见光范围的全域变色；电压大于 1.0 V 时，器件的响应时间均小于 1 min，并且驱动电压越大其响应时间越短，1.5 V 电压下器件完成 180 nm 的可见光全域变色所需时间仅为 20.7 s。

关闭电源 100 s 的颜色保持能力也是实际应用中比较重要的性能。图 5-10（b）是驱动电压为 1V 时，电致变色器件分别达到各典型颜色时关闭电源保持 100 s 时的反射光谱的波长变化，可见，反射光谱波长变化曲线和位移曲线在关闭电源 100 s 时均可以基本保持水平不变，说明器件的端点位移和颜色均无明显变化，即该器件的迟滞效应使器件的颜色具有一定的保持能力。

（a）电致变色过程的响应时间　　（b）电致变色器件的颜色保持能力

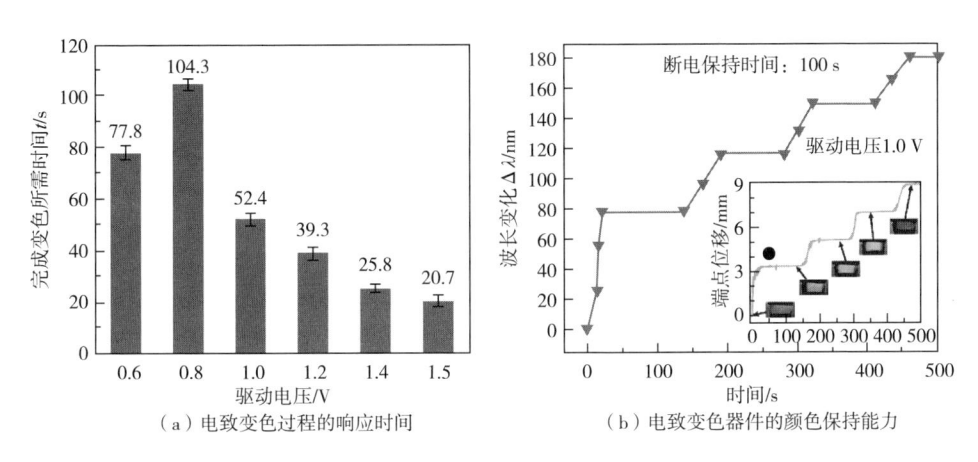

图 5-10　不同电压下 SMA 驱动的电致变色器件的迟滞效应

由上述分析结果可知，在驱动电压大于 1.0 V 时，电致变色器件的响应时间小于 60 s，且随着输入电压的增大可进一步缩短，使电致变色过程响应加快。在关闭电源后 100 s 内，器件的端点位移和颜色均无明显变化，表明其具有较好的形状和颜色保持能力。

5.4 电致变色器件的循环工作稳定性研究

如前所述，电致变色器件的实际应用中往往需要进行反复多次变色，因此其循环工作稳定性是其性能表征中一项重要指标。第 3 章中我们研究了本文开发的柔性光子晶体在反复多次拉伸时的变色性能，结果显示柔性光子晶体具有很好的循环工作稳定性。对于 SMA 驱动的电致变色器件，在通过 SMA 对柔性光子晶体进行多次驱动时器件是否能够稳定工作，也是一个需要深入探讨的问题。

为了研究 SMA 驱动的电致变色器件的循环工作能力，本文对器件进行了 2000 次循环实验，并对循环工作前后器件的电致变色性能进行了测试。实验中对器件输入一幅值为 1.0 V、占空比为 16.7% 的方波电压信号，如图 5-11 所示。信号中 300 s 为一个周期，可以看到在方波电压的循环作用下，器件的变形量也发生近似周期性的变化，当 1.0 V 电压连续作用 50 s 时器件变形达到最大，在断电后 100 s 左右的时间段内，器件变形几乎保持不变，随后变形逐渐减小，当时间达到 250 s 时器件形状逐渐恢复到剩余 0.05% 残余变形的状态，由于此残余变形很小，对电致变色基本上无影响。

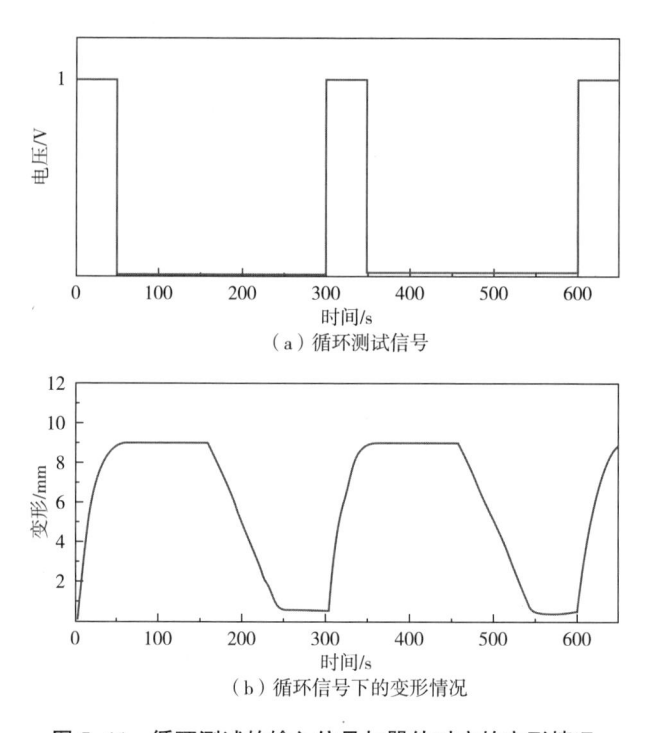

（a）循环测试信号

（b）循环信号下的变形情况

图 5-11 循环测试的输入信号与器件对应的变形情况

为了研究其工作稳定性能,在循环实验中,对 SMA 驱动的电致变色器件在 100 次、500 次、1000 次、2000 次循环工作前后的反射光谱进行了测试,分析了器件的颜色变化范围和反射率变化,以表征电致变色器件的循环工作性能。实验中在循环工作前后分别测试原始状态、拉伸率17%、拉伸率30%三种状态下的反射光谱,每种状态下共测试三组数据,得到在循环工作实验前后每种拉伸状态下的波长变化值 Δλ 和反射率值如表 5-3 所示。

表 5-3 SMA 驱动的电致变色器件的变色范围和反射率的循环实验结果

测试量	拉伸率/%	组别	循环次数				
			0	100	500	1000	2000
波长变化 Δλ/nm	17	1	97	101	112	94	91
		2	93	91	91	85	93
		3	104	96	100	88	107
	30	1	181	161	184	189	182
		2	183	167	189	201	187
		3	176	173	179	171	168
反射率/%	17	1	43.5	44.5	45.2	40.1	40.2
		2	41.7	40.9	42.4	38.6	39.1
		3	51.3	51.1	50.7	44.6	43.1
	30	1	43.6	43.5	42.8	39.4	40.2
		2	40.5	39.7	39.8	35.5	35.9
		3	48.8	49.4	47.6	43.9	42.1

为了更直观观察 SMA 驱动的电致变色器件的循环工作稳定性,将上述测试数据绘制成图。在 0、100、500、1000 和 2000 个循环周期之后,在 17% 和 30% 应变下反射光谱的波长变化 Δλ,如图 5-12 所示。结果表明,经过 100、500、1000 和 2000 个周期的循环工作,反射光谱的波长变化 Δλ 并没有随着循环周期增大而逐渐变大或变小的趋势,只是在一定范围内产生一定的波动,在 17% 应变下,波长变化 Δλ 最大值为 11nm,30% 应变下,波长变化 Δλ 最大值为 20 nm,这说明电致变色器件反射光谱的波长变化值 Δλ 是相对稳定的,肉眼观测到的颜色变化情况亦是相对稳定的。

在 0、100、500、1000 和 2000 个循环周期之后,在 17% 和 30% 应变下反射

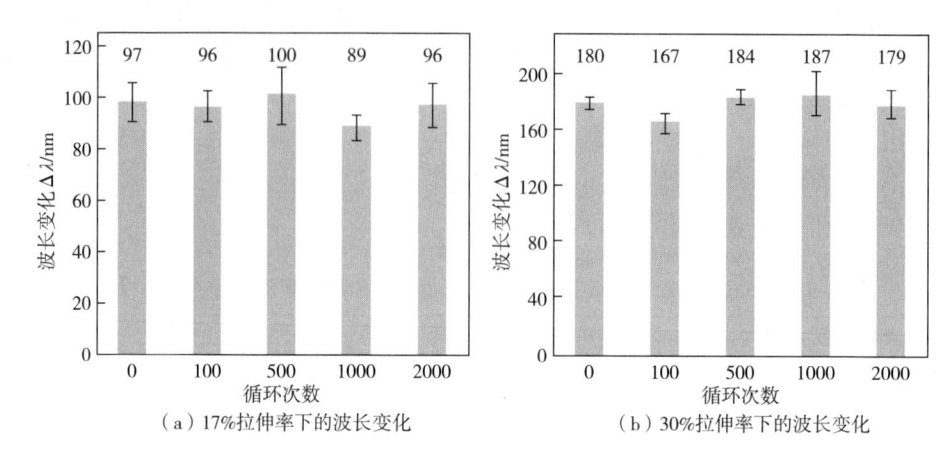

（a）17%拉伸率下的波长变化　　（b）30%拉伸率下的波长变化

图 5-12　不同循环次数下电致变色器件的波长变化

光谱的带隙中心波长的反射率值如图 5-13 所示。可以看出，经过 100、500 个周期的循环工作，在 17% 和 30% 应变下，电致变色器件反射光谱的反射率峰值无明显变化，当器件的循环工作次数达到 1000 次以上时，其反射率峰值会产生一定程度的下降，但仍能保持在较高水平，反射率峰值总体可以保持在 40% 左右。

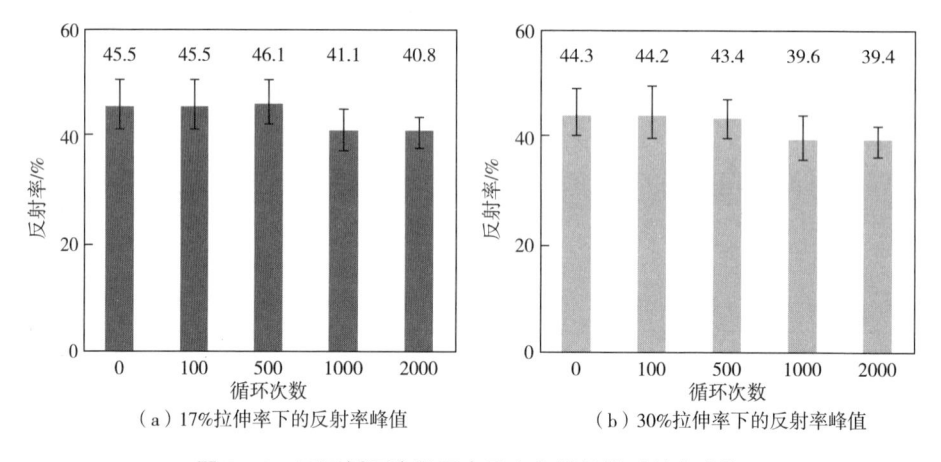

（a）17%拉伸率下的反射率峰值　　（b）30%拉伸率下的反射率峰值

图 5-13　不同循环次数下电致变色器件的反射率峰值

总体来看，2000 次以下的循环工作次数对器件的电致变色性能影响很小，在同样应变下带隙中心波长变化无明显变化，反射率峰值也能保持在较高水平。因此说明本文开发的 SMA 驱动的电致变色器件具有较好的循环工作稳定性。

5.5 电致变色器件在动态显示中的应用

动态显示功能是电致变色器件最常见的一种应用,电致变色技术的发展不断提高颜色显示覆盖的范围和显示图案的复杂性。本节将对 SMA 驱动的电致变色器件在动态显示方面的性能进行研究,首先基于本章制备的电致变色器件开发其特定图案的显示功能,随后测试其动态显示功能和表面抗冲击性能,从而探索其在动态显示领域的应用前景。

5.5.1 特定图案电致变色器件的制备

本节利用 SMA 驱动的电致变色器件开发了一种具有特定图案的动态显示功能器件,其制备过程如图 5-14 所示。首先在 PDMS 固体材料中利用刻字机(CAMEO,SILHOUETTE,美国)加工出图案为"XJTU"的孔,然后将具有"XJTU"图案孔的固体 PDMS 掩膜放置在具有周期纳米结构的模板上;随后将用于制备柔性光子晶体的液态 PDMS 注入掩膜孔中,在 60 ℃下加热 4 h 固化,即可得到具有"XJTU"图案的柔性光子晶体。最后将具有特定图案的柔性光子晶体与 U 型驱动器进行集成,形成动态显示功能器件。

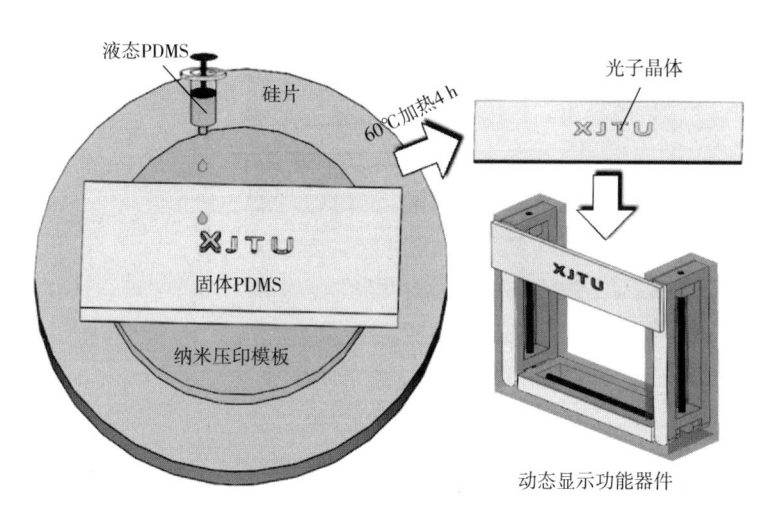

图 5-14 具有特定图案的动态显示功能器件制备工艺

通过上述工艺制备得到的功能器件的"XJTU"图案显示部分如图 5-15 所示。以黑色为背景,在 1.0 V 驱动电压下,不具有周期纳米光子晶体结构的部分不变色,显示为背景黑色,而具有周期纳米光子晶体结构的图案则在 1 min 内分别显示出红、绿、蓝三种颜色的"XJTU"图案。

(a) 红色"XJTU"　　　　(b) 绿色"XJTU"　　　　(c) 蓝色"XJTU"

图 5-15　具有特定图案的动态显示功能器件

5.5.2　电致变色器件的动态显示功能测试

为了进一步表征器件的动态显示功能，本小节将在三种背景颜色下对其进行实验。三种背景颜色分别选取红色（RGB：217，107，25）、绿色（RGB：1，180，0）和蓝色（RGB：28，10，254）。在三种背景下分别对器件进行通电变色，显示效果如图 5-16 所示。图 5-16（a）为红色背景下器件的图案显示效果，原始红色的"XJTU"图案在红色背景下非常模糊，呈现伪装状态，通电变为绿色后实现了图案从伪装态到显示态的转变。图 5-16（b）为绿色背景下器件的图案显示效果，原始绿色的"XJTU"图案在绿色背景下相对模糊，呈现伪装状态，通电变为蓝色后实现了图案从伪装态到显示态的转变。图 5-16（c）为蓝色背景下器件的图案显示效果，原始绿色的"XJTU"图案在蓝色背景下呈现显示状态，通电变为蓝色，实现了图案从显示到伪装的转变。

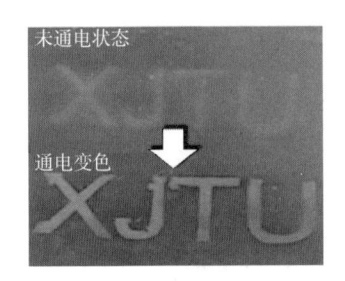

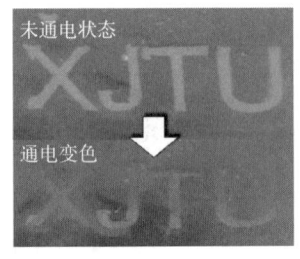

(a) 红色背景下的动态显示　　(b) 绿色背景下的动态显示　　(c) 蓝色背景下的动态显示

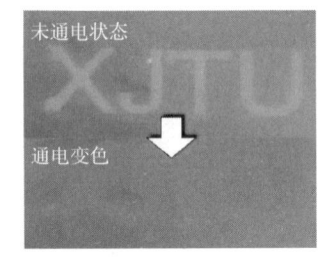

图 5-16　电致变色器件的动态显示和伪装效果

上述结果显示，所开发的功能器件变色可以覆盖从红到蓝的整个可见光范围，且颜色纯度较高，在三种典型的背景颜色下只需通过变化电压就可实现伪装与显示状态的变化。上述过程与自然界中的豹纹变色龙的伪装过程相类似，从而表明 SMA 驱动的电致变色器件适用于开发各种动态显示和伪装的装置。

5.5.3　动态显示表面抗冲击性能测试

表面的抗冲击性能是动态显示功能器件性能的另一项重要评价指标，这是由于其在应用过程中往往会暴露在外部环境中，难免会遭受意想不到的冲击、碰撞等问题，这也是手机、平板电脑等设备的显示屏幕在使用中需要保护的原因。另外，由于结构色显示的特殊机理，表面微纳结构在外部冲击作用下的完整性对器件的显示效果至关重要，本文对柔性光子晶体微结构选择空气柱结构的主要原因之一就是其纳米结构在材料表面以下相对更容易保护。为此，本小节将通过冲击实验检验本文开发的动态显示器件的抗冲击性能。

图 5-17（a）为冲击实验的过程，实验中使用金属锤快速敲击动态显示表面 20 次，每次敲击产生大约 5 MPa 的压力，然后对敲击后的显示功能进行观测，以分析多次冲击对本文开发的动态显示器件表面显示效果的影响。图 5-17（b）为冲击实验后器件表面的显示效果，可以看出：显示效果并没有受到明显的影响，图案"XJTU"仍可完整地显示。

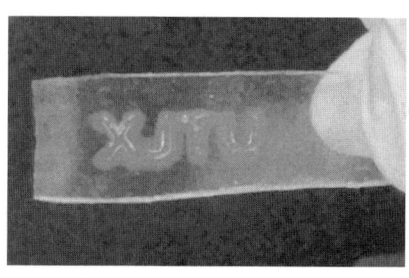

（a）冲击实验过程　　　　　　　　（b）冲击实验后的显示效果

图 5-17　动态显示表面抗冲击性能测试实验

为了进一步表征器件动态显示功能的抗冲击性能，对冲击实验前后图案的反射光谱进行了对比，如图 5-18 所示。结果显示，样品在红、绿、蓝三种颜色下

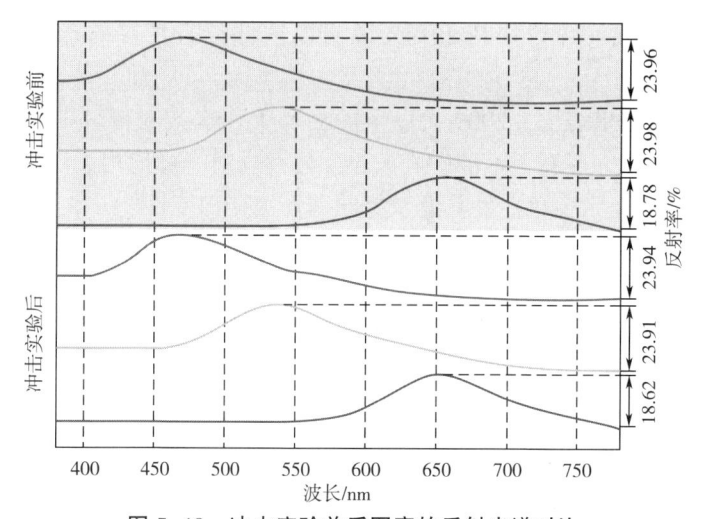

图 5-18　冲击实验前后图案的反射光谱对比

的反射峰波长在冲击实验前后并没有发生变化，而三种颜色的反射率值略有变化但变化很小，仅分别为 0.16%、0.07% 和 0.02%。说明动态显示表面在冲击实验前后的反射光谱没有明显变化。以上结果进一步表明器件的显示表面具有良好的抗冲击性，这为其在工程中的实际应用奠定了基础。

5.6 本章小结

本章首先通过分析现有电致变色器件性能中存在的不足，确定了实现能兼顾柔性好、低驱动电压和大变色范围的电致变色器件的目标。然后在前面章节开发的柔性光子晶体基础上，提出基于形状记忆合金的变形特性，研究开发用于拉伸柔性光子晶体的 U 型驱动器，设计并制备了将 U 型驱动器与柔性光子晶体集成的基于形状记忆合金 SMA 的电致变色器件。接着分析该电致变色器件在电信号作用下的力学特性、电致变形特性、电致变色特性和循环工作稳定性。最后探索了该器件在动态显示方面的应用。得到了如下研究结论：

①基于 SMA 的形状记忆功能设计了一种 U 型电致变色器件。当基于 SMA 的 U 型驱动器两侧臂在电压作用下相离打开时，将拉动柔性光子晶体产生变色。实验结果表明，该器件在 1.0 V 驱动电压下，变色范围可以覆盖整个可见光范围并具有良好的均匀性。

②在 1.0 V 的电压驱动下，SMA 驱动的电致变色器件的波长变化范围 $\Delta\lambda$ 可以达到 180 nm，从而表明颜色变化可以覆盖从红到蓝的整个可见光范围。在 1.0 V 电压作用下器件完成变色所需时间为 52.4 s，并且驱动电压越大其响应时间越短。在器件分别变化到各典型颜色时关闭电源保持 100 s，反射光谱波长变化曲线和位移曲线均可以保持不变，说明该器件具有较好的形状和颜色保持能力。

③循环实验结果表明，2000 次以下的循环工作次数对器件的电致变色性能影响很小，在同样的应变下带隙中心波长变化和反射率峰值均无明显变化，从而表明 SMA 驱动的电致变色器件具有较好的循环工作稳定性。

④SMA 驱动的电致变色器件具有驱动电压低、柔性好、变色范围广、变色区域面积大的特点，并具有良好的抗冲击性能。上述性能为其在动态显示、形状伪装等领域的应用提供了良好的前景。

第6章 捻卷型人工肌肉驱动的电致变色技术研究

本文第5章通过电活性材料形状记忆合金驱动成功实现了柔性光子晶体在可见光范围内的电致变色，研究结果表明基于形状记忆合金的电致变色器件具有驱动电压低、变色范围大、响应时间短、有效变色面积大等优点，为其实际应用奠定了基础。然而，该驱动器中的驱动材料是形状记忆合金 SMA，包裹 SMA 丝的是三个刚性元件，整个驱动件不是柔性驱动件，这在某些需要柔性驱动的应用中就受到一定限制。为此，本章将探索另一种可实现柔性驱动的电活性材料驱动变色技术，即基于捻卷型人工肌肉（twisted and coiled polymer actuators，TCA）的驱动技术，进一步探讨在该电活性材料驱动下的电致变色性能。

本章首先研究 TCA 驱动的电致变色器件的设计和制备工艺；然后分析该电致变色器件在电压作用下的电致变色性能，主要包括 TCA 的变形性能、器件的电致变形性能及变色性能；最后，研究电致变色器件的循环工作稳定性，以验证其实用价值。

6.1 TCA 驱动的电致变色器件设计与制备

正如上一章所述，面向柔性光子晶体电致变色的驱动器应该满足三个基本性能：第一，能够在较低电压作用下产生较大的驱动力；第二，该驱动力能够驱动柔性光子晶体产生至少30%的应变，即使其具有大的变色范围；第三，驱动器具有良好的工作稳定性，在多次驱动中保持良好的驱动性能或寿命。为此，本章设计的 TCA 驱动的电致变色器件就以此为目标开展研究。

6.1.1 TCA 的工作机理及结构设计

TCA 的驱动机理如图 6-1 所示。形成 TCA 的聚合物纤维具有负的热膨胀系数，在高温下纤维在长度方向发生收缩，使原本处于扭转状态下且具有螺旋结构的纤维在截面处产生解旋，而纤维截面处的解螺旋导致整个人工肌肉螺旋线圈产生收缩，长度变短，利用该长度变化可以驱动连接于其端部的结构使其变形。

根据上述原理，欲使 TCA 产生驱动力，必须使其温度升高。为此，对于作为人工肌肉的 TCA 驱动器设计，可以使用电热丝对其进行电加热。因此本文的思路是利用电信号加热电热丝，由电热丝对 TCA 进行加热，使其产生收缩变形。

为了使两种材料具有更大的接触表面以便热量的有效传输，TCA 的结构是由一根电热性能良好的金属线和一根具有负的热膨胀系数的聚合物纤维扭转缠绕而成，其结构如图 6-2 所示。

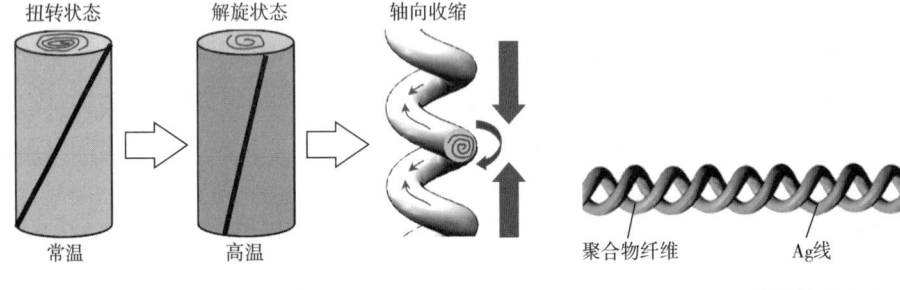

图 6-1 TCA 的驱动机理

图 6-2 TCA 的结构示意图

6.1.2 TCA 的制备工艺

（1）实验材料及设备

根据 TCA 的工作原理以及可用材料的性能，本文选择尼龙 66 作为聚合物纤维，其直径为 0.38 mm，弹性模量为 2.2 GPa，剪切模量为 0.43 GPa；选择 Ag 线作为电热金属线，为了使加热过程尽可能快，此处 Ag 线直径选择 0.08 mm，小于尼龙线直径。另外，选择 Ag 线长度稍长于尼龙 66 纤维，原因是 Ag 线韧性较尼龙 66 差，而稍长的长度可以使 Ag 线在扭转制备过程中不被拉得过紧，从而降低捻卷过程中 Ag 线发生断裂的可能性。本实验中所选取的具体实验原材料及参数如表 6-1 所示。同样，在研究中所使用的相关制备设备以及电致变色器件性能测试仪器与第 3 章中的表 3-3 相同，此处不再赘述。

表 6-1 实验所用材料

名称	规格及型号	
	截面直径/mm	原始长度/mm
Ag 线	0.08	210
Nylon 66	0.38	200

（2）TCA 的制备工艺

TCA 的制备过程如图 6-3 所示。首先，使用步进电机进行两种纤维的扭曲和缠绕，将初始状态下的尼龙 66 纤维一端固定在电机输出轴一端，而纤维的另一端固定在滑块上，将 250 g 的砝码悬挂在滑块上以对纤维施加预紧力。待尼龙 66

纤维拉直且保持稳定后，选择长度稍长于纤维的 Ag 线，将其两端分别与纤维两端一样固定起来并保持纤维与 Ag 线平行。整个捻卷过程可以分为扭曲和缠绕两步。首先，电源接通后纤维和 Ag 线在电机作用下开始产生扭曲，长度方向的缩短使砝码向上移动。当电机转数达到 145 转左右时扭曲过程结束；其次在电机继续工作下纤维和 Ag 线发生缠绕。实验发现，当电机转数达到 220 转左右时可以形成较理想的螺旋结构。固定该螺旋结构并在真空干燥箱中保持 130 ℃ 放置 30 min，以使该结构完成热定形。通过以上步骤所制备得到的 TCA 如图 6-4 所示。

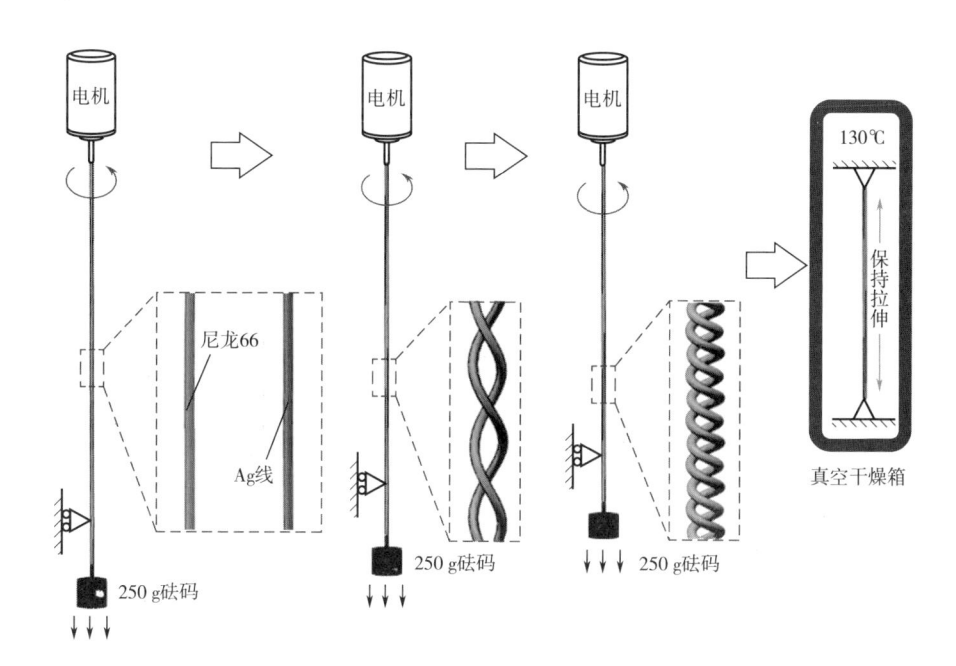

图 6-3 TCA 的制备工艺

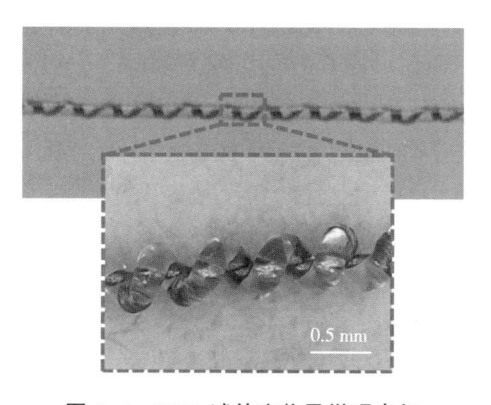

图 6-4 TCA 试件实物及微观表征

表 6-2 是研究中通过多次实验后，归纳总结的制备 TCA 的工艺参数以及获得的 TCA 的基本性能参数。

表 6-2 TCA 制备实验的相关参数

参数	测试结果
扭曲过程完成转数	145 转
缠绕过程完成转数	220 转
热处理温度	130 ℃
热处理时间	30 min
TCA 截面直径	0.82 mm
TCA 长度	75 mm
100 g 负载下最大应变量	20%
TCA 的测量电阻	0.781 Ω/mm

6.1.3　TCA 驱动的电致变色器件的结构设计与制备

上一小节制备了 TCA，本小节将利用它作为柔性驱动器，设计与制备一款集成柔性光子晶体的电致变色器件。

（1）TCA 的电致变形性能试验

如前所述，电致变色器件的变形需通过 TCA 对柔性光子晶体进行拉伸，根据 TCA 的驱动原理可知，TCA 驱动电致变色的基本结构应是将 TCA 与柔性光子晶体串联，通过 TCA 的收缩对柔性光子晶体进行拉伸。

为了确保让柔性光子晶体实现对应可见光全域的变形，就需要保证 TCA 在电信号作用下可以产生足够的拉力和变形。为此，本部分首先对 TCA 在电信号作用下的力学性能进行测试。图 6-5 为分别在 50 mA、60 mA、70 mA、80 mA 的电流下测试得到的 TCA 的变形曲线。

由图可见，当电流从 50 mA 增加到 80 mA 时 TCA 的最大变形量逐渐增大，而它们的整体变形规律相似。通电开始时变形逐渐增大直至达到最大值，在关闭电源后 TCA 的形状将逐渐恢复。在变形上升阶段，TCA 的变形曲线呈阶梯状上升，这是结构的非均匀性导致了螺旋结构解旋过程的非连续性。另外还可以看出，在一个变形周期中，形状恢复的速度明显快于变形速度，这是由于通电加热变形过程中同时存在着散热过程，是加热与散热两者的综合效果。

然后，在 0、20 mA、40 mA、60 mA、80 mA、100 mA、120 mA 电流作用

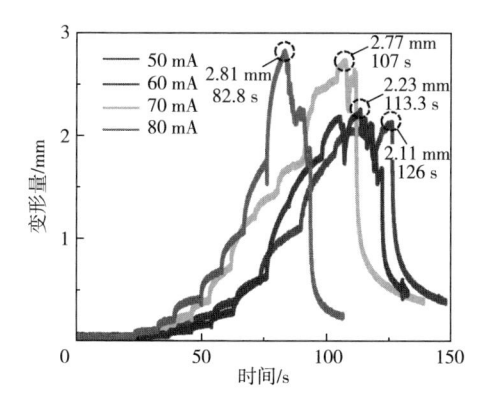

图 6-5 TCA 在不同电流下的变形曲线

下,利用拉力试验机分别对 TCA 拉伸过程中输出的拉伸力随拉伸量的变化关系进行了测试,并将不同电流作用下 TCA 的刚度曲线反映在图 6-6(a)中,将不同电流下 TCA 的刚度值变化反映在图 6-6(b)中。由图可见,该 TCA 的初始结构刚度为 121.3 N/m,在 40 mA 电流下结构刚度减小至 110.9 N/m,在 80 mA 和 120 mA 电流下结构刚度分别增加至 139.6 N/m 和 151.5 N/m。此外还可看出,随着驱动电流的增加,TCA 的结构刚度先减小后增大,产生这种现象的原因是在开始通电时,电加热使 TCA 产生解旋导致结构刚度发生一定程度的降低,而随着电流和热量的增加,TCA 的二次加热刚化导致其结构刚度增大。

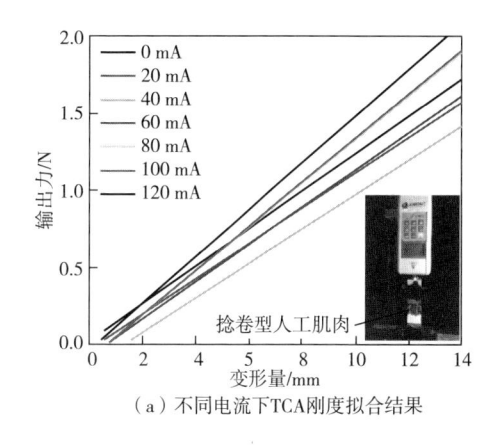

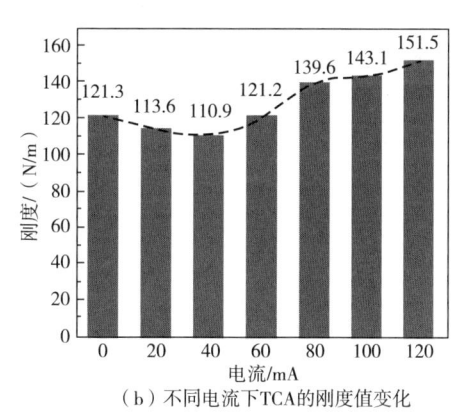

图 6-6 TCA 在不同电流下的刚度变化

(2) TCA 驱动的电致变色器件结构设计

在 TCA 的电致变色器件结构设计中,我们首先需要考察 TCA 与柔性光子晶体的刚性是否匹配,以确保其能够驱动柔性光子晶体变形。由第 3 章的研究可知，本文开发的柔性光子晶体的结构刚度 K 为 187 N/m，而本章研究的 TCA 即使在 120 mA 电流下，结构刚度仅为 151.5 N/m，即柔性光子晶体的结构刚度大于单根 TCA 的刚度。

进一步考察 TCA 在电流作用下的驱动力是否满足柔性光子晶体变形的需求。对于本文所制备的尺寸为 18 mm × 5 mm × 0.3 mm 的柔性光子晶体，其杨氏模量 E 为 3.74 MPa，为了使柔性光子晶体能产生 9 mm 的变形，所需的拉伸力至少为 1.68 N。表 6-3 所示为不同电流下单根 TCA 所产生的最大输出力，可以看出，50 mA、60 mA 时单根 TCA 所产生的最大输出力小于 1 N，不足以拉动柔性光子晶体，70 mA、80 mA 时产生的输出力与所需最小拉伸力相当。

显然，需要至少两根 TCA 同时对柔性光子晶体进行拉伸，才能确保电致变色器件产生较大范围的变形和颜色变化。

表 6-3 单根 TCA 在不同电流下的最大输出力

电流/mA	输出力/N
50	0.63
60	0.97
70	1.15
80	1.39

此外，要保证本文设计的电致变色器件整体上保持良好的柔性，在设计 TCA 与柔性光子晶体的连接形式时应在保证所需功能的同时尽可能采用柔性连接。考虑到传统夹具多为刚性结构，此处我们选用 PET 薄膜将 TCA 驱动器与柔性光子晶体变色材料粘接在一起。

基于以上分析，我们将 TCA 驱动的电致变色器件的结构确定为将柔性光子晶体放置在整个器件的中部并由两根 TCA 肌肉等距并列拉伸，如图 6-7 所示。

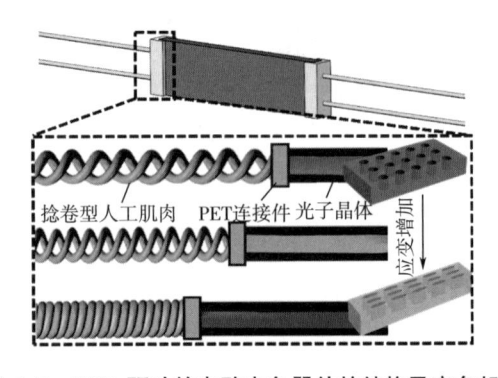

图 6-7 TCA 驱动的电致变色器件的结构及变色机理

在这种结构下,柔性光子晶体两侧的 TCA 在电信号的作用下将产生收缩,同时拉动柔性光子晶体产生晶格常数改变进而变色,从而保证足够的变形量和变色的均匀性。

(3) TCA 驱动的电致变色器件的制备工艺

在 PET 薄膜(ZL6001,昆山梓澜电子材料有限公司)上均匀涂抹适量的硅橡胶粘结剂(Sil-Poxy,Smooth-on,Inc.,美国),将其作为连接件把 TCA 与柔性光子晶体粘接起来。在电热真空干燥箱内加热 15 min 后即可得到 TCA 驱动的电致变色器件,实验样品如图 6-8 所示。对制备的样品通电后,使 TCA 变形收缩导致中间的柔性光子晶体被拉伸,颜色随之发生变化。

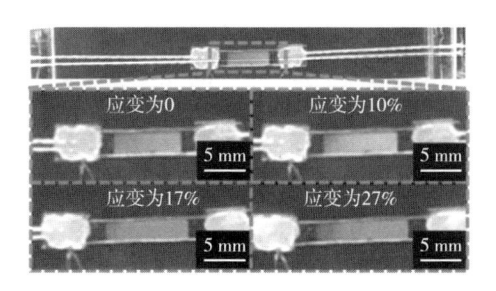

图 6-8 TCA 驱动的电致变色器件样品

6.2 TCA 驱动的电致变色器件的变色性能研究

6.2.1 电致变色器件的电热特性

TCA 是一种电热型驱动器,通电时 Ag 线迅速产生大量的热导致结构温度升高,从而驱动聚合物纤维产生收缩。为此在研究器件变色过程时首先需对其在电信号作用下的温度变化进行研究,即研究电致变色器件的电热特性。

研究中采用红外热像仪(FLIR E6,FLIR Systems,Inc.,美国)对不同电流下电致变色器件的表面温度变化情况进行测试。图 6-9 为在初始状态下及 40 mA、50 mA、60 mA、70 mA、80 mA 电流下器件表面达到最高温度时的红外热像图,图中数字为器件表面的最高温度。中间红色细长区域为测试样件表面,而测试表面之外的部分,左侧为电源所在位置,右侧为背景板,可以看到电源处的温度明显始终高于背景板。测试过程中发现器件的电热响应速度较快,在各电流下器件均可在 20 s 内完成升温。40 mA 电流作用下器件可以升高约 7 ℃;50 mA 电流作用下可升高约 13 ℃;60 mA 电流作用下可升高约 21 ℃;70 mA 电流作用下可升高约 43 ℃;80 mA 电流作用下可升高约 51 ℃。

(a) 0 mA　　　　　　　　　　　　　(b) 40 mA

(c) 50 mA　　　　　　　　　　　　　(d) 60 mA

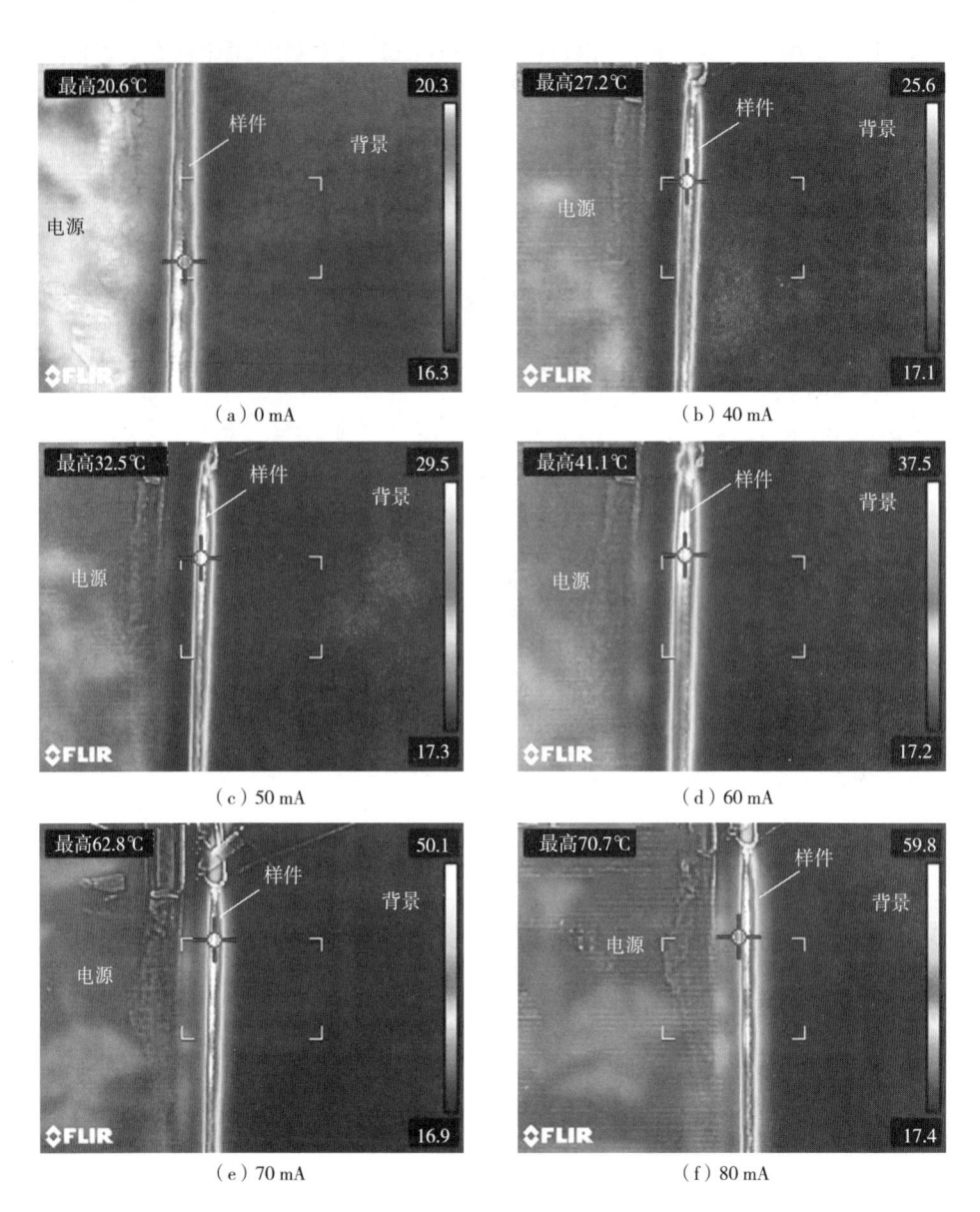

(e) 70 mA　　　　　　　　　　　　　(f) 80 mA

图 6-9　器件在不同电流下达到稳定状态的红外热像图

为了更直观地反映电流作用下器件温度变化规律，每隔 3 s 对器件表面最高温度进行一次测量直至变形结束，测试结果如图 6-10（a）所示。可知，在 40 mA、50 mA、60 mA、70 mA、80 mA 直流电流作用下，TCA 的表面温度在 3 s 内从室温分别升高至 24.6 ℃、26.6 ℃、31.8 ℃、34.5 ℃、39.8 ℃，在变形完成后表面温度最终分别可达到 27.2 ℃、32.5 ℃、41.1 ℃、62.8 ℃、70.7 ℃，如图 6-10（b）所示。总体来讲，随着输入电流的增大，TCA 表面温度和变形过程中的温度变化率都随之升高。

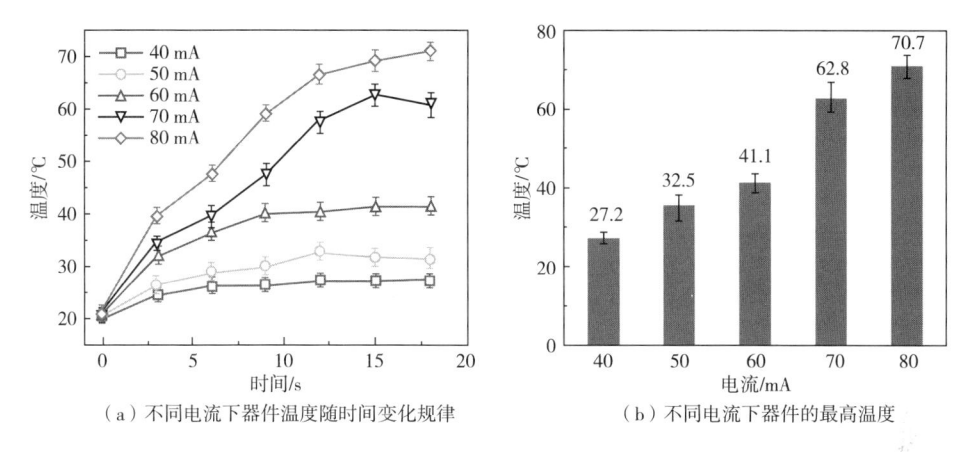

（a）不同电流下器件温度随时间变化规律

（b）不同电流下器件的最高温度

图 6-10　TCA 驱动的电致变色器件在不同电流下的温度变化规律

6.2.2　电致变色器件的电光特性

电光特性是决定电致变色器件表现优劣的重要特性。"电"作为一种方便的能量源，是控制器件颜色变化的输入量；"光"信号在人眼中反映为颜色，是器件与外界交互的输出量。电致变色器件所要实现的核心功能即通过电信号调节光的传播，最终实现颜色的变化。

为了反映电致变色器件的变色性能，首先对电信号作用下 TCA 驱动的电致变色器件的变色过程进行测试，由于数据存在一定的波动，试验先后进行了 12 组测试，平均结果如图 6-11 所示。如图 6-11 所示，当输入电流从 40 mA 逐渐增大到 80 mA 时，电致变色器件的最大变形量和颜色变化范围都随之增大。可见：当变形从 0 逐渐增加到 4.8 mm 时，电致变色器件的光谱发生蓝移，同时峰值下降 5% 左右；当 TCA 发生电致变形时，黄色、绿色、蓝色分别对应于 10%、17%、27% 的应变值。图 6-11（b）反映了器件反射光谱的带隙中心波长变化量 $\Delta\lambda$ 与输入电流间的关系，图中的数据为 12 组测试数据的平均结果。结果显示，输入电流越高，器件的带隙中心波长变化范围越大，对应于 40 mA、50 mA、60 mA、70 mA、80 mA 直流电流下的波长变化范围 $\Delta\lambda$ 分别为 56 nm、78 nm、116 nm、133 nm、165 nm，这表明当输入电流达到 80 mA 时，器件颜色变化可以覆盖从红到蓝的整个可见光范围。结果表明：在 TCA 驱动下的电致变色器件具有从红到蓝的较大范围的变色能力。

在实际应用中，电致变色器件可以用于显示、传感等用途，无非就是电、

(a) 电致变色过程反射谱的变化

(b) 不同电流作用下的波长变化范围

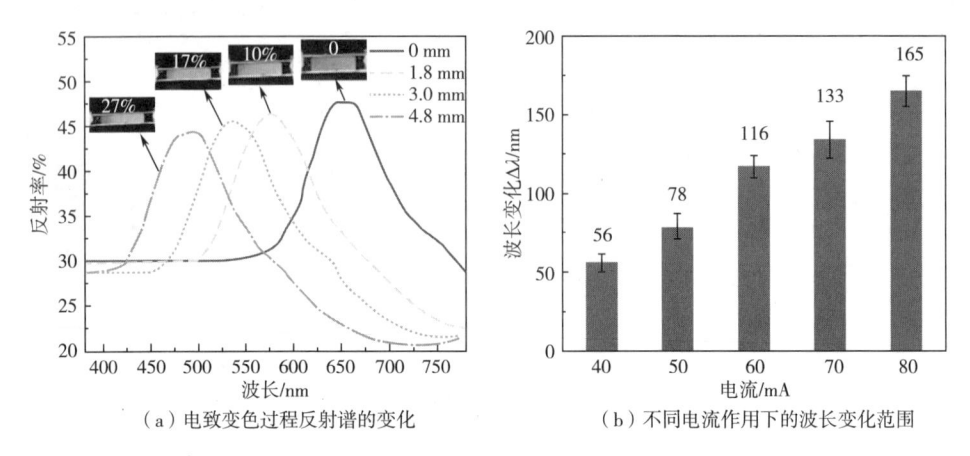

图 6-11 TCA 驱动的电致变色器件在电信号下的变色规律

力、光三类参数中任意两种之间的相互转换。因此此处进一步分析 TCA 驱动的电致变色器件变色过程中电流、应变、颜色三者之间的关系。图 6-12 为样品分别在 20 mA、40 mA、60 mA、80 mA、100 mA 电流下产生的最大应变量及相应的颜色变化情况。从图中可以得出，当电流达到 60 mA 以上时器件可产生显著的颜色变化。60 mA 直流电流作用下器件最大应变可达到 13.2%，颜色从红色变为黄色；70 mA 直流电流作用下器件最大应变可达到 20.9%，颜色可从红色经由黄色最后变为绿色；80 mA 直流电流作用下器件最大应变可达到 33.3%，颜色可从红色经由黄色和绿色最后变为蓝色。

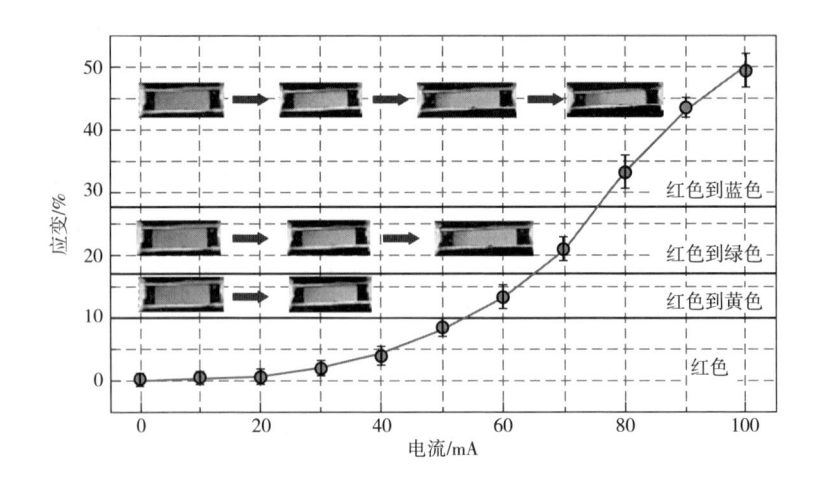

图 6-12 器件变色过程中电流、应变、颜色三者之间的关系

6.2.3 电致变色器件的响应时间

如前所述，响应时间也是电致变色器件的一项重要的技术指标，它在某些要求实时显示信息的应用场合是首先需要考虑的因素。因此我们对 TCA 驱动的电致变色器件在不同直流电流作用下的变形响应时间和完成全域变色所需时间进行了测试，结果如图 6-13 所示。

（a）不同电流下的变形起始时间

（b）不同电流作用下的变色完成时间

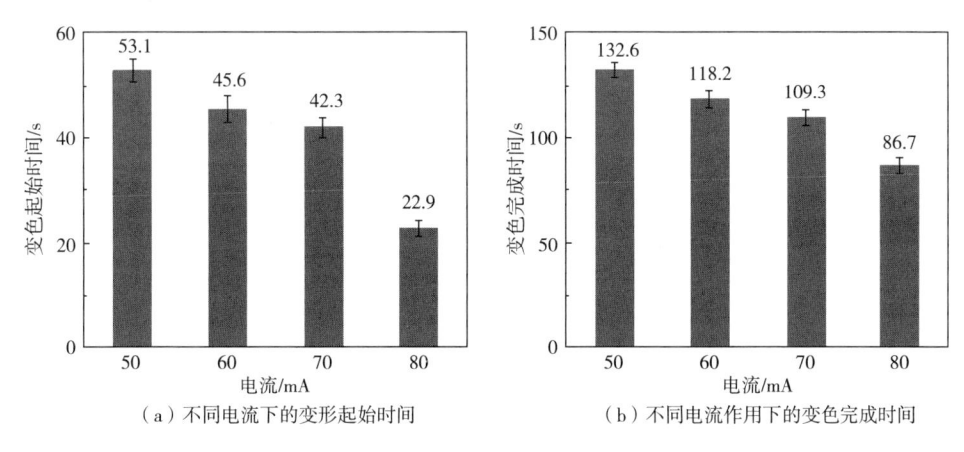

图 6-13　TCA 驱动的电致变色器件的响应时间

图 6-13（a）为器件变形起始时间与电流之间的关系，可见，50 mA 电流下器件可产生明显变形，但起始时间需 53.1 s，而正常工作电流 80 mA 下器件变形起始时间为 22.9 s。图 6-13（b）为器件变色完成时间与电流之间的关系，可见，50 mA 电流下器件完成变色所需时间为 132.6 s，且不能产生明显变色；而 80 mA 工作电流下器件完成变形所需时间为 86.7 s，且可产生从红到蓝的全域变色。

因此，在输入电流从 50 mA 到 80 mA 变化时，电致变色器件的响应时间随着输入电流的增大而缩短。在实验规定的工作电流 80 mA 下，电致变色器件可以在 90 s 内完成变色，表明该器件具有较快的电致变色响应速度。

6.3　电致变色器件的循环工作稳定性研究

为了研究电致变色器件的实际应用价值，本节考察 TCA 驱动的电致变色器件的循环工作稳定性。TCA 的结构是由两种纤维扭曲缠绕而成，两种纤维必须充分接触且形成稳定结构才能具有良好且稳定的变形能力，这是 TCA 驱动的电致变色器件具有稳定工作性能的前提。

为了考察 TCA 驱动的电致变色器件的循环工作能力，我们对其进行了 200 次循环实验，并对循环工作前后器件的电致变色性能进行测试。进行循环实验时输入一幅值为 80 mA、占空比为 23%的电流信号，200 s 为一个周期，如图 6-14 所示。可以看到在方波电流的循环作用下，器件的变形量也发生近似周期性的变化，当 80 mA 电流连续作用 80 s 时器件变形达到最大，随后在 120 s 的无电流状态下器件形状逐渐恢复到剩余 0.07%残余变形的状态，由于该残余变形比较小，对电致变色几乎无影响。

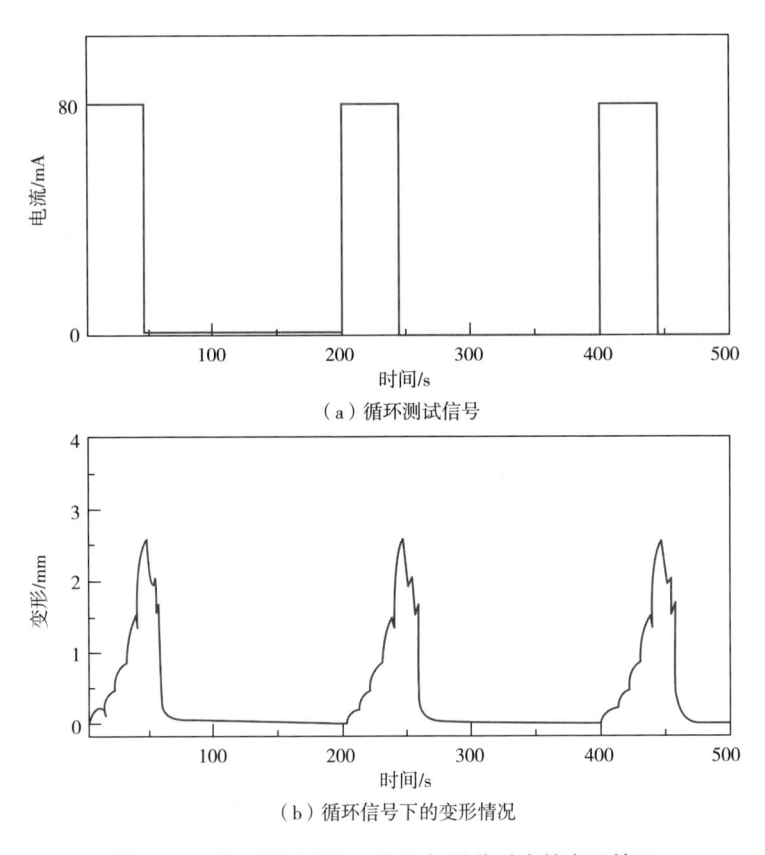

(a) 循环测试信号

(b) 循环信号下的变形情况

图 6-14　循环测试的输入信号与器件对应的变形情况

在循环实验中，对 TCA 驱动的电致变色器件在 10 次、50 次、100 次、200 次循环工作前后的反射光谱进行了测试，分析了器件的颜色变化范围和反射率变化，以进一步表征 TCA 的循环稳定性性能。试验中分别测试了原始状态、拉伸率 17%、拉伸率 27%三种状态下的反射光谱，每种状态下共测试三组数据，得到在循环实验前后每种拉伸状态下的波长变化值 Δλ 和反射率值结果，如表 6-4 所示。

表 6-4　TCA 驱动的电致变色器件的变色范围和反射率的循环实验结果

测试量	拉伸率	组别	循环次数				
			0	10	50	100	200
波长变化 $\Delta\lambda$/nm	17%	1	99	98	103	101	94
		2	94	92	94	96	94
		3	101	98	100	100	103
	27%	1	158	163	161	159	171
		2	162	168	166	167	165
		3	160	170	162	175	175
反射率/%	17%	1	47.6	47.2	47.9	46.4	43.8
		2	42.7	42.5	43.8	42.7	42.3
		3	46.2	46.8	46.1	44.8	45
	27%	1	47.5	46.5	46.6	45.9	46.1
		2	45.3	44.7	43.9	43.7	44.6
		3	43.2	41.5	42.7	41.8	43.2

为了直观表达变化趋势,将测试数据绘制成图 6-15 及图 6-16。图 6-15 表明,经过 10 个、50 个、100 个和 200 个周期的循环工作,在 17% 和 27% 应变下电致变色器件反射光谱的波长变化值 $\Delta\lambda$ 是相对稳定的,肉眼观测到的颜色变化情况亦相对稳定。图 6-16 表明,经过 10 个、50 个、100 个和 200 个周期的循环工作,在 17% 和 27% 应变下电致变色器件反射光谱的反射率峰值也基本保持不变。

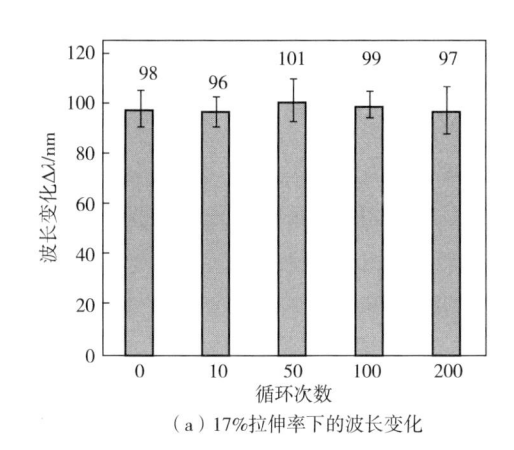

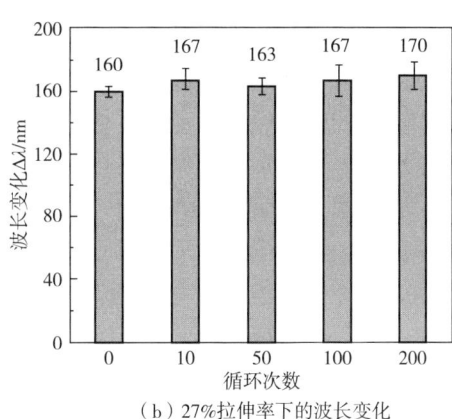

（a）17%拉伸率下的波长变化　　（b）27%拉伸率下的波长变化

图 6-15　不同循环次数下电致变色器件的波长变化

（a）17%拉伸率下的反射率峰值

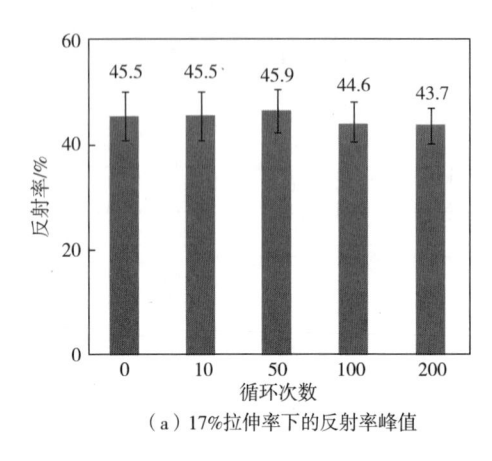

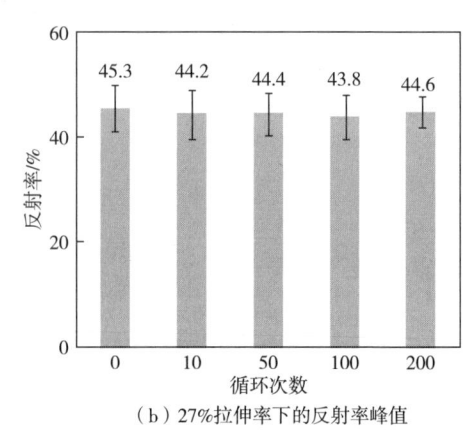

（b）27%拉伸率下的反射率峰值

图 6-16　不同循环次数下电致变色器件的反射率峰值

循环实验结果表明，200 次以下的循环工作次数对器件的电致变色性能影响很小，在同样的应变下带隙中心波长变化和反射率峰值均无明显变化。表明 TCA 驱动的电致变色器件具有较好的循环工作稳定性。实际实验中发现，当器件的循环工作次数达到 170 次以上时，其工作失效概率明显增大，主要表现为电热材料 Ag 线有时会出现断裂，从而导致 TCA 的变形能力显著下降。因此，TCA 驱动的电致变色器件的额定工作循环周期可视实际工况规定为 150~200 次。

6.4　本章小结

为了实现真正意义上的柔性电致变色，本章对捻卷型人工肌肉（twisted and coiled polymer actuators，TCA）驱动的电致变色技术进行了研究。首先给出了 TCA 的驱动机理，在此基础上研究了 TCA 驱动的电致变色器件的设计和制备工艺。然后分析该电致变色器件在电压作用下的电致变色性能，包括 TCA 的变形性能、器件的电致变形性能及变色性能。最后，研究了电致变色器件的循环工作稳定性。得到以下主要结论：

①根据 TCA 的驱动机理，本文提出了一种 TCA 驱动的电致变色器件构型设计，即将柔性光子晶体放置在电致变色器件中部并由两根 TCA 等距并列拉伸的结构。当柔性光子晶体两侧的 TCA 在电信号作用下产生收缩时，将会拉动柔性光子晶体产生变色。

②在 80 mA 的工作电流下，TCA 驱动的电致变色器件的波长变化范围 $\Delta\lambda$ 可以达到 165 nm，说明颜色变化几乎可以覆盖从红到蓝的整个可见光范围。同时，在 80 mA 电流下器件中 TCA 的最高表面温度在 3 s 内可升至 39.8 ℃，变色完成

后的最高表面温度约 70.7 ℃。在该电流下，变色过程可以在 90 s 内完成，表明具有较快的电致变色响应速度。

③循环工作实验结果表明，200 次以下的循环工作次数对器件的电致变色性能影响很小，在同样的应变下带隙中心波长变化和反射率峰值均无明显变化。表明 TCA 驱动的电致变色器件具有较好的循环工作稳定性。实际使用中 TCA 驱动的电致变色器件的额定工作循环周期可视实际工况规定为 150~200 次。

④比较上一章研究的 SMA 驱动模式与本章研究的 TCA 驱动模式可知，虽然前者比后者具有较好的电致变色性能，后者比前者具有较好的柔性，但两者的共同点均为电—热—力驱动，即将电能首先转换为热能，然后再由热能转换为机械力，由于中间均存在的热能形式，虽然 SMA 达到可见光全域变色只需要 52.4 s，TCA 需要 90 s，但总体来讲，驱动速度不够快，这对于一些需要快速动态显示的应用领域受到很大的限制，因此，探索能够快速响应的新的柔性驱动模式非常有必要，后续将围绕它开展进一步研究。

第 7 章　纯剪切型 DE 驱动的电致变色技术研究

为了实现柔性驱动，上一章开发了 TCA 驱动的电致变色器件，发现其存在的较大问题是响应时间较长，为此，本章试图研究响应时间快的柔性驱动电致变色器件。

众所周知，介电弹性体（dielectric elastomer，DE）是柔性驱动器的典型代表，它在电场作用下可以产生较大的面内伸展变形。它是直接将电能转换为机械能的驱动器，因而响应速度很快，且具有柔性好、能量密度高、结构紧凑、激励简单等优点，因而已有大量学者研究将其应用于柔性驱动器、能量回收、水中机器人等诸多领域。为此本章提出一种新型 DE 驱动器用于电致变色器件。

本章首先分析现有 DE 驱动的电致变色器件性能的优势和不足；然后提出一种纯剪切型 DE 驱动的电致变色器件的设计并研究其制备工艺；接着分析该器件在电压作用下的电致变色性能，主要包括其力学性能和电致变形性能、器件的电致变形性能和变色性能等；最后对器件在变形机翼驱动蒙皮中的应用进行研究。

7.1　现有 DE 驱动的电致变色器件性能分析

如前所述，柔性电致变色器件的驱动电压、变色范围、响应速度、柔性等都是其非常关键的性能指标。由于 DE 具有柔性好、响应速度快、激励简单等突出优势，已有研究者探索了 DE 驱动的电致变色器件，主要研究结果的性能参数见表 7-1。可见，基于 DE 的驱动电压均在 1~10 kV，变色范围以 Yin 等获得的 225 nm 为最大，可以覆盖整个可见光范围。然而现有的 DE 驱动的电致变色器件都是环状结构，即在器件的外围有一圈刚性圆环，它限制了器件整体对外的应变输出，即不具备对外输出应变的能力。造成上述问题的原因是，现有 DE 材料驱动的电致变色器件均采用了 DE 驱动器的经典结构，此类封闭式框架在 DE 研究中被广泛采用。

表 7-1　典型 DE 驱动电致变色研究中的主要参数对比

波长变化范围 $\Delta\lambda$/nm	应变输出/%	驱动电压/kV
~225	0	9
~130	0	4

续表

波长变化范围 Δλ/nm	应变输出/%	驱动电压/kV
~60	0	10
~150	0	3

这种器件只能应用于通过颜色变化进行信息的显示，而当面对具有应变输出要求或应用于类似 3.5 节的应变传感时就难以胜任。在某些特殊领域中，需要变色器件整体结构不仅能够产生颜色变化，而且能够随外部环境的不同而相应改变形状，即要求器件应具有一定的对外输出变形或应变的能力。例如：如图 7-1 所示，如果将变色器件作为变形机翼的驱动蒙皮时，我们希望通过器件对外输出的伸缩变形引起机翼的整体变形，这时就要求器件必须具有应变输出能力，与此同时，还需要通过其颜色变化观察其应变大小。为此，很有必要探索开发能兼顾柔性好、大变色范围和一定应变输出能力的 DE 驱动的电致变色器件，从而拓宽此类器件和技术的应用范围。

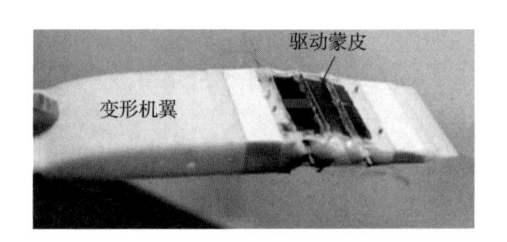

图 7-1 变形机翼驱动蒙皮对应变输出能力的需求

7.2 纯剪切型 DE 驱动器的工作机理

为了弥补封闭式 DE 电致变色器件无法满足对外存在应力输出的不足，本节首先分析 DE 驱动器的变形模式，在此基础上提出利用 DE 驱动器的纯剪切变形模式构成电致变色器件的驱动器，以满足柔性电致变色领域要求器件具有一定的对外输出变形或应变能力的需求。

DE 驱动器由两层柔性电极及夹在其中的柔性介电层组成，当在厚度方向上施加电压时，两电极之间产生的电场力会导致柔性介电层（如 VHB）在厚度方向上减薄，相应的在其面内会产生扩展，如果将这种减薄变形或扩展变形转化为与其相连构件的变形，形成了 DE 对其他构件的驱动，这就是 DE 驱动器的工作原理，如图 7-2（a）所示。

DE 驱动器的变形形式分为面内等双轴变形和单轴纯剪切变形，面内等双轴拉伸是指面内两个方向同时施加相同大小的力，使其产生双轴变形，单轴纯剪切变形是指仅在薄膜材料平面内一个方向施加力，而在另一方向施加边界约束使其变形受到限制，此时的变形模式为纯剪切。

(a) DE驱动器的工作原理　　(b) 圆形DE驱动器

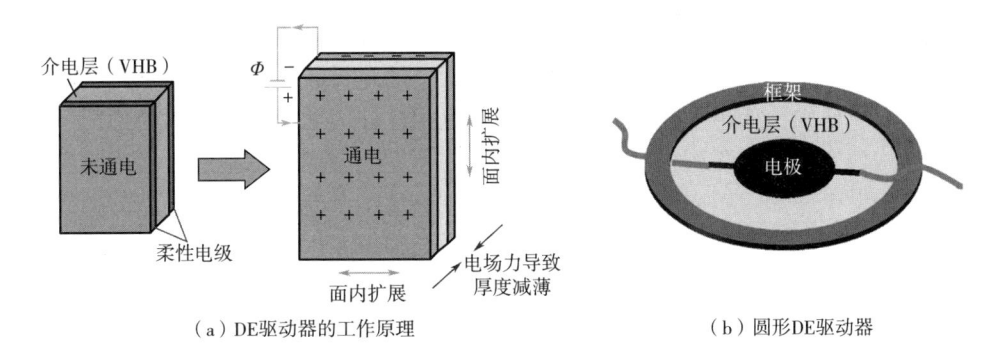

图 7-2　DE 驱动器工作原理及其常见结构

DE 驱动器实现有效变形的前提是其柔性介电层必须进行预拉伸，而面内等双轴变形的 DE 驱动器保持介电层预拉伸效果的方式常采用外部圆形框架固定，如图 7-2（b）所示，这种面内等双轴变形在柔性驱动器中使用最为广泛，因此是一种经典驱动器。

纯剪切型 DE 驱动器的结构和变形模式如图 7-3 所示。不同于面内等双轴变形 DE 驱动器的圆形框架，纯剪切型 DE 驱动器的框架为上下两条直线型框架，主要约束框架长度方向上 DE 材料的预拉伸。当向两侧电极施加电压时，在电场力的作用下柔性介电层将被挤压，不同于面内等双轴变形 DE 驱动器的面内均匀扩展，纯剪切型 DE 驱动器将在垂直于框架方向上输出较大的单向拉伸应变，即在电压作用下纯剪切型 DE 驱动器可以在施加电场力情况下输出单方向的拉伸应变。由于这种变形模式不是封闭式结构，可以对外输出变形或应变，因此本章将利用纯剪切型 DE 作为驱动研究实现电致变色技术。

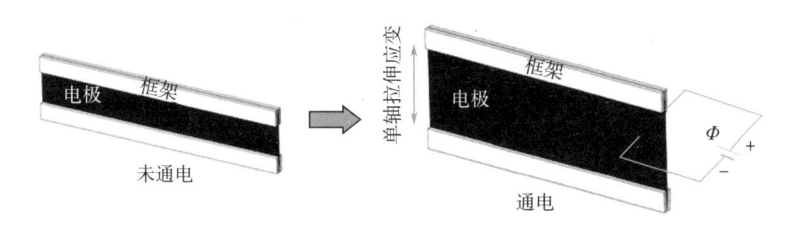

图 7-3　纯剪切型 DE 驱动器的结构与变形模式

7.3 纯剪切型 DE 驱动的电致变色器件的结构设计与制备

7.3.1 电致变色器件的结构设计

众所周知，人类社会大量的结构设计源于自然界生命体的启发，如图 7-4 所示。在自然界中，变色龙是典型的具有变色能力的避役科生物。不同于传统的色素细胞变色认知，变色龙皮肤的变色实际上是由皮肤表面的纳米晶体受到调节产生的结构色变化。当受到外界因素刺激时，变色龙的载黑素细胞层会通过肌肉收缩驱动而发生变形，引起内含光子晶体的虹细胞层产生变形，使光子晶体的间距和直径发生变化，最终导致了结构颜色变化，即变色龙皮肤的颜色变化对应于肌肉的变形。

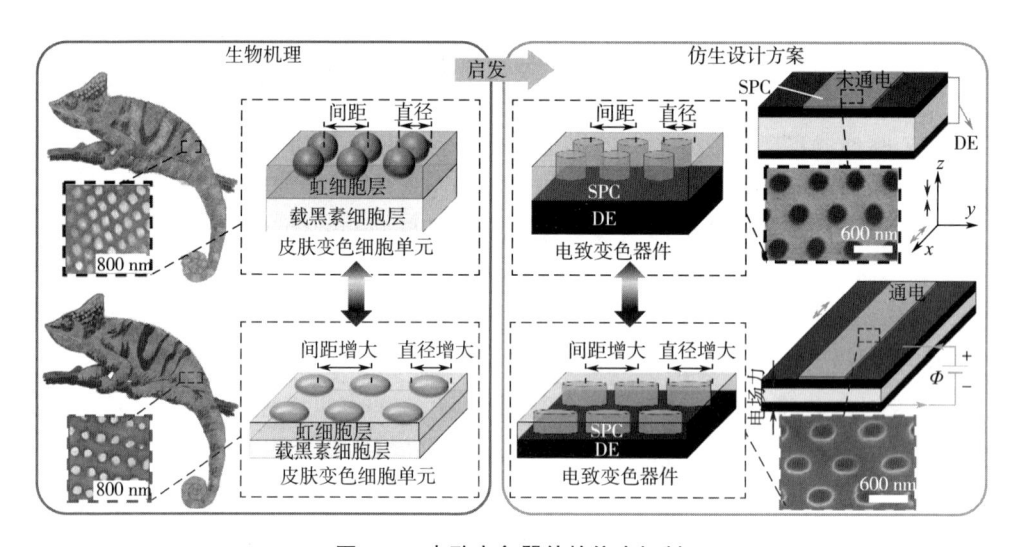

图 7-4 电致变色器件的仿生机制

受生物组织中驱动和变色功能一体化结构的启发，本章电致变色器件的设计方案将采用把 DE 驱动器与柔性光子晶体像变色龙载黑素细胞层和虹细胞层一样紧密贴合的一体化集成方案，即将柔性光子晶体贴合在 DE 驱动器的表面，使两者可以一同变形。当给纯剪切型 DE 驱动器表面电极施加电压时，在电场力的作用下驱动器将在 DE 膜厚度方向产生压缩，同时在垂直于框架长度方向产生拉伸变形，由于柔性光子晶体随 DE 驱动器一起变形，柔性光子晶体间距和直径等主要参数产生变化，从而引起结构色变化。

基于以上分析，纯剪切型 DE 驱动的电致变色器件的结构确定为如图 7-5 所示的方案，图中将柔性光子晶体用缩写字母 SPC 表示。在这种结构下，纯剪切型 DE 驱动器在电压作用下将产生单向拉伸变形，拉动柔性光子晶体产生变色，此时 DE 驱动器与柔性光子晶体的应变是一致的。

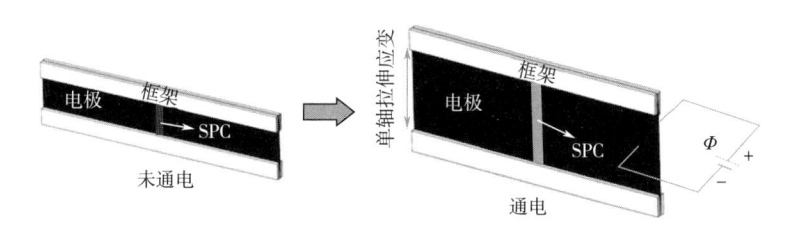

图 7-5　纯剪切型 DE 驱动的电致变色器件设计方案

7.3.2　纯剪切型 DE 驱动的电致变色器件的制备工艺

（1）实验材料及设备

材料：通过分析比较后，本文采用硅橡胶粘结剂（Sil-Poxy，Smooth-on, Inc., 美国）粘结介质连接框架、光子晶体与 DE 驱动器，采用亚克力薄板材（厚度 1 mm，PMMA）作为驱动器框架材料，选用 VHB 聚丙烯酸酯（VHB 4910，3M，美国）作为 DE 驱动材料，选用导电硅橡胶（Elastosil LR 3162，Wacker，德国）作为 DE 驱动器电极。

仪器设备：试验中使用函数信号发生器（DG4062，RIGOL，美国）和高压电源放大器（610E，TREK，美国）为 DE 驱动器提供信号输入；其他设备与前面章节相同。

（2）具体制备过程

电致变色器件的详细制备过程如图 7-6 所示。

第一步：将厚度为 1 mm 的 VHB 聚丙烯酸酯薄膜等双轴预拉伸 4 倍并用铝合金框架固定。

第二步：在预拉伸薄膜表面喷涂配制好的导电硅橡胶电极，并略微烘干。

第三步：将用第 3 章工艺制备的柔性光子晶体粘贴在薄膜上。

第四步：将厚度为 1 mm 的 PMMA 板材切割成面积为 300 mm × 20 mm 的长方形板材，在其表面涂抹硅橡胶粘结剂后沿图中 x 方向按压在柔性光子晶体和 VHB 薄膜上。

第五步：去掉外围多余的 VHB 薄膜，得到纯剪切型 DE 驱动的电致变色器件。

上述步骤制得的样品如图 7-7 所示，其中红色部分为柔性光子晶体（20 mm × 5 mm），上下两端被 PMMA 框架夹紧，中间黑色区域为导电硅橡胶电

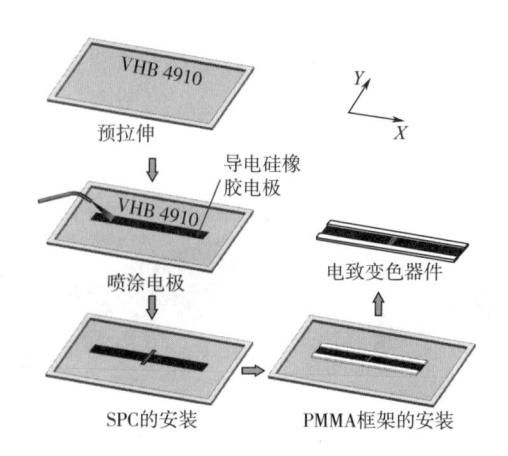

图 7-6　纯剪切型 DE 驱动的电致变色器件的制备工艺

极，电极通过导电铜胶带与供电装置相连，被电极涂覆的部分是 VHB 聚丙烯酸酯薄膜。器件上下两端被夹具夹紧，便于安装和测试。

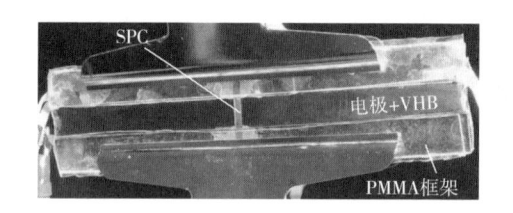

图 7-7　纯剪切型 DE 驱动的电致变色器件样品

（3）叠层结构的选择

上述工艺过程为该器件的一般制备流程。在实际使用时，为了使 DE 驱动器有足够的驱动力驱动柔性光子晶体，还需使 DE 驱动器的刚度与柔性光子晶体相匹配，由于柔性光子晶体的刚度已经确定，DE 驱动器的刚度可以通过改变 VHB 薄膜的层数对驱动器的结构刚度或等效模量进行调节。

为了使 DE 驱动器的等效模量与柔性光子晶体的模量相匹配，本小节选择了如图 7-8 所示的两种纯剪切型 DE 驱动器结构进行测试，以确定驱动器的叠层结构形式。图 7-8（a）为双层 VHB 材料的 DE 驱动器，是由三层电极和两层 VHB 4910 组成的驱动结构，即在两层 VHB 4910 薄膜之间叠加一层电极材料，相当于将两个 DE 驱动器并联起来，可增强驱动力和结构刚度。图 7-8（b）为单层 VHB 材料的 DE 驱动器，该结构使用了常规的两层电极夹一层 VHB 4910 薄膜的三明治结构。

为了确定电致变色器件中纯剪切型 DE 驱动器的结构方案，对上述两种结构（尚未集成柔性光子晶体）的 DE 驱动器的力学性能进行了测试。使用拉力试验

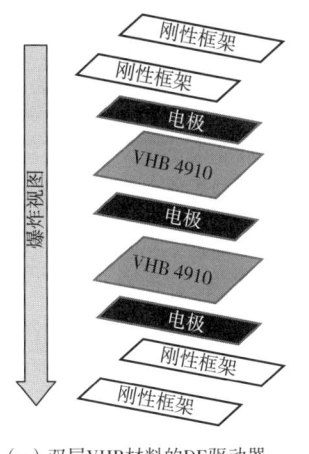

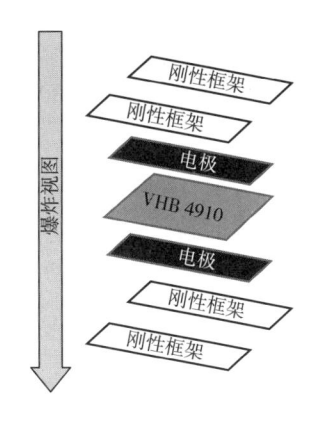

（a）双层VHB材料的DE驱动器　　（b）单层VHB材料的DE驱动器

图 7-8　两种叠层结构的纯剪切式 DE 驱动器结构

机测试了两种驱动器的结构刚度和应力应变曲线，如图 7-9 所示。由结果计算可得，双层 VHB 材料的 DE 驱动器的结构刚度和等效模量分别为 1750 N/m 和 23.26 MPa，单层 VHB 材料时结构刚度和等效模量分别为 347 N/m 和 4.65 MPa。由第 4 章的表 4-1 可知，柔性光子晶体的杨氏模量为 1.8~4.6 MPa，这一数值与单层 VHB 材料 DE 驱动器的等效模量非常接近。如果制成电致变色器件，柔性光子晶体作为一种附加器件作用其上，结构刚度和等效模量必然会增大，从而会对单层 VHB 材料 DE 驱动器在相同电压作用下的应变输出产生较大影响，使其难以产生有效变形。显然，只有当 DE 驱动器的等效模量远大于被驱动的柔性光子晶体时，才能产生足够驱动力驱动柔性光子晶体变形。为此，本文选择等效模量较大的双层结构为电致变色器件中纯剪切型 DE 驱动器的结构方案。

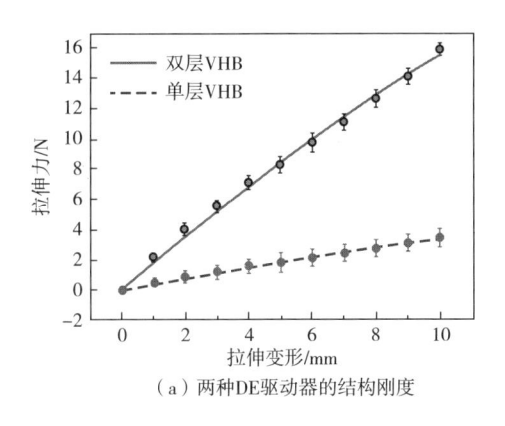

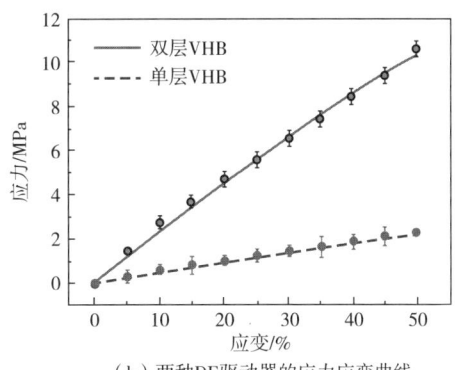

（a）两种DE驱动器的结构刚度　　（b）两种DE驱动器的应力应变曲线

图 7-9　两种 DE 驱动器结构的力学性能对比

如前所述，电致变色器件的变色过程是柔性光子晶体随驱动器变形而产生变色的过程。因此，需测试驱动器在电压作用下的位移和应变输出情况以验证所选方案的可行性。图 7-10 为双层结构纯剪切型 DE 驱动器输出位移随驱动电压的变化规律。可见，当电压从 0 逐渐增大到 6500 V（每次增量 ΔU = 500 V）时，驱动器在 3500 V 时开始产生明显输出位移，随后随着电压的升高输出位移逐渐增大，到 6500 V 时输出位移达到 9.5 mm，之后驱动器发生了电击穿破坏，说明变形过程的有效电压范围为 3500~6500 V。测试过程采集的实时位移输出曲线如图 7-10（a）所示，输出位移随电压变化关系如图 7-10（b）所示。可见，电压从 3500 V 增加到 6500 V 时，输出位移从 0.4 mm 逐渐增大到 9.5 mm，最大应变达到 50%。虽然与柔性光子晶体集成后结构刚度和等效模量增大会导致应变量产生一定减小，但由于所选驱动器的等效模量是柔性光子晶体的 6 倍以上，因此集成柔性光子晶体对其电致变形性能不会产生太大影响。

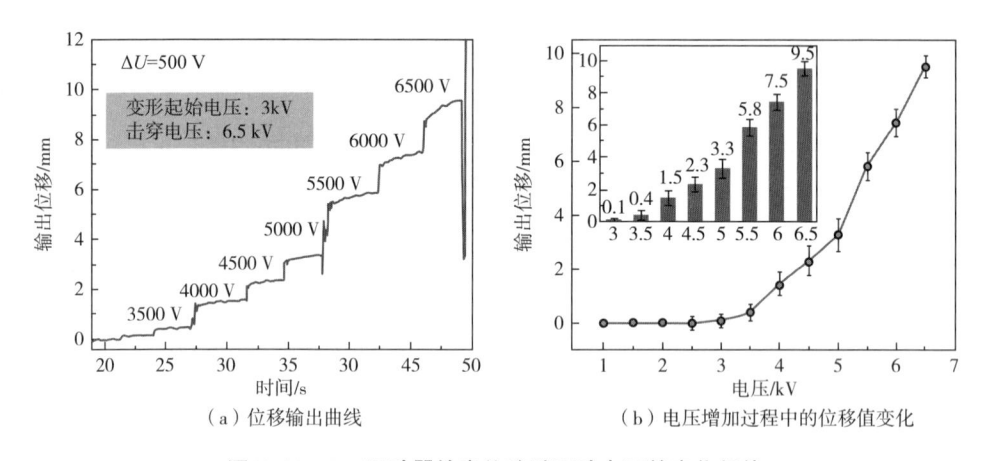

图 7-10　DE 驱动器输出位移随驱动电压的变化规律

7.4　纯剪切型 DE 驱动的电致变色器件的变色性能研究

上一节给出了纯剪切型 DE 驱动的电致变色器件的结构设计及制备工艺，本节主要研究该器件的电致变色性能。

7.4.1　电致变色器件的力电特性

纯剪切型 DE 驱动的电致变色器件是通过电致变形进而拉伸柔性光子晶体产生变色的，其中输出位移是电信号与结构色之间的中间变量。在电压作用下电致变色器件的输出位移决定了柔性光子晶体的变色范围，输出对电压的响应时间决定了器件变色响应的快慢。可以说器件的力电特性从侧面反映了电致变色器件的变色能力，为此本小节对纯剪切型 DE 驱动的电致变色器件在电压作用下的位移和应变输出相关特性进行研究。

为了分析器件输出位移及对电压的响应特性，在变化的电压（从 0 增加到 6500 V，每次增加量 ΔU = 500 V）下测试了电致变色器件的位移输出规律，如图 7-11 所示，图 7-11（a）是测试过程采集的实时位移输出曲线，图 7-11（b）所示为局部细化图。由图（a）可见，该电致变色器件在 3500 V 时开始产生明显输出位移，随后随着电压的升高输出位移逐渐增大，到 6500 V 时输出位移达到 5.9 mm，随后驱动器发生了击穿破坏。由细化图（b）可以看出，当电压瞬间增大 500 V 时，器件可以在少于 95 ms 的时间内完成主要变形，在 450 ms 时间内进入稳定状态。说明纯剪切型 DE 驱动的电致变色器件对电压变化的响应滞后很短，具有较快的响应速度。

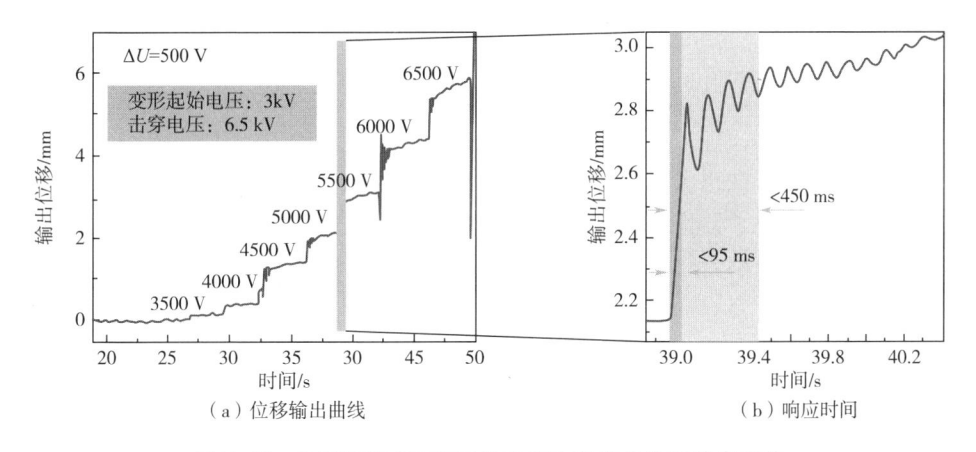

（a）位移输出曲线

（b）响应时间

图 7-11　纯剪切型 DE 驱动的电致变色器件位移输出规律

为了建立电致变色器件变色与变形之间的关系，对器件在电压作用下的应变输出性能进行表征，结果如图 7-12 所示，图中的数据为 12 组测试数据的平均结果。图 7-12（a）为应变输出随电压变化的情况，图 7-12（b）是每个电压所对应的应变值。由图中可以看出，产生应变的有效电压范围为 3500~6500 V，在此范围内应变从 0 逐渐增大到 30%。结果显示，相对于未粘贴柔性光子晶体时的纯剪切型 DE 驱动器，电致变色器件的应变量下降了 40%，说明 DE 驱动器与柔性光子晶体集成后，柔性光子晶体对 DE 驱动器变形性能产生了一定的影响。即由于集成了柔性光子晶体后整体结构刚度和等效模量会增大，在相同电压作用下产生的应变量会有一定程度的减小。需要说明的是，由第 3 章的研究结果可知，30% 的应变可以使柔性光子晶体产生覆盖整个可见光范围的结构色变化，因此虽然总体应变量减小了，但现有的 30% 应变量已能够满足电致变色器件变色功能的要求。

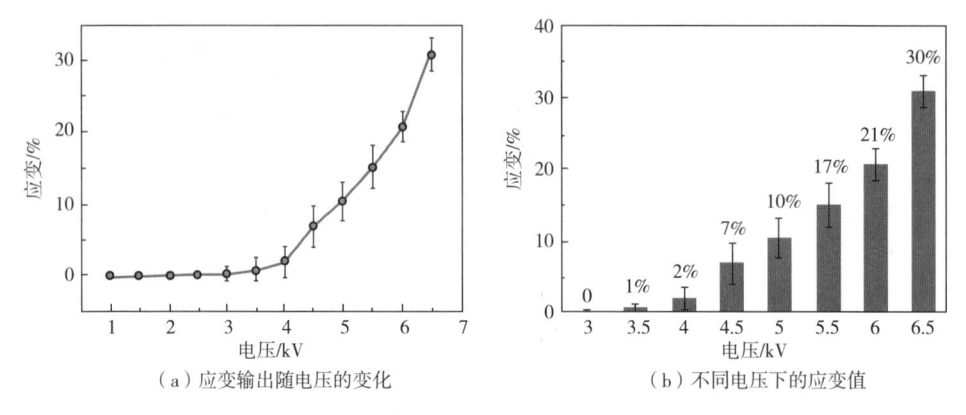

(a) 应变输出随电压的变化

(b) 不同电压下的应变值

图 7-12　纯剪切型 DE 驱动的电致变色器件应变输出规律

7.4.2　电致变色器件的电光特性

本章中电光特性指电致变色器件的输入电压与输出的颜色信号之间的关系，电光特性直接体现了器件在颜色显示和变化方面的能力。掌握电致变色器件的力电特性之后，可以结合第 3 章中研究柔性光子晶体力光特性所得的结果，对器件的电光特性进行研究。

为了正确反映电致变色器件的变色性能，首先对电压作用下纯剪切型 DE 驱动的电致变色器件的变色过程进行了测试，结果如图 7-13 所示。可见，在初始状态下，面积为 20 mm × 5 mm 的柔性光子晶体初始颜色为红色（中心区域 RGB 值为：190, 88, 34）；当器件在电压作用下竖直方向的应变达到 10% 时，柔性光子晶体颜色变为黄色（中心区域 RGB 值为：147, 136, 0）；当应变达到 17% 时，柔性光子晶体颜色变为绿色（中心区域 RGB 值为：73, 142, 0）；当应变达到 30% 时，柔性光子晶体颜色变为蓝色（中心区域 RGB 值为：10, 143, 190）。在蓝色状态下，驱动电压达到 6.5 kV，可以看到此时 DE 驱动器表面已明显出现了褶皱现象，电压继续增大将可能导致电击穿破坏。可以看到，在器件发生电击穿破坏前，已经发生了明显的从红色逐渐变化到蓝色的大范围结构色变化。

为了反映纯剪切型 DE 驱动的电致变色器件在电压作用下的变色规律，对电致变色过程的光谱变化及波长变化范围进行了测试，结果如图 7-14 所示，其中图 7-14（a）反映了器件电致变色过程中反射谱的变化。可见，当电致变形从 0 逐渐增加到 6.2 mm 时，器件的光谱发生蓝移，同时峰值下降约 3.2%。器件的

第 7 章 纯剪切型 DE 驱动的电致变色技术研究

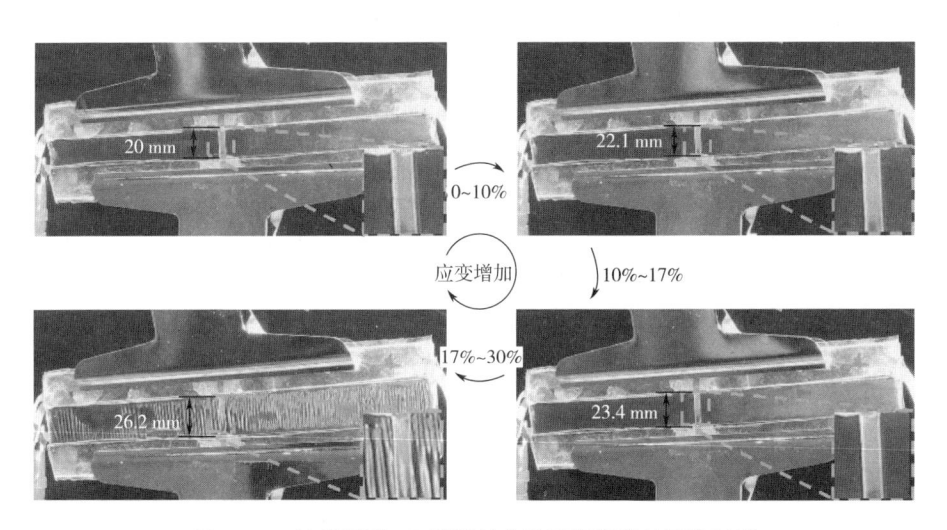

图 7-13 纯剪切型 DE 驱动的电致变色器件的变色过程

初始颜色为红色，当材料的拉伸变形为 2.1 mm 时应变达为 10%，此时器件的宏观颜色变为黄色；材料的拉伸变形为 3.4 mm 时应变达为 17%，此时器件的宏观颜色变为绿色；材料的拉伸变形为 6.2 mm 时应变达为 30%，此时器件的宏观颜色变为蓝色。图 7-14（b）为器件反射光谱的带隙中心波长变化量 $\Delta\lambda$ 与输入电压间的关系，图中数据为十二组测试数据的平均结果。结果显示，输入电压越高，器件能实现的带隙中心波长变化范围越大，对应于 4 kV、4.5 kV、5 kV、5.5 kV、6 kV、6.5 kV 电压下的波长变化范围 $\Delta\lambda$ 分别为 24 nm、56 nm、78 nm、116 nm、133 nm、180 nm，这表明纯剪切型 DE 驱动的电致变色器件的颜色变化可以覆盖从红到蓝的整个可见光范围。

（a）电致变色过程反射谱的变化

（b）不同电压作用下的波长变化范围

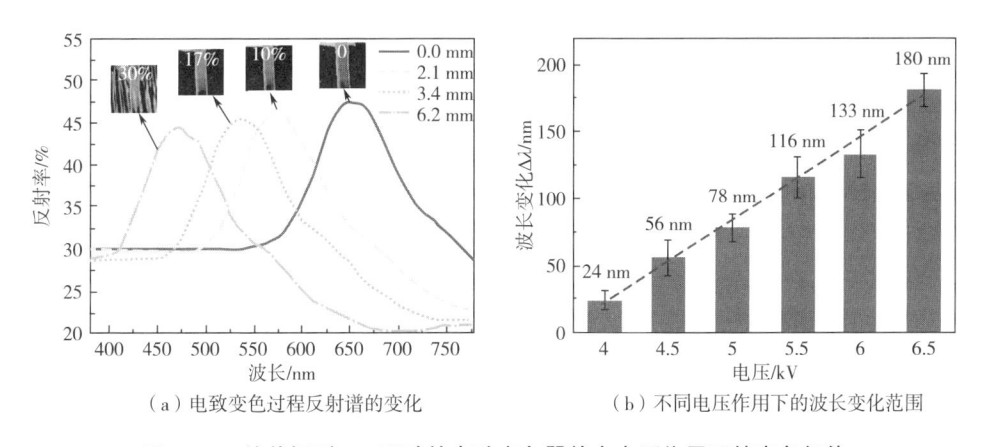

图 7-14 纯剪切型 DE 驱动的电致变色器件在电压作用下的变色规律

结果显示，本研究提出的纯剪切型 DE 驱动的电致变色器件兼顾了良好的应变输出能力和柔性，以及大变色范围等优点，解决了之前的电致变色器件只有颜色显示和变化功能而缺乏变形和应变输出能力这一问题，为多功能柔性驱动器的发展提供了新的思路，这对电致变色器件在各种新型驱动结构和装置中的应用非常关键。

7.5　器件在变形机翼驱动蒙皮中的应用

变形机翼是针对未来飞行器的发展趋势提出的一种全新理念，已成为目前航空航天前沿研究中的一大热点。不同于传统的固定翼飞行器，具有变形机翼的飞行器可以在飞行过程中根据高度、风速、速度等参数的变化实时调整机翼位姿以获得最佳的飞行性能和效果。

在变形机翼的研究中，蒙皮驱动是一种常见的机翼位姿调节技术。这种方法的原理是在变形机翼结构表面覆盖一层柔性驱动材料，利用驱动材料的变形带动机翼产生位姿变化。如本章 7.1 节中提到的，通过蒙皮的伸缩变形可以带动机翼产生整体变形，这首先要求蒙皮本身具有应变输出能力。在实际应用中，变形机翼的位姿变化一般有几个角度范围区间，在某种飞行状态下需要将机翼调整到相应的角度区间以实现正确的位姿。Li 等将纯剪切型 DE 制成摆动型驱动器，并将其应用到柔性机翼的蒙皮结构中，实现了机翼位姿的调节。然而，该方案并没有将位姿对应的角度信息进行反馈，难以通过位姿进行针对性的控制。本章研发的纯剪切型 DE 驱动的电致变色器件具有应变输出能力，同时还可以通过其颜色变化观察变形，因此可以作为变形机翼的驱动蒙皮，对机翼位姿进行有效控制。

为了验证纯剪切型 DE 驱动的电致变色器件兼顾柔性好、大变色范围和应变输出能力的必要性，本节将该器件作为驱动蒙皮开发了一种可以通过颜色反馈位姿信息的变形机翼。将机翼刚性骨架分为内翼、两节过渡链节、外翼四部分，通过铰链将四部分相连，如图 7-15 所示。其中，内翼为固定翼，两节过渡链节以及外翼通过三条铰链与内翼相连，可以相对内翼发生一定角度的转动。在内翼和外翼上分别设置有定位销，用于连接柔性机翼蒙皮。

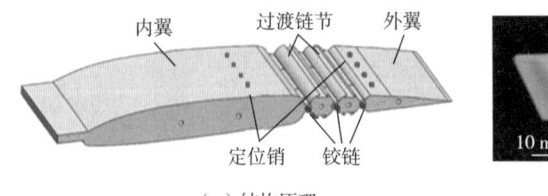

（a）结构原理 　　　　　　　　（b）实物图

图 7-15　机翼刚性骨架的结构及实物样品

第 7 章 纯剪切型 DE 驱动的电致变色技术研究

根据机翼尺寸的要求,制备了纯剪切型 DE 驱动的电致变色器件,并通过定位销将其两端分别固定在内翼和外翼上,形成蒙皮驱动结构,如图 7-16 所示。由图可见,此处的纯剪切型 DE 长度方向尺寸较长,为防止其横向回缩,在驱动器中部使用两个刚性压条进行限位,并在驱动器左端与左侧第一根压条之间安装柔性光子晶体制成形成纯剪切型 DE 驱动的电致变色器件。在电压作用下,器件对外输出变形,驱动过渡链节和外翼产生转动。在机翼变形过程中,当电压增大时,器件长度增大,外翼将产生顺时针转动;当电压减小时,器件长度减小,外翼将产生逆时针转动。

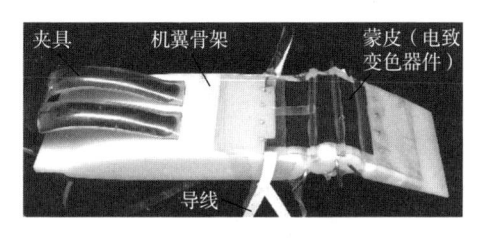

图 7-16 电致变色器件作为蒙皮的变形机翼

由 7.4 节内容可知,当纯剪切型 DE 驱动的电致变色器件在电压作用下发生变形时,光子晶体的颜色将随变形的产生发生相应的改变。在本节中,器件的变形决定了变形机翼的位姿,这就表明,可以利用蒙皮中光子晶体的颜色变化实时反映机翼的位姿。因此此处分析电压作用下机翼旋转角度与蒙皮中光子晶体颜色之间的关系。图 7-17 显示了机翼在通电变形前的原始状态下的位姿及对应的器件颜色,可见在变形前器件中柔性光子晶体的颜色为红色。

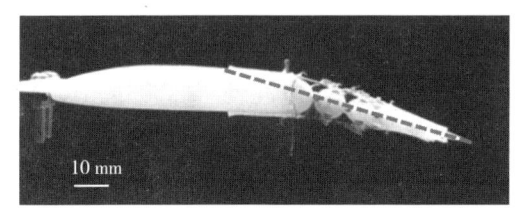

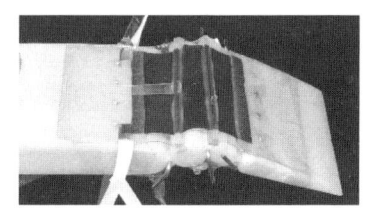

(a)机翼位姿 (b)器件颜色

图 7-17 机翼变形前的原始状态

机翼在电压作用下开始产生变形,过渡链节和外翼逐渐产生顺时针转动,器件中柔性光子晶体的颜色产生相应变化。当机翼从原始位置转动 26°时,器件颜色由红色逐渐过渡为绿色。图 7-18 显示了机翼在电压作用下相对原始位置转动到 26°时机翼的位姿及对应的器件颜色。

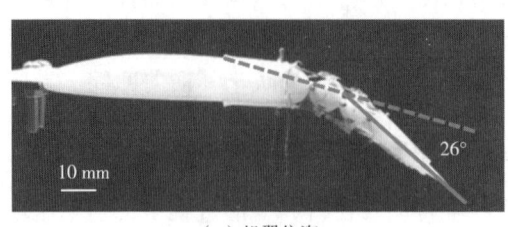

(a) 机翼位姿　　　　　　　　　　　　　　（b) 器件颜色

图 7-18　机翼转过 26°时的位姿和器件颜色

当机翼从相对原始位置 26°处继续旋转到 48°时，器件颜色由绿色逐渐过渡为蓝色。图 7-19 所示为机翼在电压作用下转动到相对原始位置 48°时机翼的位姿及对应的器件颜色。

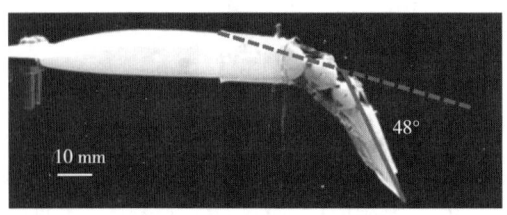

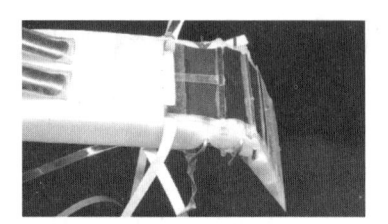

(a) 机翼位姿　　　　　　　　　　　　　　（b) 器件颜色

图 7-19　机翼转过 48°时的位姿和器件颜色

可见，原始位置时器件颜色为红色，当旋转角度在 0°~26°之间变化时，器件颜色由红色到绿色逐渐过渡；当旋转角度达到 26°时器件完全变为绿色；当旋转角度在 26°~48°之间变化时，器件颜色由绿色到蓝色逐渐过渡；当旋转角度达到 48°时器件完全变为蓝色。在实际应用中，当角度小于所需范围则应增大电压使机翼旋转角度增大，当角度大于所需范围则应减小电压使机翼旋转角度减小。实验表明纯剪切型 DE 驱动的电致变色器件的变形输出能力使其可以作为蒙皮驱动变形机翼改变位姿，同时其颜色可随变形变化，因此可以通过颜色变化判断机翼位姿的角度范围，进而通过改变电压对机翼位姿进行有效控制。

结果表明，本章研发的纯剪切型 DE 驱动的电致变色器件兼顾柔性好、大变色范围和应变输出能力，在实际应用中可以在输出变形的同时通过颜色显示变性范围，具有明确的应用价值。

7.6 本章小结

本章首先通过分析现有 DE 驱动的柔性电致变色器件性能的优势和不足，确定了开发一种既能实现电致变色的快速响应、同时又具有应变输出能力的 DE 材料驱动的柔性电致变色器件的目标。然后对纯剪切型 DE 驱动的电致变色技术展开研究，详细给出了纯剪切型 DE 驱动的电致变色器件的工作原理、结构设计和制备工艺。在此基础上分析该电致变色器件在电压作用下的力电性能、响应性能和电光性能。最后对器件在变形机翼驱动蒙皮中的应用展开研究，验证了器件性能的优势和应用价值。本章研究得到以下主要结论：

①受生物变色结构的启发，将纯剪切型 DE 驱动的电致变色器件设计为柔性光子晶体与 DE 驱动器并联的一体化集成结构。当纯剪切型 DE 在电压作用下产生拉伸变形时，将带动柔性光子晶体同步变形产生变色，器件颜色可覆盖从红到蓝的整个可见光范围。

②当外加电压达到 3.5 kV 时，纯剪切型 DE 驱动的电致变色器件开始产生明显的变形，在电压达到 6.5 kV 时，器件的波长变化范围 $\Delta\lambda$ 可以达到 180 nm，说明颜色变化可以覆盖从红到蓝的整个可见光范围。当电压瞬间增大 500 V 时，器件可以在少于 95 ms 的时间内完成主要变形，在 450 ms 时间内进入下一个稳定状态。说明器件对电压变化具有较快的响应速度。

③本研究提出的纯剪切型 DE 驱动的电致变色器件在实现覆盖整个可见光范围的颜色变化（$\Delta\lambda$ = 180 nm）的前提下，可以产生 30%的应变输出。这解决了基于封闭式 DE 的电致变色器件所面临的不能对外输出变形或应变的问题，为多功能柔性驱动器的发展提供了新的思路，为电致变色器件在各种新型驱动结构和装置中的应用奠定了基础。

④纯剪切型 DE 驱动的电致变色器件的变形输出能力使其可以作为蒙皮驱动变形机翼改变位姿，同时其颜色可随变形变化，因此可以通过颜色变化判断机翼位姿的角度范围，进而通过改变电压对机翼位姿进行有效控制。器件兼顾柔性、大变色范围和应变输出能力，在实际应用中可以在输出变形的同时通过颜色显示变性范围，具有明确的应用价值。

第8章 等轴拉伸型 DE 驱动的电致变色技术研究

上一章利用纯剪切型 DE 实现了驱动柔性光子晶体的电致变色技术，并在柔性机翼的控制方面进行了应用探索。然而其在变色时对外输出变形较大，当空间范围等因素存在限制时反而成为了不利因素。为了实现固定空间范围内的电致变色，本章采用了等轴拉伸型 DE 结合柔性光子晶体制备了电致变色器件，在外形尺寸不变的情况下，通过电压作用下内部产生的应变，实现电致变色。

8.1 等轴拉伸型 DE 驱动的电致变色器件结构设计

本节首先介绍介电弹性体 DE 的变形原理，然后设计基于等轴拉伸型 DE 的电致变色器件结构。

8.1.1 介电弹性体 DE 变形原理

介电弹性体 DE 是具有高介电常数的弹性体材料，其在外界电刺激下会改变形状，从而产生应力和应变，将电能转换成机械能；当外界电刺激撤销后，又能恢复到原始形状。介电弹性体是一种新型电致变形智能材料，不仅具有较高的机电转换效率，而且具有质量轻、价格低、运动灵活、易于成型和不易疲劳损坏等优点。

介电弹性体 DE 电致变形原理如图 8-1 所示。一层介电弹性体薄膜夹在两层柔性电极材料之间，柔性电极可以是碳膏电极、瓦克电极、银纳米线和石墨等。也就是说，对于 DE 驱动器来讲，它是由 DE 膜与柔性电极共同组成的。当给柔性电极施加电压 U 后，DE 材料的上下表面由于极化积累了正负电荷，正负电荷相互吸引产生静电库仑力，从而在厚度方向上压缩材料而使其厚度变小，平面面积扩张，从而将电能转换为机械能，产生致动效应。三个方向的机械力 F_1、F_2 和 F_3 通常是为了使介电弹性体薄膜产生预拉伸以利于其变形而施加的。

目前常用的 DE 材料主要包括硅橡胶、硅树脂、聚氨酯弹性体、丙烯酸酯弹性体、天然橡胶以及它们相应的复合材料。其中，鉴于丙烯酸酯 VHB4910 面积能够延伸至其原始尺寸的 36 倍，且具有高能化学键结构，在已知丙烯酸酯弹性体中具有最大屈服应变和弹性能量密度，因而是目前使用最广泛的介电弹性体薄膜之一。因此，本文将使用从美国 3M 公司购买的 VHB4910（后文均简写为 DE）来制备柔性光子晶体的电致变色结构。

(a) 参考状态　　　　　　　　　(b) 变形状态

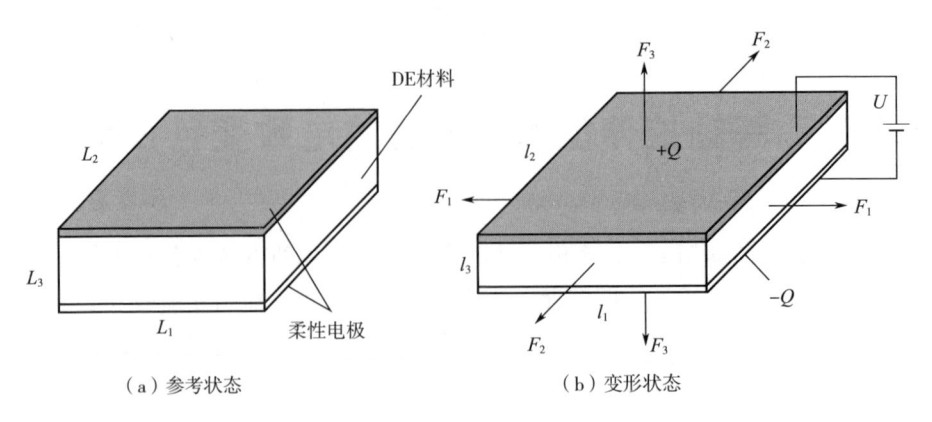

图 8-1　DE 材料（DE 驱动器）的变形机理

8.1.2　电致变色器件结构设计

由于介电弹性体 DE 在加电时具有平面面积扩张的变形特点，所制备的柔性光子晶体又是通过机械拉伸产生变色，再参考变色龙通过表皮肌肉的收缩和放松调控表皮内的光子晶体来实现表皮颜色变化的原理，本文提出利用 DE 驱动器实现柔性光子晶体的颜色调控思路。

本文设计的电致变色器件结构示意图和变色工作原理如图 8-2 所示。电致变色器件结构如图 8-2（a）所示，它由铝框、瓦克材料电极、DE 膜和光子晶体组成。其中，瓦克材料电极和 DE 膜组成 DE 驱动器，之所以选择瓦克材料作为柔性电极是因为瓦克材料加热后是固态形式，比较方便将光子晶体粘贴在该柔性电极上，而碳膏、石墨等液态和粉末态电极显然不符合光子晶体粘贴的设计需求；选择铝框是为了固定预拉伸后的 DE 薄膜。此处设计的 DE 薄膜和电极均为圆形，是因为介电弹性体 DE 为圆形时具有最大的面内变形，能更好地驱动光子晶体变形产生变色。

基于 DE 的电致变色器件的变色工作原理如图 8-2（b）所示，当在 DE 柔性电极两端加载 0~6 kV 的电压时，介电弹性体会产生面内扩张变形，即圆形电极部分产生面内扩张，由此带动黏附在其上面的光子晶体变形，实现从蓝到绿再到红的颜色变化，实现电致变色器件电致变色的功能。

根据上述电致器件的变色工作原理，柔性光子晶体的拉伸变形是通过 DE 驱动器驱动的，这就要求 DE 驱动器的驱动力足够大才能驱动柔性光子晶体，为此，本节首先对单层、双层、三层和四层 DE 的驱动力进行了试验，结果显示，单层、双层及三层的 DE 面内扩张驱动力均不足以驱动所制备的柔性光子晶体达到足够的应变实现全域变色，而四层 DE 为驱动柔性光子晶体实现全域变色的最小层数。为此，本设计选择四层 DE 作为驱动器。

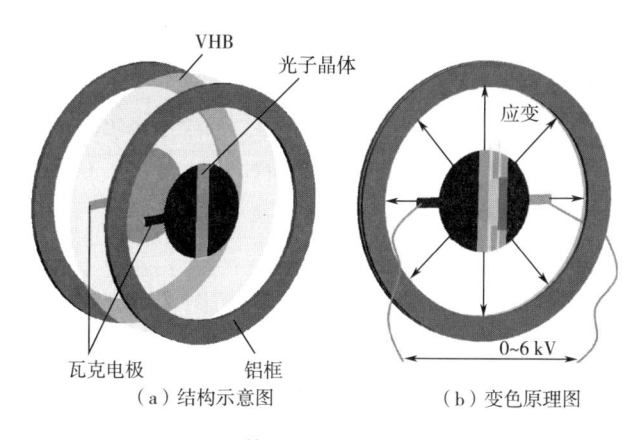

图8-2 基于DE的电致变色器件

8.2 基于DE的电致变色器件制备工艺

基于DE的电致变色器件制备过程如图8-3所示，主要是将光子晶体粘贴在制备好的四层DE驱动器上。根据第3章和第4章的研究结果，在现有工艺情况下，制备了直径为300 nm、高度为100 nm的圆柱孔，排布周期为600 nm、正方形排布的光子晶体结构；光子晶体的材料选择为硅橡胶186，工艺参数为配比15∶1.5∶10、60 ℃加热2 h固化。制备的具体步骤如下：

①从美国3M公司购买了厚度为1 mm的DE薄膜，剪切成10 cm×10 cm的尺寸，放置在从德国IKEA公司定制的DE拉伸器上，该拉伸器的初始有效拉伸区域为8 cm×8 cm，可以拉伸到50 cm×50 cm以实现DE薄膜6倍预拉伸。试验中将放置在拉伸器上的DE薄膜拉伸到32 cm×32 cm的大小，即实现了DE薄膜的4倍预拉伸，根据前期探索可知，在此拉伸倍率下制备的DE能在较小电压下实现较大的应变，具有最佳的电致应变特性。

②将2个内径为90 mm的圆形铝框和2个内框尺寸为120 mm×120 mm的方形铝框放置在预拉伸后的DE薄膜上，由于DE薄膜本身具有黏性，可以通过自身黏性粘贴固定在单个铝框上，其中，圆形铝框是最终调色结构的结构件，而尺寸较大的方形铝框只是过渡件，是为了在最后完成四层DE驱动器结构之前临时固定预拉伸后的中间两层DE膜，因此，共有4个粘结了DE薄膜的铝框。

③从德国Wacker公司购买了瓦克电极材料，将瓦克电极材料的A、B组分按1∶1的质量比各称量3 g放置于干净的一次性小烧杯中，再添加4.5 g的稀释剂，使用玻璃棒轻微搅拌后，再用保鲜膜和橡皮筋密封小烧杯，放置在真空脱泡搅拌机中以3000 r/min的转速搅拌10 min，得到了黏稠液态的瓦克电极材料。然

后将用离型纸作电极的掩膜版贴在 DE 膜上，使用小铲均匀地将瓦克电极材料涂抹在 DE 膜上，电极直径最好为 DE 膜直径的 1/3~2/3，因此选择瓦克电极直径为 40 mm，并有一定的延伸区域方便添加引线。4 层 DE 膜共需要 5 层电极，每层 DE 的电极延伸区需对称涂抹以方便添加引线加载电压。然后将涂抹以好电极的 DE 膜铝框放置在真空加热箱中，80 ℃加热 30 min 让瓦克电极固化，最后将导电胶布作为引线粘贴在瓦克电极上。

④将涂抹好电极的 4 个具有 DE 薄膜的铝框按图 8-3 的方式粘接在一起，粘接时需注意要将电极区域对准，并且从电极中心由内向外按压粘接，由于 DE 本身具有很强的黏性所以不需要额外的粘结剂，最后将尺寸较大的方框以及尺寸大于圆形铝框的多余 DE 裁剪掉，就得到圆框形四层 DE 驱动器。

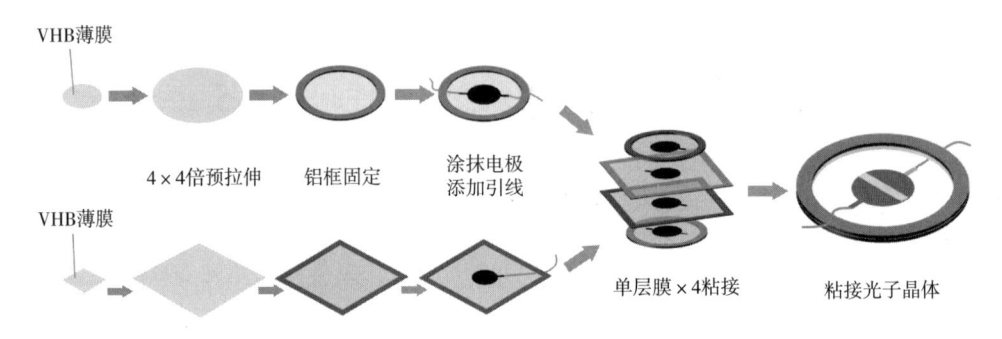

图 8-3 基于 DE 的电致变色器件制备流程

⑤将事先制备好的、以硅橡胶 186 作为基底材料的柔性光子晶体样件裁剪成 40 mm×6 mm 的规格，其中有光子晶体的区域为中心 16 mm×6 mm 区域，然后用硅橡胶粘结剂将光子晶体两端约 5 mm 的长度区域粘贴在 DE 驱动器中心的瓦克电极上，得到所需的电致变色器件如图 8-4 所示。

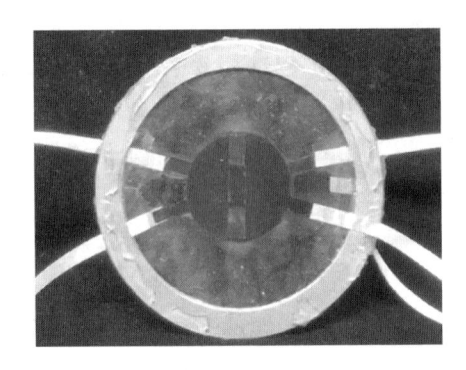

图 8-4 制备得到的电致变色器件

8.3 基于 DE 的电致变色器件颜色调控性能研究

电致变色器件的颜色调控性能是指驱动电压与反射光谱变化之间的关系。由于光谱仪空间的限制，电致变色器件无法直接在光谱测量系统中实时加电测量光子晶体反射光谱的变化，所以我们以光子晶体的变形量为中间变量，将测试过程分成两个步骤：第一步测量不同电压下光子晶体的变形量，第二步测量不同变形量下光子晶体的反射光谱。

基于 DE 的电致变色器件在不同电压下的颜色变化如图 8-5 所示。有效变色面积为 16 mm×6 mm 的光子晶体的初始颜色为蓝色，在加载电压为 0~3 kV 时，颜色无明显的变化，由黑色的电极区域可以看出这是由于 DE 驱动器在 0~3 kV 的驱动电压下没有发生明显的变形。当加载电压达到 4 kV 时，光子晶体宏观颜色从蓝色变成青色并且黑色电极区域有明显的扩大，说明光子晶体被拉伸产生了颜色的变化。当加载电压为 5 kV 时，光子晶体的宏观颜色从青色变成绿色，黑色电极区域进一步扩大，光子晶体被进一步拉伸。当加载电压达到 6 kV 时，光子晶体的宏观颜色从绿色变成红色，黑色电极区域变形达到最大并开始出现褶皱，说明 DE 驱动器将达到击穿电压边界。

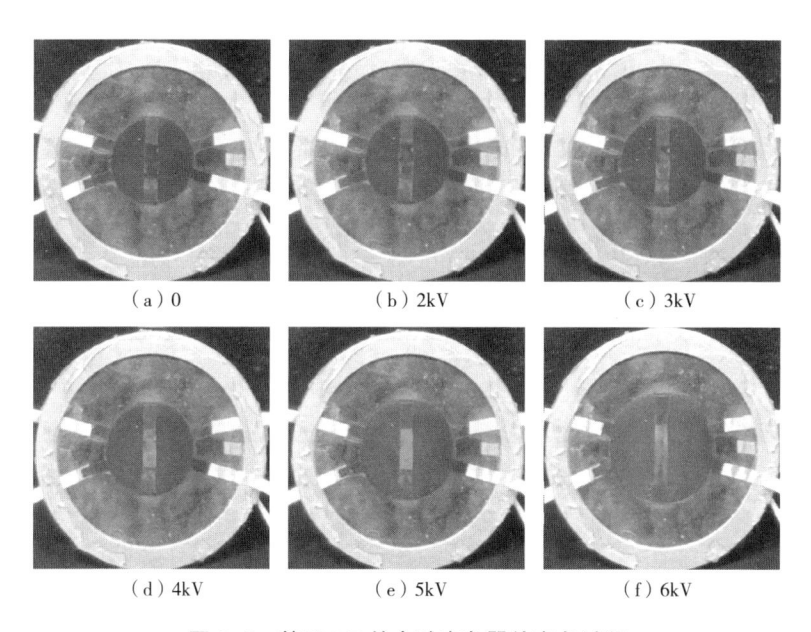

(a) 0　　(b) 2kV　　(c) 3kV

(d) 4kV　　(e) 5kV　　(f) 6kV

图 8-5　基于 DE 的电致变色器件变色过程

如上所述，图 8-5 的测量结果是分两步完成的。第一步使用激光位移传感器测量了电致变色器件在各电压下的拉伸应变，如图8-6（a）所示，可见，电致变色器件应变随电压的变化在低电压下（0~3 kV）变化比较缓慢，在高电压下（4~6 kV）变化比较快，应变随电压呈现指数型变化。电致变色器件在电压为零的初始时刻应变为0；当电压达到4 kV时，应变为9.3%；当电压达到5 kV时，应变为15.6%；当电压达到6 kV时，应变为31.2%。第二步是在8-6（a）的基础上测量了光子晶体各电压对应拉伸应变下的反射光谱，得到了各电压下光子晶体的反射光谱，如图8-6（b）所示，可见，当驱动电压从0增加到6 kV时，光子晶体的反射光谱大幅度红移，反映为光子晶体颜色的变化，同时反射强度逐渐增加。

（a）光子晶体拉伸应变随电压的变化　　（b）各电压下光子晶体的反射光谱

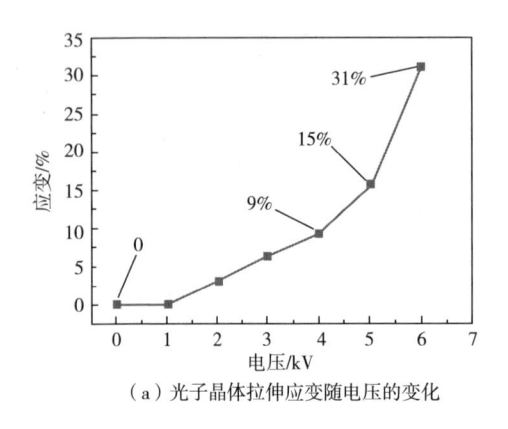

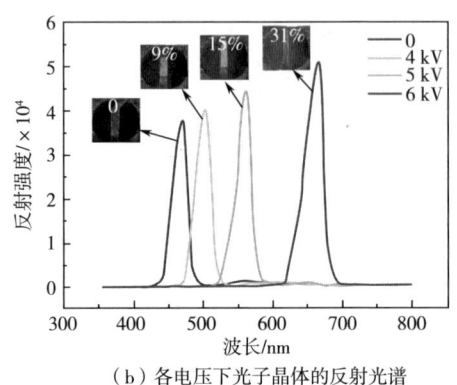

图8-6　基于DE的电致变色器件性能测试

表8-1为不同驱动电压下光谱中心波长和光谱中心波长移动的范围Δλ，结果表示当驱动电压从0增加到6 kV时，光谱中心波长移动范围可达195 nm。

表8-1　不同驱动电压下光谱中心波长和光谱中心波长移动范围Δλ

驱动电压/kV	带隙中心波长/nm	移动范围Δλ/nm
0	470	0
4	502	32
5	560	90
6	665	195

由图8-6（b）计算了各电压下光子晶体反射光谱在CIE 1931色度图上的坐标，如图8-7所示，它直观显示了电致变色器件电致变色的完整过程，可以看到：电致变色器件电致变色过程中的宏观颜色的变化几乎覆盖了整个可见光区域。

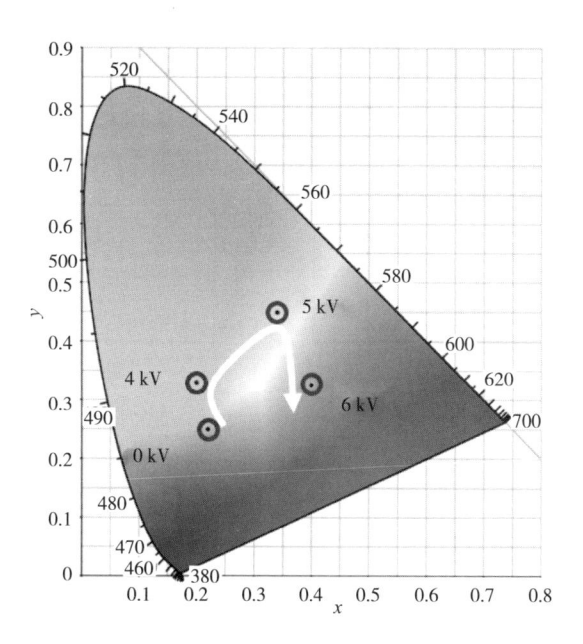

图 8-7　各电压反射光谱在色度图上的坐标

进一步，本节还对电致变色器件进行了可逆驱动和循环工作测试，它代表着电致变色器件调控的可逆性和工作的稳定性。可逆驱动测试的方法及结果如图 8-8（a）所示，设置电压的开关时间均为 2 s，电压为 4 kV、5 kV、6 kV 交替加载，观察电致变色器件的变色情况。在电压开关关闭时，电致变色器件的初始颜色为蓝色，当打开 4 kV 电压开关时，电致变色器件迅速转变为青色，关闭 4 kV 开关后，由于光子晶体和 DE 驱动器本身的弹性，电致变色器件可以迅速并完全恢复到初始状态的蓝色。同样，在打开 5 kV 和 6 kV 的电压开关时，电致变色器件也能迅速转变为绿色、红色，在关闭电压开关时，均能迅速恢复到初始状态的蓝色，可知该电致变色器件具有较好的可逆调控性能。循环工作测试的方法及结果如图 8-8（b）所示，在频率为 1 Hz、峰值为 6 kV 的正弦电压驱动下，观察电致变色器件的变色情况，电致变色器件在正弦电压的一个周期内能实现 2 次蓝—绿—红—绿—蓝的颜色变换，在记录电致变色器件实现 50 次上述变换后，测试了电致变色器件应变与电压的关系，可以看出，在循环工作 50 次后，电致变色器件应变与电压的关系曲线与循环工作前的应变与电压的关系曲线几乎重合，说明循环工作 50 次后的电致变色器件同样保持完美的变色性能。可见，本文设计制备的电致变色器件具有较好的工作稳定性，能满足长期且重复的电致变色工作需要。

通过以上试验研究可以看出，该电致变色器件在驱动电压从 0 增加到 6 kV

(a) 电致变色器件的可逆驱动测试

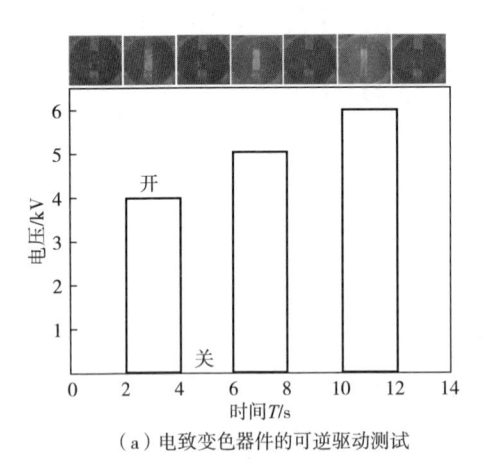

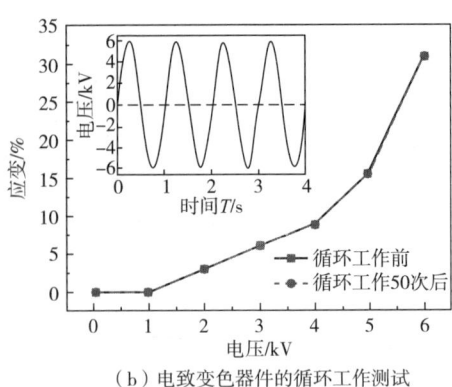

(b) 电致变色器件的循环工作测试

图 8-8 基于 DE 的电致变色器件性能测试

即可实现可见光范围内由蓝到红的全域变色，同时电致变色器件的变色响应时间在毫秒级，在加电的瞬间电致变色器件即可产生变形从而出现颜色的变化，并且电压与颜色有一一对应的关系，非常易于进行电致变色器件颜色的调控。在撤去电压后，电致变色器件也可以迅速并完全恢复到初始状态。以上均表明本文设计和制备的电致变色器件具有可见光全色域可调、响应快、易调控、可逆调控和结构简单的特点。

8.4　基底为硅橡胶 184 与 186 的光子晶体电致变色颜色调控性能对比

前面一节研究的是利用 DE 驱动器驱动以硅橡胶 186 为基底材料的柔性光子晶体变色性能，为了进一步证明第 5 章关于光子晶体材料研究结果的正确性，本节特意制备了以 4 层 DE 为驱动，光子晶体基底材料采用硅橡胶 184 的电致变色器件，在此过程中，保持硅橡胶 184 制备的光子晶体微观结构参数和光子晶体薄膜尺寸、厚度均与基底材料为硅橡胶 186 的光子晶体相同，以便对比两种光子晶体材料电致变色器件的电致变色性能。

两种光子晶体材料电致变色器件的变色性能对比如图 8-9（a）所示，可见，两种光子晶体材料的电致变色器件初始状态均为蓝色，在加载驱动电压为 6 kV 时，光子晶体材料为硅橡胶 186 的电致变色器件转换为红色，而光子晶体材料为硅橡胶 184 的电致变色器件仅转换为绿色，直观对比可以发现，184 硅橡胶所制备的柔性光子晶体在等双轴 DE 驱动下变色时其变色范围小于同等情况下的 186 硅橡胶，在相同的 DE 驱动器以及加载电压下仅变化为绿色，无法实现可见光全域变色。为了详细分析其原因，试验中进一步使用激光位移传感器测量了两种光子晶体材料的电致变色器件拉伸应变随电压的变化关系，结果如图 8-9（b）所示，可以看出，光子晶体材料为硅橡胶 184 的电致变色器件在相同驱动电压下，所产生的应变较小，在电压加载到 6 kV 时，电致变色器件拉伸应变仅达到 14%，没有能够达到实现可见光全域变色所需的 30% 应变，导致这种现象的原因是硅橡胶 184 的弹性模量比硅橡胶 186 的弹性模量大，在相同尺寸、厚度的前提下，产生同样大小的应变所需要的驱动力更大，此时 4 层等双轴 DE 驱动力不足以驱动硅橡胶 184 光子晶体产生足够的应变以实现可见光全域变色；而硅橡胶 186 在电压加载到 6 kV 时，电致变色器件拉伸应变达到了 31.2%，满足可见光全域变色大于 30% 的应变条件，因此可实现可见光全域变色。

（a）两种光子晶体电致变色器件变色过程　　（b）两种光子晶体拉伸应变随电压的变化

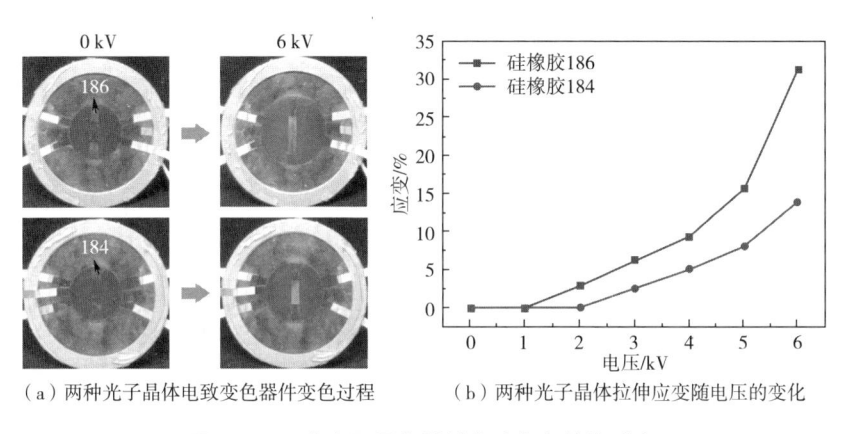

图 8-9　两种光子晶体材料电致变色性能对比

通过以上对比可以发现，降低光子晶体材料的弹性模量对于本章所设计的电致变色器件的颜色调控性能有很大的提高。在同等条件下适当减小基体材料的弹性模量将有助于器件在相同的驱动条件下产生更大的应变，进而引起更大范围的结构色变化。

8.5　等双轴 DE 驱动的电致变色器件的应用

8.5.1　自传感 DE 驱动器

对于 DE 驱动器而言，电击穿是常常发生的失效形式，本文制备的 DE 驱动器电击穿过程如图 8-10 所示，在驱动电压达到 6 kV 时开始出现褶皱，同时注意到光子晶体颜色刚变为红色，在驱动电压从 6 kV 增加到 6.3 kV 的过程中，褶皱面积迅速增加，一般在达到 50% 时发生电击穿。因此，目前通常是通过观察 DE

驱动器的褶皱来控制驱动电压，防止其发生电击穿，如果能够通过一种更简单、高效的方法实时知道应变大小，就可以在使用 DE 驱动器时更有效地避免其发生电击穿失效。为此，本文提出具有自传感功能的 DE 驱动器，利用光子晶体的变色来度量其应变大小，即根据颜色即可知道 DE 驱动器变形的应变大小，实时控制驱动电压，防止 DE 驱动器发生电击穿。

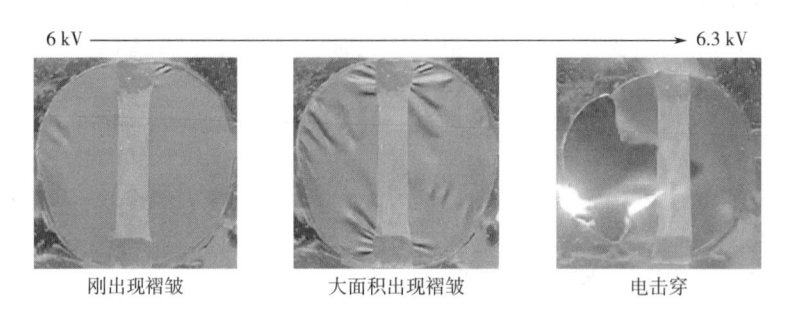

6 kV ────────────────────────────→ 6.3 kV

刚出现褶皱　　　　大面积出现褶皱　　　　电击穿

图 8-10　DE 驱动器电击穿过程

为了证明具有自传感功能的 DE 驱动器具有更好的应变感知和控制能力，本文测量了具有自传感功能的 DE 驱动器与普通无传感功能的 DE 驱动器在防电击穿控制方面的性能并进行了对比。测量方式为：控制驱动电压在 0~6.3 kV 线性增加，增加速率为 100 V/s，通过观察具有自传感功能的 DE 驱动器上光子晶体刚出现红色时关闭驱动电压和通过观察普通无传感功能的 DE 驱动器出现褶皱时关闭驱动电压，使用激光位移传感器记录关闭驱动电压时的 DE 驱动器的应变，分别记录 5 次获得统计数据，测量结果如图 8-11 所示。图 8-11（a）为观察颜色获得的统计数据，图 8-11（b）为观察褶皱获得的统计数据，图中横坐标为应变，设置应变区间为 1%，纵坐标代表应变落在某一区间的次数，从图中数据分布可以看出观察颜色的统计数据比观察褶皱的统计数据分布更为集中，说明观察颜色导致应变波动更小，比观察褶皱在应变控制上更准确。由图 8-11（a）、（b）获得的图 8-11（c）为观察颜色和观察褶皱在防击穿控制方面性能的直观对比，可以看出，通过观察颜色关闭驱动电压的应变均值离击穿应变更远，更能有效、及时地防止 DE 驱动器发生电击穿。

8.5.2　可见光隐身伪装

本文基于电致变色器件开发了具有动态伪装功能的人造仿生变色皮肤，为了更好将其应用在可见光隐身伪装领域，我们将 DE 驱动器的圆形黑色瓦克电极直径缩小为 16 mm，将制备得到的柔性光子晶体同样裁剪为直径为 16 mm 的圆形，以便遮盖黑色的电极区，具有更好的显示效果，如图 8-12 所示。制备得到的人

(a) 观察颜色统计数据

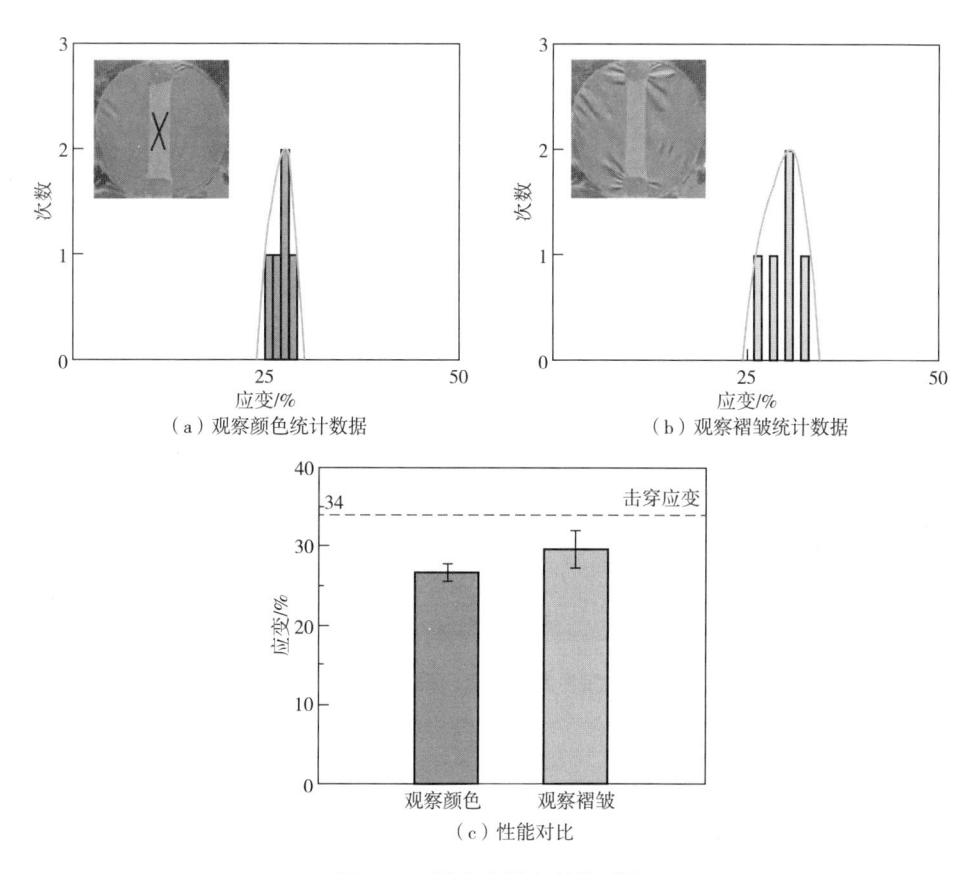

(b) 观察褶皱统计数据

(c) 性能对比

图 8-11 防击穿控制性能对比

造仿生变色皮肤在 0~6 kV 的驱动电压下能实现蓝—绿—红的全域变色。

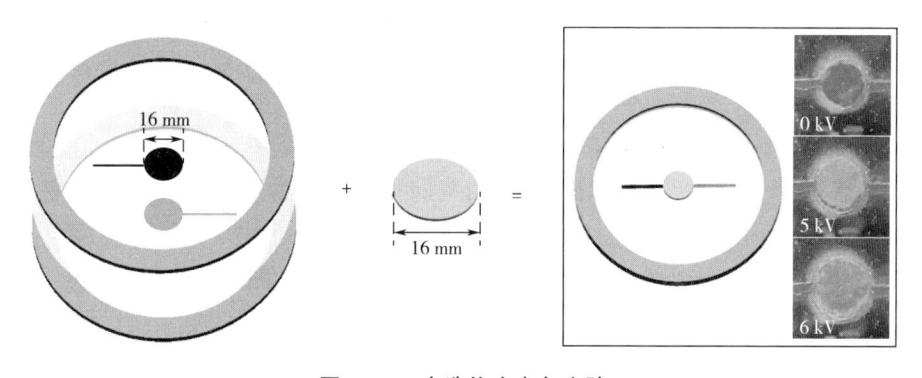

图 8-12 人造仿生变色皮肤

图 8-13 展示了人造仿生变色皮肤在蓝、绿、红三种背景下的伪装效果。变色皮肤初始颜色为蓝色，在不加电时实现在蓝色背景下的伪装；当背景颜色转变为绿色，加电 5 kV 变色皮肤转变为绿色，实现在绿色背景下的伪装；当背景转变为红色时，加电 6 kV 变色皮肤转变为红色，实现在红色背景下的伪装。这种具有动态伪装功能的人造仿生变色皮肤能够应用在智能伪装机器人和某些军事装备中，如将其附于两栖作战车表面，在海洋里伪装为蓝色，在登陆后伪装为绿色。

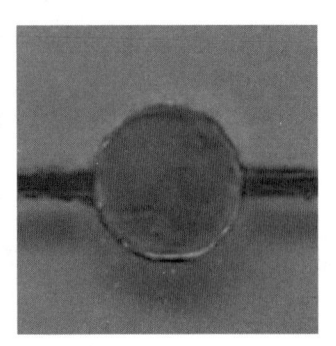

图 8-13　人造仿生变色皮肤在蓝、绿、红三种背景下的伪装

8.6　本章小结

本章提出并设计了一种基于等轴拉伸介电弹性体的电致变色器件，充分考虑等轴拉伸式介电弹性体 DE 的变形原理，将其与柔性光子晶体结合，设计与制备了一款在 6 kV 电压驱动下可实现可见光全域变色的电致变色器件，并对其颜色调控性能进行了测试和对比。本章主要内容和结论如下：

①设计并制备了一款具有 4 层 DE 以及外部框架的驱动器，将基底为硅橡胶 186 的光子晶体通过硅橡胶粘结剂粘贴在该驱动器的 DE 膜上表面，就得到了电致变色器件，通电即可实现颜色的调控。

②本文设计的电致变色器件通电 6 kV 时能够实现最大 31.2% 的线应变。在电压为零时初始颜色为蓝色，在 4 kV 时转换为青色，在 5 kV 时转换绿色，在 6 kV 时转换为红色，从而实现了光子晶体可见光全域变色的电调控目标。

③电致变色器件的变色响应时间在毫秒级，在加电的瞬间电致变色器件即可产生变形从而出现颜色的变化，且电压与颜色有一一对应的关系，在撤去电压后，电致变色器件可以迅速恢复到初始状态。从而表明本文设计的电致变色器件弥补了手工施加外力产生机械变形的速度慢、难以调控的不足。

④将基底为硅橡胶 186 的光子晶体电致变色器件与基底为硅橡胶 184 的光子晶体电致变色器件进行性能对比，发现在光子晶体微结构、制备工艺和电致变色器件结构完全相同的情况下，硅橡胶 184 的电致变色器件在相同驱动电压下，所产生的应变较小，在电压加载到 6 kV 时，电致变色器件拉伸应变仅达到 14%，没有能够达到实现可见光全域变色所需的 30%应变，导致这种现象的原因是因为硅橡胶 184 的弹性模量比硅橡胶 186 的弹性模量大，在相同尺寸、厚度的前提下，产生同样大小的应变所需要的驱动力更大，此时 4 层等双轴 DE 驱动力不足以驱动硅橡胶 184 光子晶体产生足够的应变实现可见光全域变色；而硅橡胶 186 在电压加载到 6 kV 时，电致变色器件拉伸应变达到了 31.2%，满足可见光全域变色大于 30%的应变条件，因此可实现可见光全域变色。

⑤本文所设计的电致变色器件可用于 DE 驱动器的自传感和作为人造仿生变色皮肤应用在可见光隐身伪装领域。

第 9 章 全固态电致变色器件变色机理与制备方法

在电致变色器件的研究中,电致变色层作为不可或缺的组成部分,从 1969 年 S. K. Deb 在研究真空蒸发时发现了无定形 WO_3 薄膜的电致变色现象开始,电致变色器件便衍生出各种各样的类型。传统电致变色结构受限于离子存储层与离子导电层形态,电致变色器件主要分为溶液型和半溶液型电致变色器件,这两种类型的电致变色器件在使用过程中会受到环境因素影响,因此全固态电致变色器件作为一种新型电致变色器件,脱离了液态/半液态的限制,在更多的应用场合可以得到广泛应用。因此本章将对全固态电致变色器件的变色机理和制备方法进行研究,通过制备刚性全固态电致变色器件,研究电致变色器件在外加电场作用下的变色机理。

9.1 全固态电致变色器件的变色机理

电致变色器件的变色机理有很多种,其中,WO_3 是人们研究得最多的一种电致变色材料,它有非晶膜和多晶膜两种。非晶膜的着色—褪色反应速度快,多应用于显示装置;多晶膜在红外区有较高的反射率,且耐热和耐辐射,多用于智能窗。1969 年,S. K. Deb 发现 WO_3 薄膜具有电致变色性能,并提出 "氧空色心机理",即 WO_3 的电致变色机理是电子和离子的注入与抽出,当注入电子 e^- 局域于某一 W^{5+} 离子上,并进入其 5d 轨道时,为了保持电平衡,阳离子 M^+ 也必然驻留在此区域中,从而形成钨青铜 M_xWO_3,因此颜色发生了变化,其电化学反应方程式如式(9-1)所示,变色前后 WO_3 结构如图 9-1 所示。

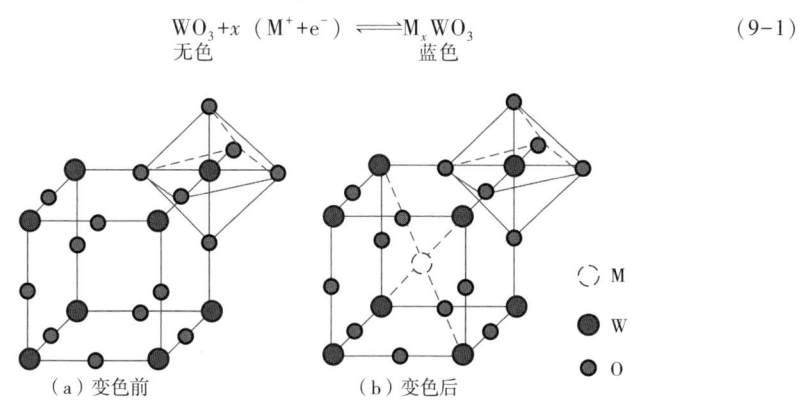

$$\underset{\text{无色}}{WO_3} + x(M^+ + e^-) \rightleftharpoons \underset{\text{蓝色}}{M_xWO_3} \tag{9-1}$$

(a) 变色前   (b) 变色后

图 9-1 变色前后 WO_3 薄膜结构图

氢离子、锂离子、钠离子等一价阳离子可作为 WO_3 基电致变色器件的阳离子。因此，还需要寻找与之对应的离子存储介质。现有研究中由离子凝胶等液体电介质构成的液态电致变色器件受自然环境中因素影响，会发生泄露等安全隐患以及循环使用次数少等缺陷。由于本文研究一种安全可靠的全固态电致变色器件，所以本文采用 Nafion 离子交换膜作为器件的离子存储与导电层，其本身含有大量氢离子（质子），氢离子由于其质量轻，离子半径小，易于在 WO_3 薄膜结构中注入与抽取，所以 Nafion 离子交换膜具有得天独厚的优势作为电致变色器件的离子导电层和离子储存层。Nafion 离子交换膜的结构如图 9-2 所示，可以看到 Nafion 的链端带有质子，且内部含有可进行离子交换的水合离子通道。

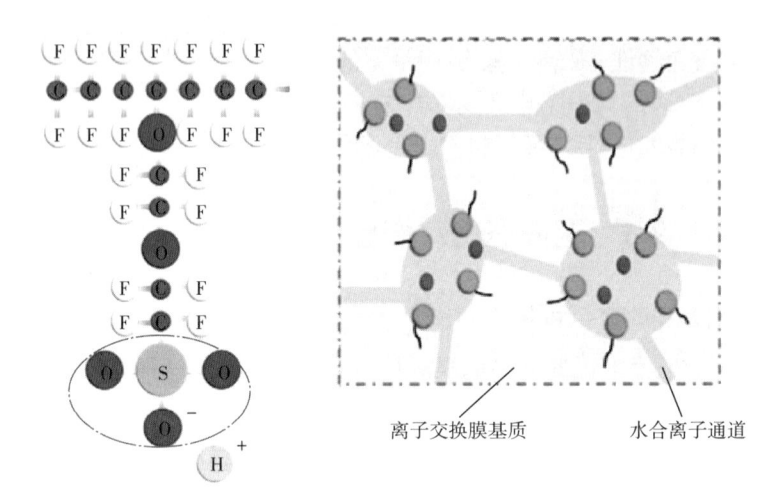

图 9-2　离子交换膜 Nafion 的结构及离子通道示意图

图 9-3 是基于 Nafion 离子交换膜和 WO_3 电致变色材料设计的电致变色器件的结构图与变色原理。当给电致变色器件施加正向电场 [图 9-3（a）] 后，电

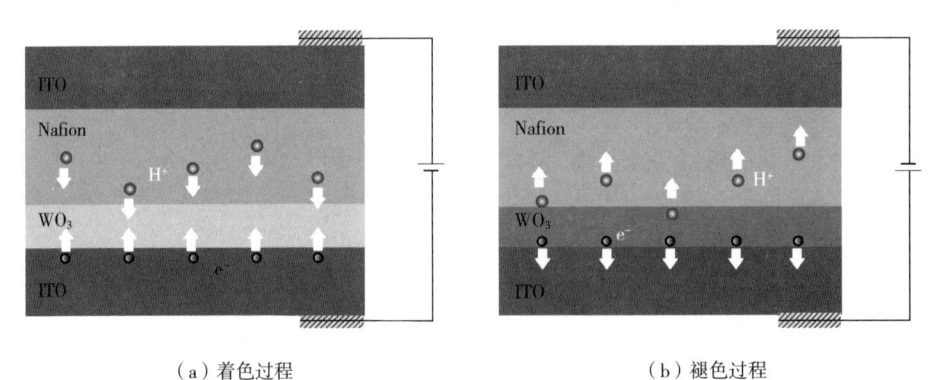

（a）着色过程　　　　　　　　　　　　（b）褪色过程

图 9-3　全固态电致变色器件着色与褪色过程原理图

致变色层从阴极得到电子,从离子交换膜中通过离子交换得到氢离子。在电子和阳离子的共同注入下,电致变色器件呈现出颜色及透光率变化;当撤去外加正向电场或施加反向电场后,电子与阳离子共同从 WO_3 薄膜中抽取出来,电致变色器件逐渐恢复原有颜色及透光率。

9.2 刚性全固态电致变色器件制备

本文所制备的全固态电致变色器件应用新型"三明治结构",即透明导电层—电致变色层—离子导电层/离子存储层—透明导电层。离子导电层/离子存储层选择 Nafion 薄膜为离子交换膜;电致变色层为具有高对比度与稳定性的 WO_3 薄膜;选用 ITO 透明导电玻璃作为电致变色器件的透明导电层。刚性全固态电致变色器件结构示意图如图 9-4 所示。

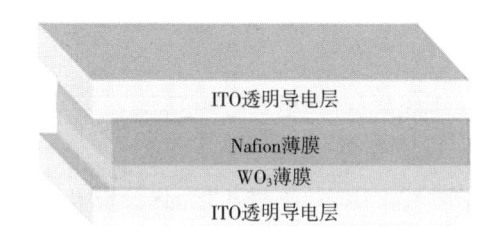

图 9-4 刚性全固态电致变色器件结构示意图

9.2.1 电致变色层 WO_3 薄膜制备

WO_3 为本课题的电致变色层材料,制备将采用非晶态 WO_3 溶液(2 g/c)。通过移液枪(200 μL)与 KW-4A 型匀胶机设备制备 WO_3 薄膜,具体制备的流程如下:

(1) 清洗 ITO 玻璃

①使用万用表测量玻璃片两面电阻,电阻无限大为非导电面。
②将玻璃片非导电面的角在砂纸上磨出痕迹,用以分辨导电面与非导电面。
③使用 ITO 玻璃清洗液超声清洗 15 min,100%功率(清洗液回收)。
④用去离子水冲洗玻璃片后,进行去离子水超声清洗 15 min,100%功率,不回收。
⑤用无水乙醇冲洗玻璃片后,进行无水乙醇清洗 15 min,100%功率。
⑥超净环境下晾干即可。

(2) WO_3 薄膜旋涂

①吸片。
②用移液枪滴加 WO_3 溶液。
③使用 KW-4A 型匀胶机进行旋涂，旋涂参数如表 9-1 所示。

表 9-1 WO_3 薄膜匀胶参数

转速 A	时间 A	转速 B	时间 B
—	—	2000 r/min	20 s

④WO_3 薄膜的固化在超净环境下烘干完成，使用参数如表 9-2 所示。
⑤将制备好的薄膜玻璃片放置在铁块上进行降温。

表 9-2 WO_3 薄膜固化参数

温度	时间
100 ℃	10 min

(3) 退火处理

使用马弗炉进行退火处理。升温速率与烘干时保持相同的处理，即 100 ℃/10 min，保持退火温度 60 min 后，进行自然降温，可得退火曲线如图 9-5 所示。

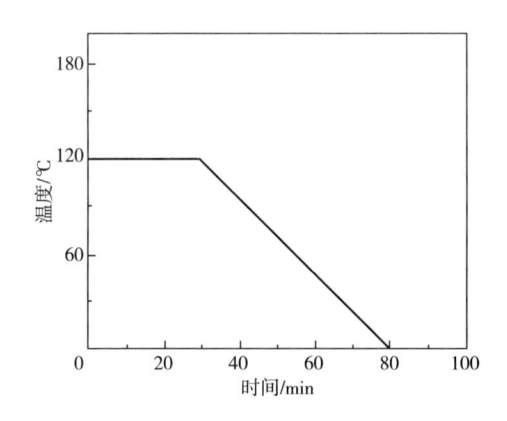

图 9-5 WO_3 薄膜退火曲线示意图

根据上述制备流程进行电致变色层薄膜制备，将制备的电致变色层 WO_3 薄膜进行 SEM 电镜扫描与透光率测试，可以得到沉积在 ITO 导电层（厚度为 200 nm）的单层 WO_3 薄膜（厚度为 300 nm）的透光率达到 80% 以上，具有良好的透光性能。

(a) 单层WO₃薄膜SEM

(b) 单层WO₃薄膜透光率

图 9-6　电致变色层 WO_3 薄膜性能表征

9.2.2　电致变色层 WO_3 薄膜质子充电

通过实验发现，该全固态电致变色器件变色需要电致变色层与离子导电层/离子存储层——Nafion 薄膜进行离子交换。由于旋涂后的 WO_3 电致变色层内不包含与 Nafion 薄膜进行离子交换的离子，在电场作用下无法与 Nafion 薄膜进行离子交换。因此本小节利用三电极电化学池（图 9-7）为电致变色层注入驱动变色阳离子。可选择的阳离子有氢离子、锂离子、钠离子等一价阳离子，氢离子质量轻与体积小的特点，使之成为本研究中的变色驱动离子。通过三电极电化学池对电致变色层 WO_3 薄膜进行质子充电的流程如下：

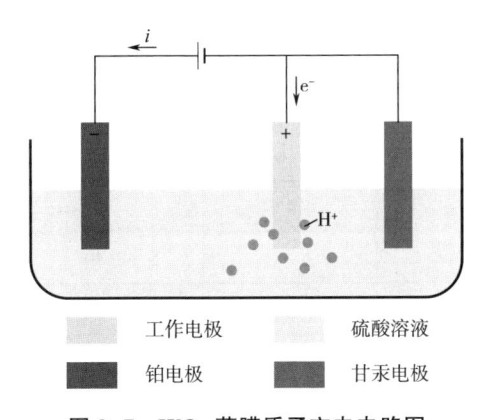

图 9-7　WO_3 薄膜质子充电电路图

（1）配制稀硫酸溶液

使用移液枪将 1.35 mL 浓硫酸吸入 250 mL 去离子水中，通过 pH 计测得 pH=2。

(2) 质子充电

将制备完成的电致变色层 WO_3 薄膜按照如图9-7所示置入稀硫酸溶液中,将清洗后的甘汞电极和铂电极依次接直流电压源,通过施加5 V的电压,10 s即可进行质子充电,使 WO_3 薄膜由无色透明状转变为深蓝色。

(3) 清洗电致变色层 WO_3 薄膜

为进行 Nafion 薄膜制备,清洗 WO_3 薄膜表面污渍,在等离子清洗机中使用空气进行三次清洗(50 s/次),之后进行真空储存,防止质子扩散至空气中。

9.2.3 Nafion 离子交换膜的制备

Nafion 离子交换膜中具有固定的阴离子和游离的阳离子(氢离子),水分子溶胀后的 Nafion 薄膜的离子通道打开,氢离子可以与电致变色层中的离子进行交换,实现调控电致变色效果。

使用美国杜邦公司的 Nafion D520 作为制备 Nafion 薄膜的原材料,通过二甲基乙酰胺(N,N-二甲基乙酰胺)加速 Nafion 薄膜成膜制备。

(1) 浓缩杜邦溶液

杜邦 D520 与二甲基乙二胺溶液以 4:1 的体积比例混合(表9-5)。将混合后溶液通过磁力搅拌器加热混合,加热温度为 70 ℃,转速为 800 r/min。浓缩后 Nafion 含量根据浓缩后体积计算(挥发不计),浓缩后 Nafion 溶液浓度根据式(9-2)计算:

$$浓缩后 Nafion 溶液浓度 = \frac{杜邦 D520 溶液体积 \times 5\%}{浓缩后溶液体积} \tag{9-2}$$

表9-3 杜邦 D520 溶液浓缩表

组别	D520/mL	二甲基乙酰胺/mL	Nafion 含量/mL	浓缩后溶液体积/mL	Nafion 溶液浓度/%
1	80	20	4	50	8
2	80	20	4	40	10
3	80	20	4	30	13.3
4	80	20	4	20	20
5	80	20	4	10	40

(2) 旋涂浓缩溶液

①吸片,基片为质子充电后的 WO_3 薄膜。

②将混合均匀后的高浓度 Nafion 离子交换膜原溶液通过滴管覆盖 WO_3 薄膜

表面，通过调整加速时间、加速速度、匀胶时间、匀胶速度等旋涂参数来控制 Nafion 薄膜的成膜厚度。

③加热固化，由于 Nafion 膜工作温度不宜高于 120 ℃，所以在 80 ℃ 的加热板上固化 10 min。

9.2.4 全固态电致变色器件装配

将上述制备完成的 Nafion 薄膜（厚度为 8.5μm）/WO_3 薄膜（厚度为 300 nm）/ITO 透明导电玻璃置于干净基底上，在 Nafion 薄膜表面滴加少量 Nafion 溶液，将另一块大小相同的 ITO 透明导电玻璃覆盖在其上，在两侧粘贴无痕胶固定，完成全固态电致变色器件制备，制备流程如图 9-8 所示。通过 36h 放置后，撕掉无痕胶，全固态电致变色器件依旧保持具有良好性能。

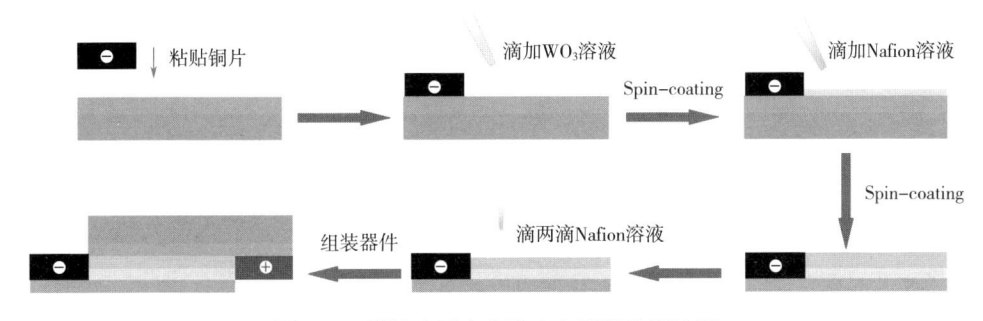

图 9-8　刚性全固态电致变色器件装配流程

9.3　刚性全固态电致变色器件制备工艺参数选择

在 9.2 节中阐述了刚性全固态电致变色器件的完整制备流程，本节将具体讨论 Nafion 薄膜的工艺参数选择。

本研究中使用杜邦公司的 Nafion 膜为全氟磺酸聚电解质。Nafion 膜因其在锂离子电池中的出色稳定性而被用于燃料电池的研究，并且由于离子传输性能使其在仿生机器人的人造肌肉中具有优异稳定性。由于团簇被固定的阴离子包围，因此在合成过程中形成水合离子通道，Nafion 薄膜内阳离子可在高湿度环境中通过离子通道迁移。本研究利用 Nafion 膜中水合离子通道进行离子传输对电致变色层着色。为了提供足够数量的阳离子进行着色，通过两种制备方式制备同厚度的 Nafion 薄膜：多层堆叠制备 Nafion 薄膜和单层制备 Nafion 薄膜，如图 9-9 所示。由于市售厚度为 180μm 的 117 型 Nafion 膜内部离子通道乱序缠绕分布，当这类型 Nafion 薄膜作为电致变色器件离子导电层时，离子迁移不能有效地传递到界面。但是，通过多层堆叠超薄的 Nafion 薄膜（单层厚度<1μm），离子通道平行排列并通过超薄膜连接，离子迁移可以有效快速地传递到界面。因此，本研究通过在质子充电后的 WO_3 膜上堆叠多层超薄的 Nafion 薄膜实现电致变色器件离子导电层与离子储存层的制备。

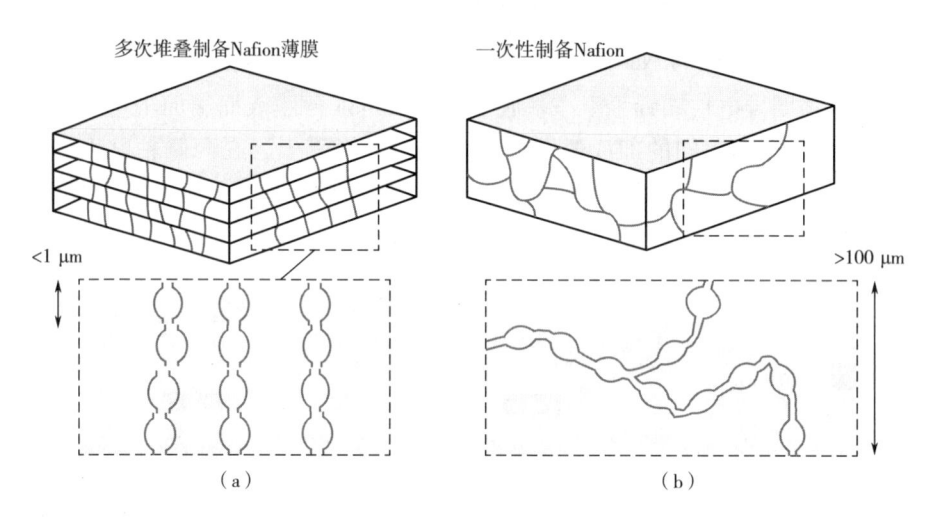

图 9-9　两种同厚度的 Nafion 薄膜：多层堆叠制备（a）和单层制备（b）

Nafion 薄膜成膜条件主要取决于浓度、匀胶速度及匀胶时间，杜邦 D520 由于其浓度较低，旋涂法制备 Nafion 薄膜时难以成膜，所以需要进行长时间浓缩，以便形成完整 Nafion 薄膜。经过实验验证发现，当浓缩后的杜邦溶液浓度小于 20% 时，匀胶过程中 Nafion 薄膜的厚度及完整度难以控制；当浓缩溶液的浓度大于 20% 时，在浓缩过程中会发生团聚现象，并且无法形成均质溶液。因此，本实验在旋涂工艺中选择浓度为 20% 的 Nafion 溶液来制备离子导电层与离子存储层。

使用 ALPHA-SE 光谱型椭圆偏振仪对 Nafion 薄膜的厚度进行检测，可得到旋涂过程中时间和转速对 Nafion 厚度的影响如图 9-10 所示。从图 9-10（a）中可得：旋涂时间相同的情况下，旋涂速度越高，Nafion 薄膜的厚度越小，反之越大；图 9-10（b）中可得：旋涂速度相同的情况下，旋涂时间越长，Nafion 薄膜的厚度越小，反之越大。因此，旋涂时间与旋涂速度对 Nafion 的成膜厚度是协同影响的，可以通过控制某一因素，改变另一因素可制备出不同厚度的 Nafion 薄膜。

将杜邦 D520 溶液浓缩至 20% 后，通过调整匀胶机参数（匀胶速度=1500 r/min，时间=30 s）旋涂 10 次制备得到 Nafion 薄膜，Nafion 薄膜在可见光范围内几乎是完全透明的，其透光率高达 93.1%，如图 9-11 所示，Nafion 薄膜的柔性与高透明度均为全固态电致变色器件结构柔性化提供成功的基础。

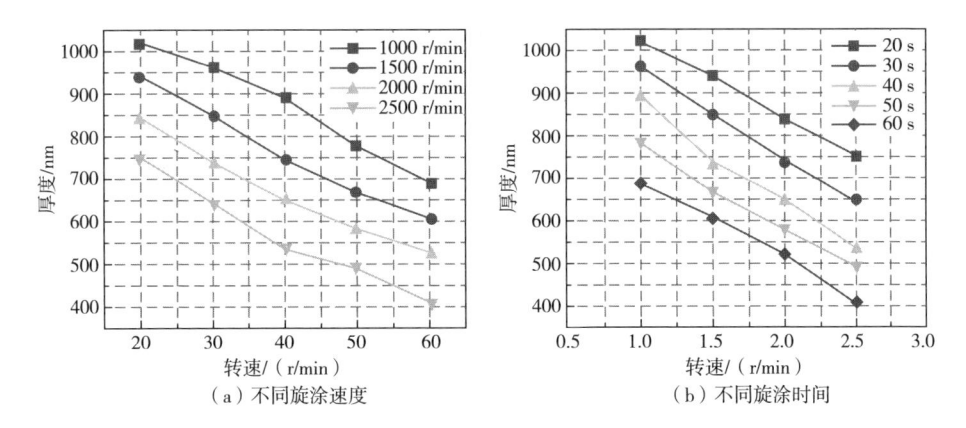

(a) 不同旋涂速度

(b) 不同旋涂时间

图 9-10　不同旋涂时间、旋涂速度对 Nafion 膜层厚度的影响

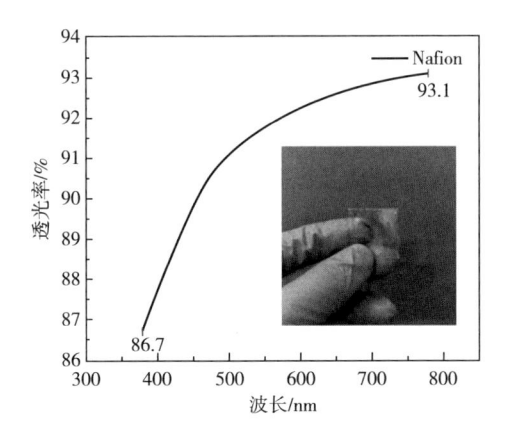

图 9-11　Nafion 薄膜及其透光率

9.4　结果与分析

根据 9.2 节中所述的制备工艺流程及参数制备多个刚性全固态电致变色器件样品，通过改变电致变色器件的外加电场的电场信号大小与持续时间，对电致变色器件的光学变色性能进行分析。

通过测量电致变色器件的透光率，可以按照式（9-3）所示，得到该电致变色器件的光学对比度，其作为电致变色器件的重要考量标准之一。

$$光学对比度 = \frac{褐色态透光率 - 着色态透光率}{褐色态透光率} \tag{9-3}$$

为方便运算与数据处理，在本次测量过程中，以褪色态电致变色器件作为基准对 PE Lambda950 紫外—可见—近红外分光光度计进行校准，因此褪色态电致变色器件透光率为 100%，最终着色态与褪色态电致变色器件透光率对比如图 9-12 所示，可以得到该类型电致变色器件的光学对比度为 53.85%，相较于传统类型电致变色器件具有较高水平。

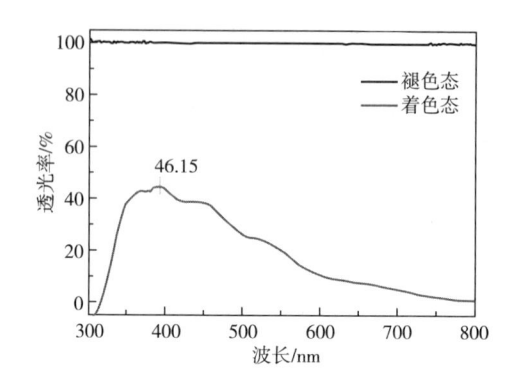

图 9-12 最终着色态与褪色态电致变色器件透光率对比图

9.4.1 外加电场的电压信号大小对着色时间影响

在不同电压的电场下对刚性全固态电致变色器件施加电场进行测试，刚性全固态电致变色器件着色前后如图 9-13 所示，其中图 9-13（b）为着色后电致变色器件最终状态的实验图。

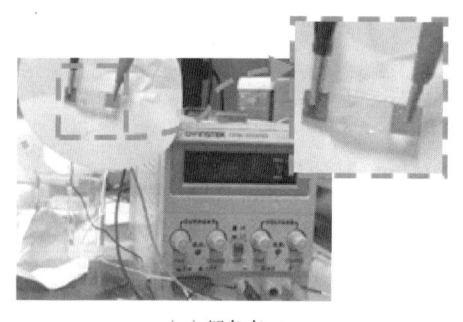

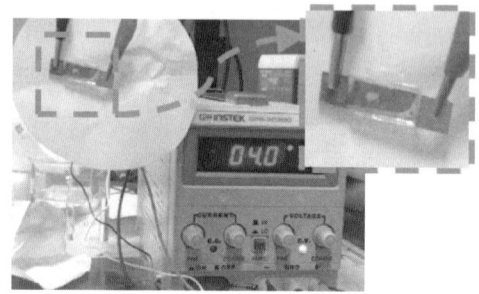

（a）褪色态ECD　　　　　　（b）着色态ECD

图 9-13 刚性全固态电致变色器件变色对比图

通过测量相应电压下刚性全固态电致变色器件的透光率，得到如图 9-14 所示的透光率。从图中可以发现，在相同电场持续时间下，刚性全固态电致变色器件最终着色态透光率随着电压的增加而降低。

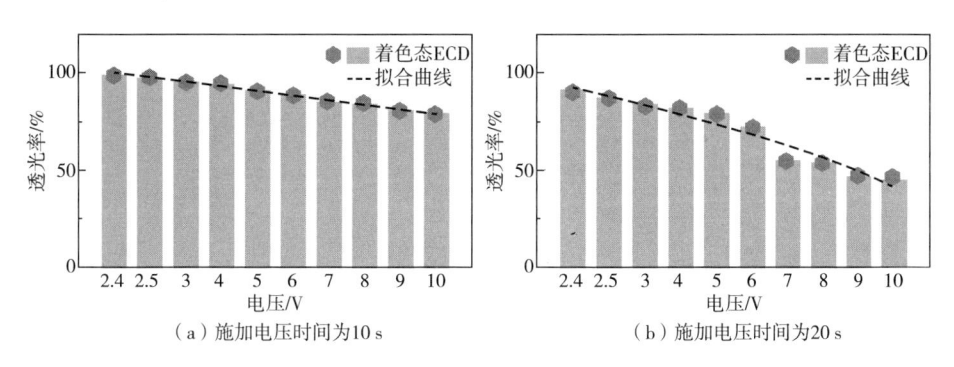

图 9-14 刚性全固态电致变色器件在相同时间不同电压下透光率对比图

9.4.2 外加电场的电压信号持续时间对着色效果影响

本小节将研究在施加同一电压信号大小的外加电场下不同电场持续时间对刚性全固态电致变色器件着色效果的影响。保持相同的电压信号，通过对电致变色器件施加不同的持续时间，通过 PE Lambda950 紫外—可见—近红外分光光度计测量各施加时间下的透光率如图 9-15 所示。

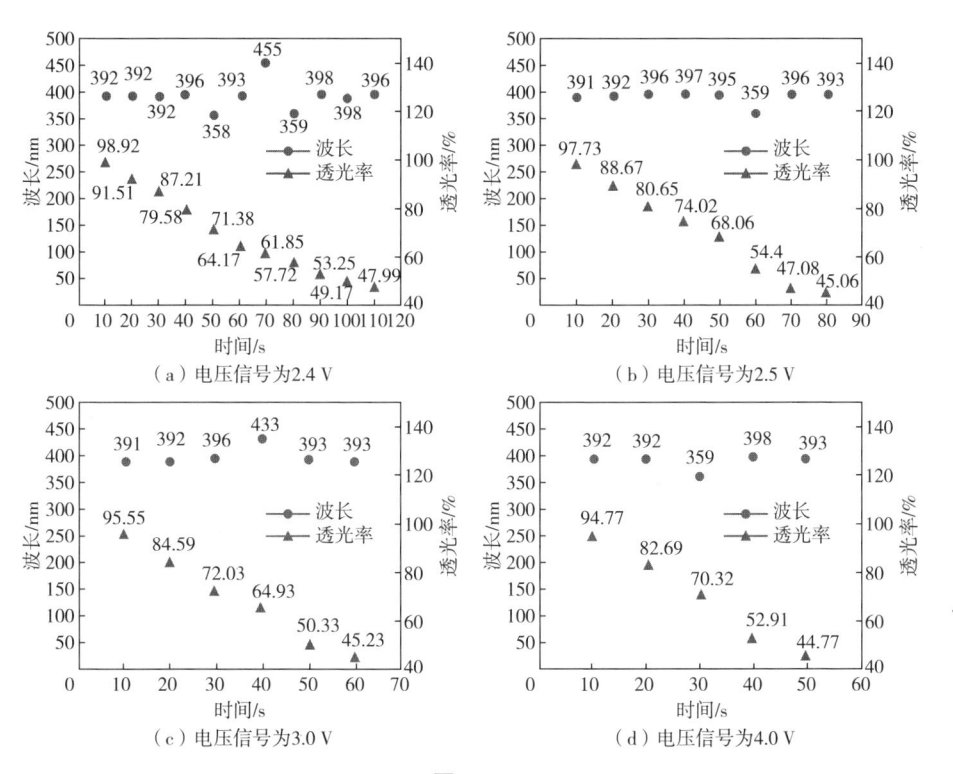

图 9-15

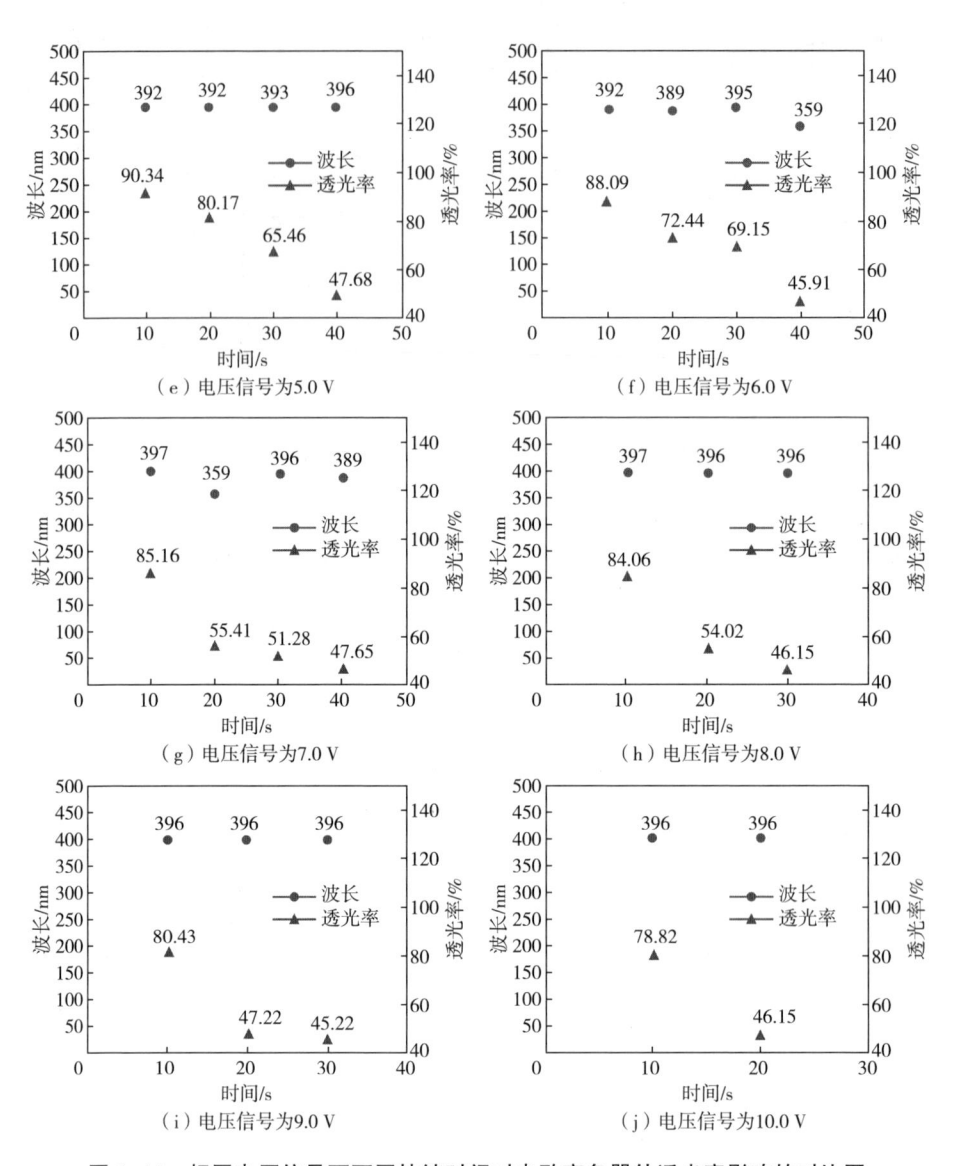

图 9-15 相同电压信号下不同持续时间对电致变色器件透光率影响的对比图

从图中可以发现,本研究设计的全固态电致变色器件着色效果随着电压信号的持续时间增加逐渐增强,并且该类型电致变色器件具有良好的工作性能以及着色性能。通过在表 9-4 中电压值的电场中对器件进行加电测试,得到了外加电场的电压信号大小对刚性全固态电致变色器件变至最终着色态时所需着色时间 T_c 的影响。通过大量的实验研究,得到不同外加电场信号大小与着色时间 T_c 之间的对应如表 9-4 所示。

表 9-4　着色时间与电压的对应表

U/V	2.3	2.4	2.5	3	4	5	6	7	8	9	10
T_C/s	>180	105	71	53	45	38	36	33	24	20	18

从表 9-4 可以得出，本研究中制备的刚性电致变色器件的最低有效驱动电压为 2.4 V，所需着色时间 T_C 为 105 s。对表 9-4 进行数据拟合可得图 9-16，通过拟合曲线可以得出电压与变色所需时间之间的关系如式（9-4）所示，可以通过公式对刚性全固态电致变色器件的着色效果进行调控，刚性全固态电致变色器件的着色时间可调整电压值来控制。

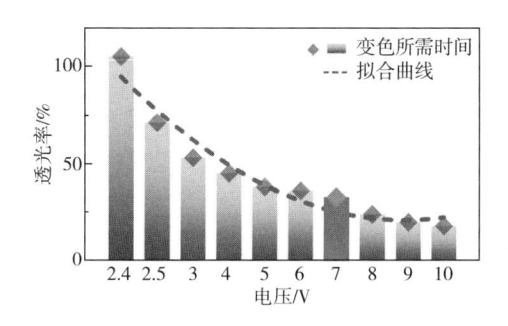

图 9-16　刚性全固态电致变色器件施加电压值与变色所需时间之间的对应图

$$T_C = 114.48 - 21U + 1.19U^2 \qquad (9-4)$$

式中：U——电致变色器件所施加电压，单位为伏特（volt，V）；

T_C——施加电压时电致变色器件从褪色态转变为最终着色态所需时间，单位为秒（second，s）。

9.5　本章小结

本章节主要研究了一种全固态电致变色器件的变色机理与制备工艺，并且获得了以下结论：

①采用固体电介质薄膜 Nafion 膜和 WO_3 材料设计了一种全固态电致变色器件，揭示了该类型电致变色器件的变色机理。研究通过 Nafion 膜的水合离子通道的开合可对离子传输进行控制，实现对变色效果的调控。

②探索了全固态电致变色器件各膜层旋涂制备再组装的制备方法，电致变色层 WO_3 薄膜质子充电过程确保电致变色器件实现变色效果。

③综合分析了全固态电致变色器件制备过程中各参数，通过多次旋涂 Nafion

超薄膜堆叠形成电致变色器件所需 Nafion 薄膜,使膜内存在平行排列并通过超薄膜连接的水合离子通道,有效快速实现离子迁移。

④进一步研究得到相同外加电场持续时间,电压与电致变色器件着色态透光率呈负相关;相同外加电场电压信号,信号持续时间与电致变色器件着色态透光率呈负相关,并得到电压与变色所需时间之间的规律为 $T_c = 114.48 - 21U + 1.19U^2$。

第10章 一体化柔性全固态电致变色器件制备的研究

为增加全固态电致变色器件结构机械强度，延长器件循环使用寿命，本章采用固体电介质薄膜 Nafion 膜和 WO_3 材料，通过化学/物理的方式制备了一种一体化的柔性全固态电致变色器件，将器件各膜层紧密结合，实现一体化制备柔性全固态电致变色器件的目标。

10.1 一体化制备柔性全固态电致变色器件

由于全固态电致变色器件中作为离子导电层/离子存储层的离子交换膜 Nafion 薄膜的界面阻力大，当离子交换膜成膜后通过粘结的方式覆盖顶层电极，电致变色器件需要更高的驱动电压驱动离子交换膜内部离子进行交换。为了实际应用，应尽可能降低电致变色器件的驱动电压，并解决非一体化柔性全固态电致变色器件在复杂曲面膜层易剥离导致无法变色的问题。因此本研究通过将电致变色器件中离子导电层/离子存储层 Nafion 薄膜与电极镶嵌在一起，实现一体化制备柔性全固态电致变色器件。

10.1.1 柔性全固态电致变色器件透明导电层选择

在 ITO 制备过程中需要较高温度（200 ℃），但 Nafion 薄膜工作温度不应超过 120 ℃（超过 120 ℃会造成 Nafion 内部失水，离子通道收缩，无法完成离子交换，而再次溶胀之后会造成结构分层解体），因此应选择其他柔性透明导电层。在选择透明导电层材料时，银纳米线透明导电薄膜是柔性导电膜中 ITO 的最佳替代品，所以本研究选择银纳米线透明导电薄膜作为一体化柔性全固态电致变色器件的透明导电层。

透明导电层有顶层（与 Nafion 薄膜接触）与底层（与 WO_3 薄膜接触）两层。由于与电致变色层 WO_3 薄膜接触的底层导电层易被 WO_3 前体液氧化，所以选择底层导电层材料时应注意避免选择易被氧化材料。经过实验验证发现，银纳米线薄膜作为底层透明导电层薄膜时会被氧化，电导率急剧下降，无法作为与 WO_3 薄膜接触的透明导电层，所以依旧使用 ITO/PET 复合导电膜作为底层导电层与 WO_3 薄膜接触，使用柔性银纳米线透明导电薄膜作为顶层导电层，设计结构如图 10-1 的柔性全固态电致变色器件。

图 10-1　一体化制备柔性全固态电致变色器件结构

10.1.2　银纳米线透明导电薄膜制备工艺研究

由于银纳米线透明导电薄膜作为底层导电层时会被氧化，无法作为电极层，所以本小节研究的银纳米线透明导电薄膜制备工艺主要针对与 Nafion 薄膜接触的顶层导电层，喷涂法制备流程如图 10-2 所示。

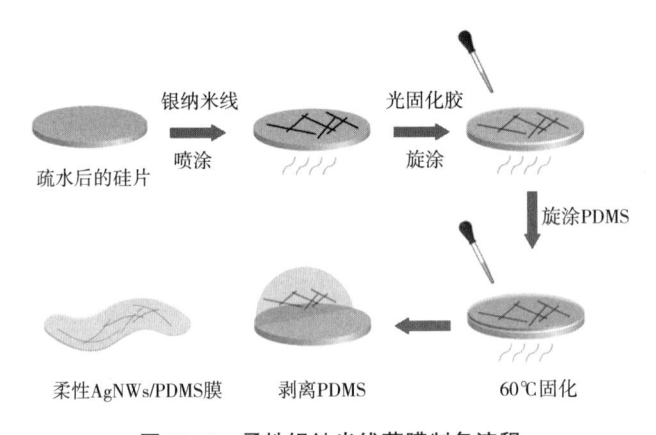

图 10-2　柔性银纳米线薄膜制备流程

①喷涂银纳米线前体液，在清洁后的刚性基底上喷涂银纳米线乙醇分散液（银纳米线直径为 40~55 nm，长度为 55~80 μm），得到银纳米线透明导电薄膜，将其放置在 80 ℃加热板上烘干 10~15 min，然后在 180~220 ℃的烘箱里进行固化处理 15~20 min。

②旋涂光固化胶增强银纳米线薄膜粘结性，在银纳米线透明导电薄膜上以 6000 r/min 的速度旋涂 30 s 无色透明的光固化胶 Norland Optical Adhesive 61（NOA 61），得到光固化胶/银纳米线复合透明导电薄膜，将复合膜在 UV 光下照射 15 min 进行固化。

③封装柔性银纳米线薄膜形成柔性透明导电层,采用美国道康宁 184 硅橡胶以预聚物和固化剂按质量比 10∶1 均匀混合,将真空处理后的 PDMS 溶液滴加在光固化胶/银纳米线复合透明导电薄膜上,以 800 r/min 的速度旋涂 50 s,得到完整 PDMS 薄膜后进行加热 60 ℃固化 2 h,固化 PDMS 后从刚性基地上剥离,得到柔性银纳米线薄膜,AgNWs 与 Nafion 薄膜接触界面结构如图 10-3 所示。

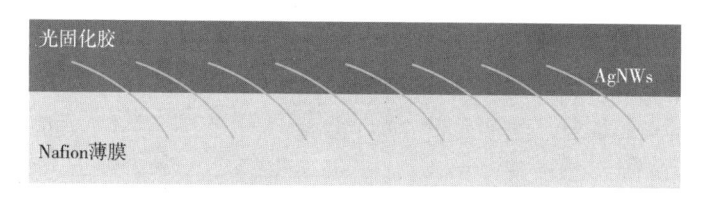

图 10-3　AgNWs 与 Nafion 薄膜接触界面结构

根据上述制备流程可以得到如图 10-4(a)所示的柔性银纳米线透明导电膜,通过 GeminiSEM 500 型场发射扫描电子显微镜可以观察到柔性银纳米线透明导电膜表面。

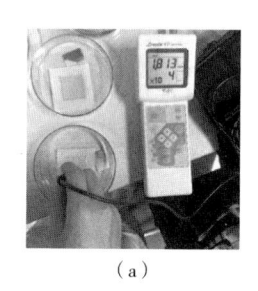

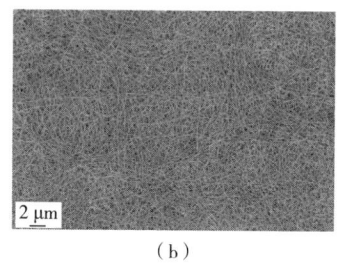

图 10-4　AgNWs/PDMS 复合导电膜实物与电镜图

在喷涂法制备银纳米线薄膜时,选择 1 mg/mL 的银纳米线分散液,使用直径为 0.5mm 的喷笔分别喷涂 20 s、30 s、40 s、50 s,制备完成后的柔性银纳米线薄膜通过 PE Lambda950 紫外—可见—近红外分光光度计测得透光率分别为 96.3%、91.8%、85.5%、79.2%,如图 10-5 所示。通过四探针法测量所制备 AgNWs/PDMS

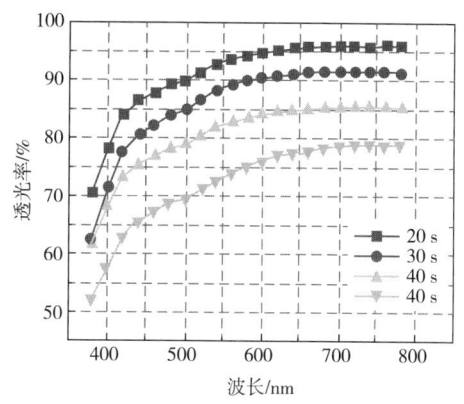

图 10-5　不同喷涂时间下 AgNWs/PDMS 复合导电膜透光率

复合导电膜的表面方阻分别为 70.5 Ω、13.3 Ω、8.7 Ω、2.7 Ω，复合导电膜表面微结构电镜图如图 10-6 所示。

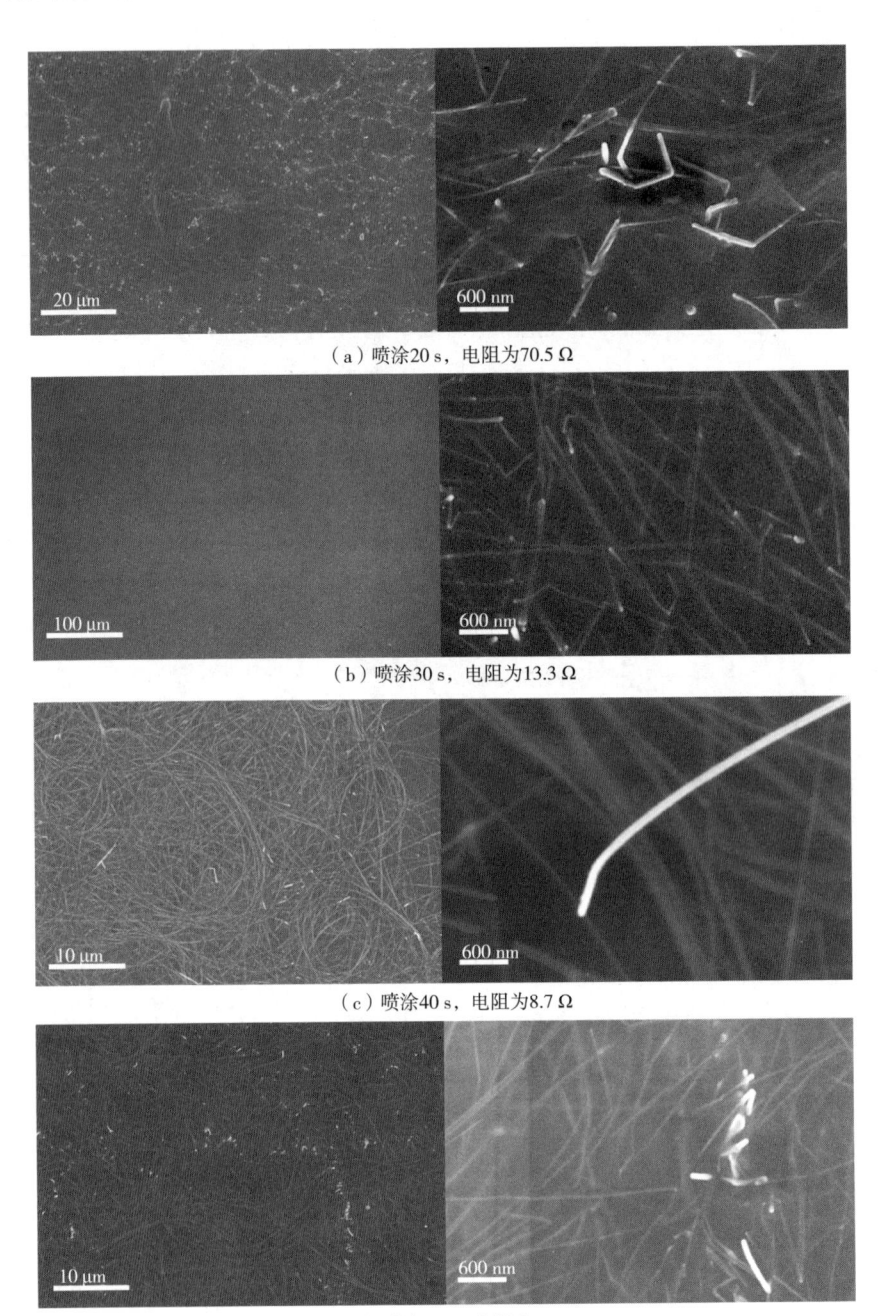

(a) 喷涂20 s，电阻为70.5 Ω

(b) 喷涂30 s，电阻为13.3 Ω

(c) 喷涂40 s，电阻为8.7 Ω

(d) 喷涂50 s，电阻为2.7 Ω

图 10-6　不同喷涂时间下 AgNWs/PDMS 复合导电膜表面微结构电镜

第 10 章　一体化柔性全固态电致变色器件制备的研究

由于使用银纳米线分散液单次喷涂形成导电薄膜时，前期喷涂的 AgNWs 还未与 Nafion 薄膜形成物理粘结便被持久的喷枪喷力吹散聚集，如图 10-7 所示的表面结构。这样的复合导电膜表面电阻分布不均匀，无法正常为电致变色器件提供稳定外加电场。因此本研究进行多次少量喷涂银纳米线分散液，通过少量喷涂 AgNWs 前体液后等待片刻，使 AgNWs 与 Nafion 薄膜产生粘结，并且互相之间产生粘结，防止 AgNWs 产生聚集现象，确保形成均匀透明导电层，提供稳定电场信号，驱动 Nafion 交换膜内离子氢离子迁移，实现柔性全固态电致变色器件在电场作用下发生变色行为。

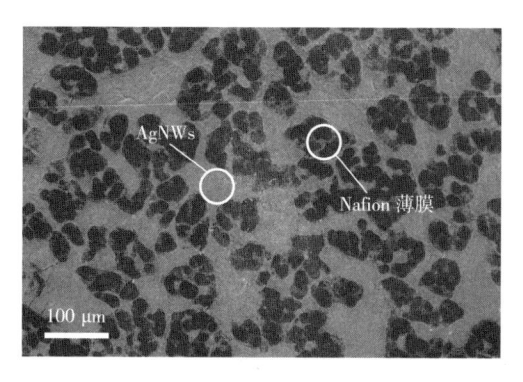

图 10-7　不均匀复合导电膜表面微结构电镜图

在多次少量喷涂法制备银纳米线薄膜时，依旧选择 1mg/mL 的银纳米线分散液，使用喷笔喷涂 5 次、10 次、15 次、20 次，每次喷涂时间为 5 s、10 s、15 s、20 s，制备完成后的柔性银纳米线透明导电薄膜如图 10-8（a）所示，薄膜表面的导电膜层通过摩擦后未发生银纳米线掉落现象，表面电阻未发生改变。

为研究多次少量喷涂法制备的 AgNWs/PDMS 复合导电膜的柔性性能，本研究通过反复弯曲复合导电膜 50 次后测量表面方阻与表面完整度均未发生变化，最大弯曲程度如图 10-8（b）所示，此时曲率半径为 5cm。

经过大量实验，获得了不同制备参数所制得的银纳米线透明导电层，通过四探针法测量制备的 AgNWs/PDMS 复合导电膜表面方阻，表面电阻汇总如图 10-9 所示。考虑到电致变色器件外加电场驱动信号大小及控制变色难易程度，且制备的 ITO/PET 复合导电膜表面方阻为 6 Ω，所以选择表面电阻与 ITO/PET 透明导电层电阻值相近的制备参数进行 AgNWs/PDMS 复合导电膜的制备。因此，选择喷涂 10 s/次、共 5 次或 5 s/次、共 10 次作为 AgNWs/PDMS 复合导电膜的制备方案，这样制备的银纳米线透明导电薄膜具有柔性、可重复弯曲以及较高透明度的特性，为柔性全固态电致变色器件的一体化制备提供可能性。

(a)   (b)

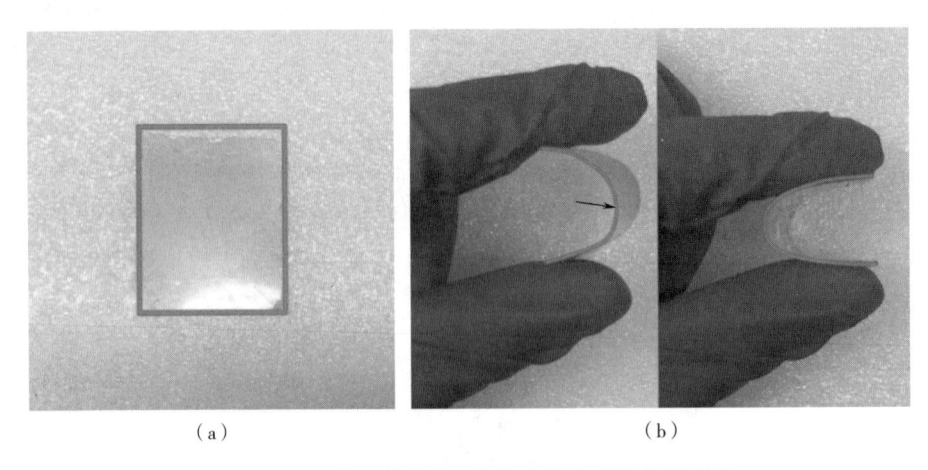

图 10-8 多次少量喷涂制备复合导电膜及柔性测试

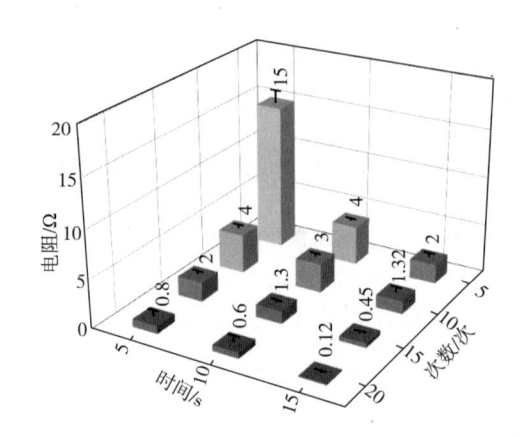

图 10-9 多次少量喷涂制备 AgNWs/PDMS 复合导电膜表面方阻

10.1.3 柔性全固态电致变色器件一体化制备流程

刚性全固态电致变色器件与非一体化柔性全固态电致变色器件制备过程如图 10-10 所示。在 ITO 透明导层上分层旋涂 WO_3 薄膜、Nafion 薄膜，将另一块大小相同的 ITO 透明导电层覆盖在 Nafion 薄膜上，通过无痕胶粘贴固定整个器件，完成全固态电致变色器件的制备。

而在一体化柔性全固态电致变色器件制备过程中，与上述流程不同的是在 ITO/PET 复合导电膜上分层旋涂 WO_3 薄膜、Nafion 薄膜，将银纳米线分散液多次少量喷涂在 Nafion 薄膜上形成一体化的透明导电层，通过光固化胶增加银纳米线之间的粘结，之后通过在表面热固化 PDMS 溶液进行封装形成一体化柔性全固态电致变色器件，制备流程如图 10-10 所示。

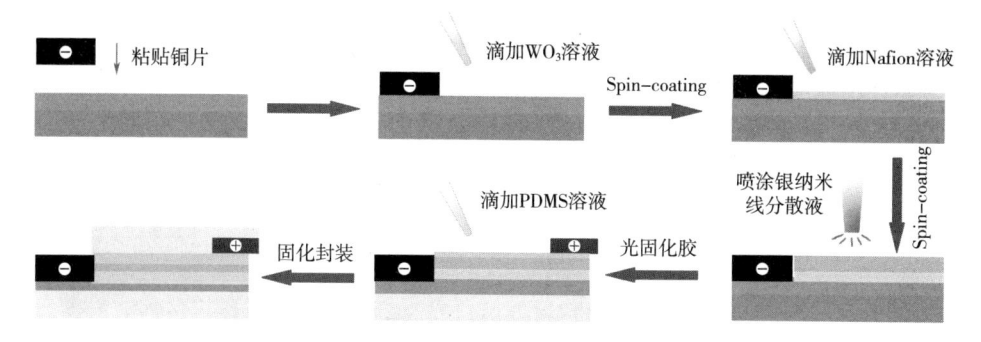

图 10-10　一体化柔性全固态电致变色器件制备流程

通过对一体化柔性全固态电致变色器件施加电场，一体化柔性全固态电致变色器件着色前后如图 10-11 所示，其中的图 10-11（a）为一体化柔性全固态电致变色器件褪色态，图 10-11（b）为一体化柔性全固态电致变色器件最终着色态。

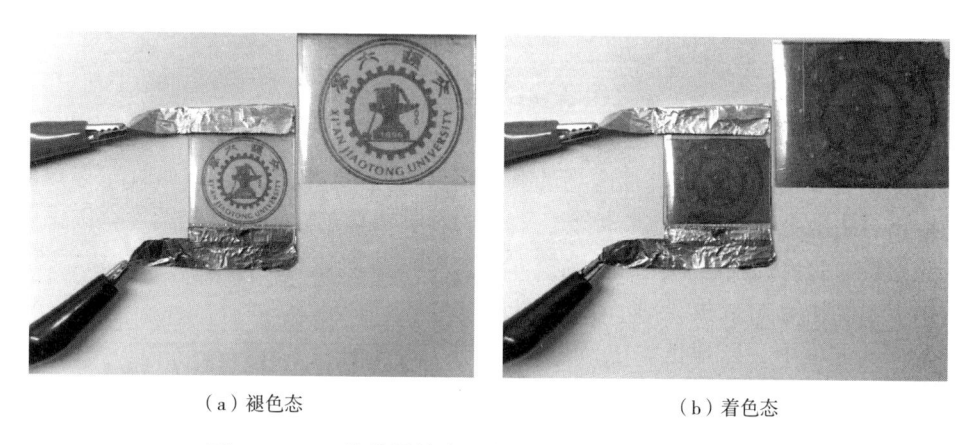

（a）褪色态　　　　　　　　　　（b）着色态

图 10-11　一体化柔性全固态电致变色器件变色对比图

10.2　柔性测试一体化柔性全固态电致变色器件

本研究中材料变色类似生物界变色龙的变色效果，因此为测试一体化柔性全固态电致变色器件的柔性性能，通过将上述制备的一体化柔性全固态电致变色器件紧贴在变色龙塑料玩具上，其脊椎部分的曲率半径为 1.5 cm。

在外加电场作用下，一体化柔性全固态电致变色器件的变色性能如图 10-12 所示，其中图 10-12（a）为电致变色器件褪色态，可以明显看到变色龙纹路；图 10-12（b）为电致变色器件最终着色态，变色龙身上的纹路几乎看不清。一体化柔性全固态电致变色器件粘贴在道具变色龙上，依旧保持其优良的变色行为，体现出此结构电致变色器件可适用于大曲率曲面。

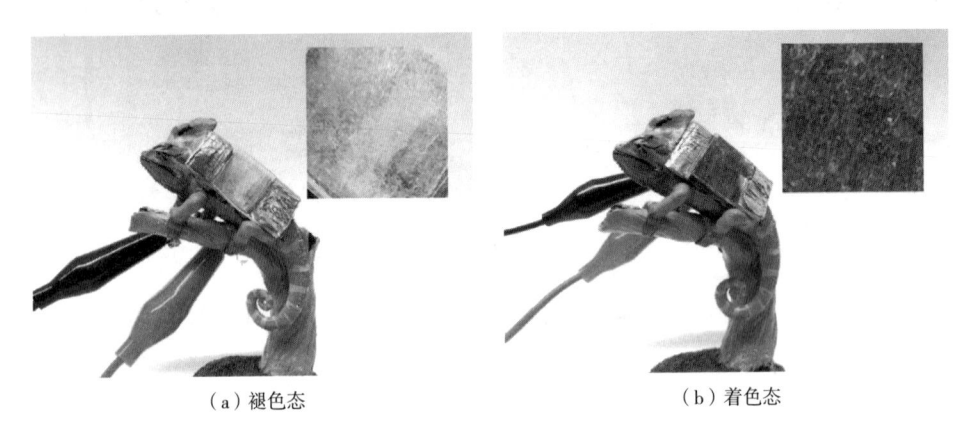

（a）褪色态　　　　　　　　　（b）着色态

图 10-12　一体化柔性全固态电致变色器件柔性测试过程图

10.3　结果与分析

本章节研究分析不同外加电场的刺激信号（电压/电流值、施加时间等）对一体化柔性全固态电致变色器件变色效果的影响，总结得到一体化柔性全固态电致变色器件变色的驱动临界值与调控方法。

为方便运算与数据处理，在本次测量过程中，以褪色态电致变色器件作为基底对 PE Lambda950 紫外—可见—近红外分光光度计进行校准，所以褪色态一体化柔性全固态电致变色器件透光率为 100%，最终着色态电致变色器件透光率为 45.23%，光学对比度为 54.77%。着色态与褪色态电致变色器件透光率如图 10-13 中紫色线条所示，与非

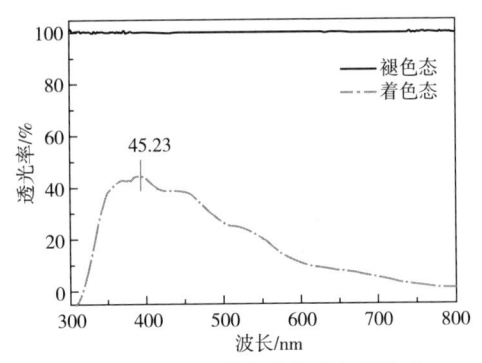

图 10-13　器件最终着色态与褪色态电致变色器件透光率对比图

一体化柔性全固态电致变色器件的透光率对比如图 10-14 所示，两者相差很小。

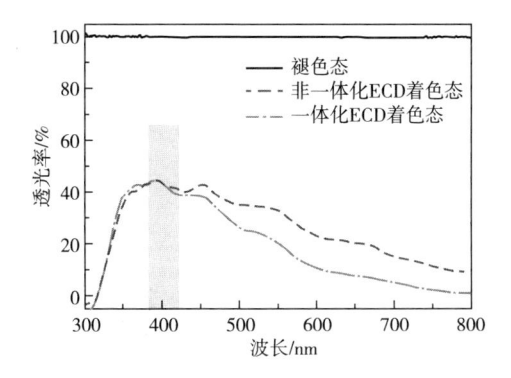

图 10-14　两种柔性全固态电致变色器件最终着色态透光率对比

10.3.1　一体化柔性电致变色器件受电场信号大小影响

通过测量相应电压下刚性全固态电致变色器件的透光率，得到如图 10-15 所示的透光率。从图中可以发现，在相同电场持续时间下，柔性全固态电致变色器件的透光率随着电压值增加而降低。

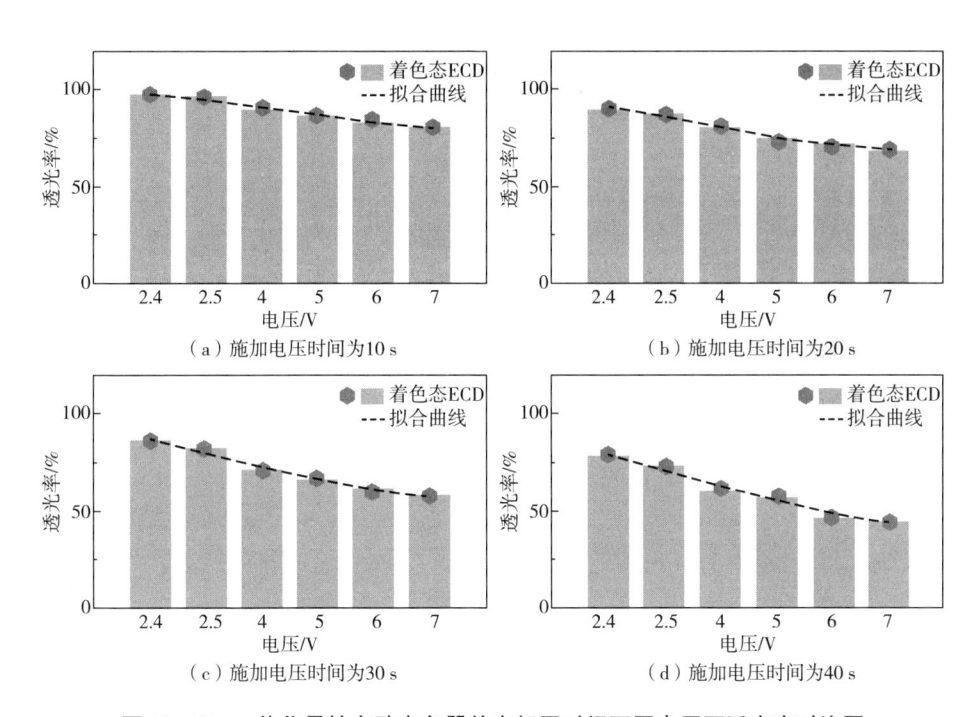

图 10-15　一体化柔性电致变色器件在相同时间不同电压下透光率对比图

10.3.2 一体化柔性电致变色器件受电压信号持续时间影响

本小节将研究在施加同一电压信号大小的外加电场下不同电场持续时间对柔性全固态电致变色器件着色效果的影响。保持相同的电压信号，通过对电致变色器件施加不同的持续时间，通过 PE Lambda950 紫外—可见—近红外分光光度计测量各施加时间下的透光率如图 10-16 所示。

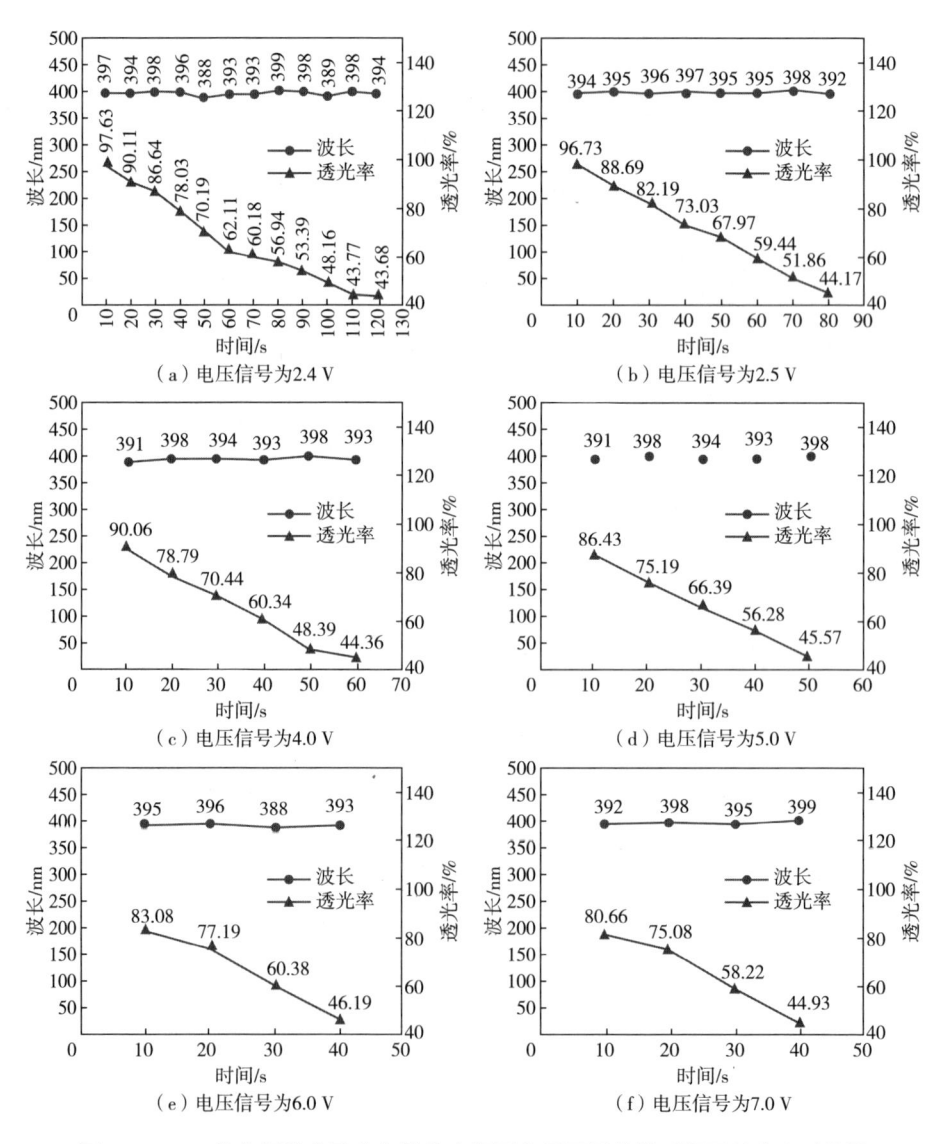

图 10-16 一体化柔性电致变色器件在相同电压不同持续时间下透光率对比图

本小节进而研究外加电场的电压信号大小对一体化柔性全固态电致变色器件变至最终着色态时所需着色时间 T_C 的影响。通过大量的实验研究，得到不同外加电场信号大小与着色时间 T_C 之间的关系如表 10-1 所示。

表 10-1 着色时间与电压的对应表

U/V	2.4	2.5	4	5	6	7
T_C/s	114	79	53	44	38	34

结合图 10-13、表 10-1 可以发现当施加 5 V 电压持续 44 s 时，电致变色器件着色至最终态。从表 10-1 可以得出，本课题中制备的刚性电致变色器件的最低有效驱动电压为 2.4 V，所需着色时间 T_C 为 114 s，与非一体化柔性全固态电致变色器件缩短了 3.4%，体现一体化制备有助于减小 Nafion 薄膜界面动力学性能对器件变色着色时间的影响。通过拟合表 10-1 中着色时间与电压对应关系可得图 10-17，图中拟合曲线表示了电压与变色所需时间之间的关系如式（10-1）所示，可以通过公式对一体化柔性全固态电致变色器件的着色效果进行调控，可调整电压值来控制器件着色时间。

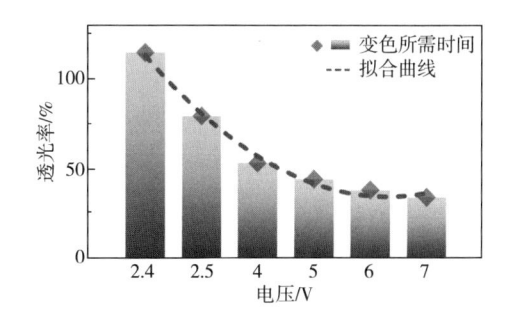

图 10-17 一体化柔性电致变色器件电压值与变色所需时间之间的对应图

$$T_C = 152.7 - 44.57U + 4.2U^2 \tag{10-1}$$

式中：U——电致变色器件所施加电压，单位为伏特（volt，V）；

T_C——施加电压时电致变色器件从褪色态转变为最终着色态所需时间，单位为秒（second，s）。

与非一体化柔性全固态电致变色器件的变色效果相比，一体化柔性全固态电致变色器件具有的透光率与光学对比等相似的性能参数，即一体化制备过程中电致变色器件的变色性能未改变，并解决了非一体化器件在复杂表面无法变色的问题。

10.4 本章小结

本章主要研究了一体化柔性全固态电致变色器件制备工艺以及外加电场对器件变色行为的影响，得到了以下结论：

①优化了柔性全固态电致变色器件制备工艺，实现器件一体化制备，解决了非一体化制备柔性全固态电致变色器件膜层在高复杂曲面膜层脱离的问题。

②进一步研究一体化柔性全固态电致变色器件变色性能，实现外加电场作用下的电致变色，着色态器件光学对比度达 54.77%，与非一体化柔性全固态点电致变色器件光学对比度相近，最低驱动电压 2.4V 时变色所需时间相较非一体化缩短了 3.4%，体现一体化制备有助于减小 Nafion 薄膜界面动力学性能对器件变色着色时间的影响。

③测试了该类型电致变色器件的柔性化，复杂高曲率道具变色龙表面张贴柔性器件，实现一体化柔性全固态电致变色器件在复杂曲面变色。

④进一步研究得到相同外加电场持续时间，电压与电致变色器件着色态透光率呈负相关；相同外加电场电压信号，信号持续时间与电致变色器件着色态透光率呈负相关，并得到电压与持续时间之间的规律为 $T_c = 152.7 - 44.57U + 4.2U^2$。

第11章 结论与展望

电致变色技术是通过施加电信号对颜色进行可逆控制的技术,其中柔性电致变色技术具有柔性好、响应快、能耗低、能量密度高、化学稳定等特点,在智能窗、信息显示、电子纸、电子皮肤等领域具有广阔的应用前景,因而在众多变色技术中脱颖而出,受到国内外学者的高度关注。本文对电活性材料驱动的柔性光子晶体结构调控色关键技术及其应用展开了深入研究,首先研究柔性光子晶体的力致变形模型和光学特性的数值分析模型,以实现对柔性光子晶体力致变色过程的分析。其次研究柔性光子晶体的制备工艺,探究柔性光子晶体的力致变色行为规律、循环力致变色稳定性及其在应变传感中的应用。再次研究柔性光子晶体的结构和工艺参数对其性能的影响规律,建立材料结构和工艺参数的多目标优化模型,为特定使用需求下的结构和工艺参数设计提供依据。最后基于典型电活性材料研究了若干种电致变色技术,研发了兼顾表面柔性好、大变色范围和低驱动电压的柔性电致变色器件,并对器件的关键性能进行了深入研究。本文的研究成果有助于推动电致变色技术和多功能柔性驱动器的研究发展,为该技术的实际应用奠定了一定的基础。

11.1 研究结论

本文对基于电活性材料的柔性电致变色关键技术及其应用展开研究,主要涉及力致变色理论模型研究、柔性光子晶体制备工艺和力致变色性能研究、材料结构和工艺参数的多目标优化方法、电致变色器件的设计制造及其电致变色性能等研究内容。本文的研究工作内容和主要结论如下:

①鉴于柔性光子晶体的变色过程分析涵盖"外场作用下变形"与"变形导致变色"两个层面,为了明确柔性光子晶体变色过程的分析思路,首先研究光子晶体的电磁波理论,明确光子晶体产生光学效应的物理学本质。在此基础上确定了力致变色分析流程,即依次分析力致变形特性和光学特性。其次采用弹性力学理论中的应变能模型,研究柔性光子晶体的力致变形模型,确定柔性光子晶体变形过程中各形状特征的相互关系。再次,研究光子晶体光学特性的数值分析模型,确定了进行柔性光子晶体建模及光学特性求解的一般流程。最后按照确定的力致变色分析方法对一个柔性光子晶体力致变色实例进行了分析,验证了分析方

法的可行性。

②分析了现有柔性光子晶体力致变色性能中存在的不足及其原因，在此基础上，以开发能在小应变量下实现覆盖整个可见光区域的大变色范围的柔性光子晶体为目标，从材料、结构和工艺角度入手，提出采用184硅橡胶为基体材料，结构设计为具有二维空气柱的纳米结构，并利用二次压印技术制备柔性光子晶体。然后，深入研究了该柔性光子晶体的制备工艺以及力致变色行为规律，探究了应变、微纳结构变形、颜色之间的影响规律。研究了材料的循环变色稳定性，并对其在应变传感中的应用进行了探讨。研究结果表明，以184硅橡胶为基体材料，采用两次纳米压印法制备的柔性光子晶体具有良好的工艺性；该柔性光子晶体可在30%小应变下实现覆盖整个可见光范围的颜色变化（$\Delta\lambda$ = 180 nm），结构色随应变的增大而逐渐蓝移；试验结果与数值分析结果的一致性也证明了本文第2章给出的数值计算模型的正确性。此外，在2000次循环工作前后，材料在同样应变下的带隙中心波长移动量和反射率峰值均无显著变化，具有较好的循环工作稳定性；该柔性光子晶体在应变测量中的应用结果表明，对于小于30%的应变范围具有较高的灵敏度。

③针对柔性光子晶体结构及工艺参数缺乏优化方法的问题，本文首先通过数值分析方法研究了柔性光子晶体的晶格结构参数对其性能的影响规律，探究了不同排布方式、不同晶格常数、不同晶格单元形状和尺寸等因素对柔性光子晶体性能的影响。其次利用试验对柔性光子晶体工艺参数对性能的影响规律进行研究，通过实验分析了不同基体材料、不同材料配比、添加剂和固化温度对其性能的影响。最后，考虑到结构及工艺参数的多样性、优化目标的多重性以及工艺过程的非结构性，提出基于多色集合理论框架，结合数值分析以及试验得到了分析结果，建立了基于多色集合框架的柔性光子晶体结构和工艺参数的多目标优化模型，从而为特定使用需求下选择适当的结构和工艺参数提供了依据。研究结果表明，对于结构参数而言，晶格常数和单元截面尺寸对柔性光子晶体的变色性能影响较大，材料晶格常数越大，相同应变下的变色范围也越大。材料单元截面尺寸越大，相同应变下的变色范围越小。晶格排布方式、单元高度和形状对柔性光子晶体的变色性能影响不大；对于工艺参数而言，184硅橡胶、186硅橡胶和296树脂三种基体材料的材料配比对变色性能有一定影响但并不显著。在制备光子晶体过程中，184硅橡胶不需添加剂，但186硅橡胶和296树脂需要添加剂的稀释作用才能制备出具备良好显示效果的柔性光子晶体。固化温度对柔性光子晶体的变色性能影响较小；利用本文所建立的多目标优化模型依据功能相关度确定的最优方案为：材料为184硅橡胶、三角形排布、晶格常数为600 nm、圆形晶格单元直径和高度均取300 nm、材料A和B组分配比为10∶1、固化时在60 ℃下加

热 4 h。

④通过分析现有电致变色器件性能中存在的不足，本文确定了研发能兼顾低驱动电压和大变色范围的电致变色器件的目标。根据形状记忆合金的变形特性和柔性光子晶体的力致变色特性，提出并研发了基于形状记忆合金的电致变色器件，并分析该器件在电信号作用下的力学特性、电致变形特性和电致变色特性。最后分析了该器件的循环工作稳定性，并探索其在动态显示方面的应用。研究结果表明，该基于形状记忆合金的电致变色器件变色驱动电压为 1.0 V 时，变色范围可以覆盖整个可见光区域（$\Delta\lambda$ = 180 nm）并具有良好的均匀性；在 1.0 V 电压作用下器件完成变色所需时间为 52.4 s，且驱动电压越大响应时间越短；在器件分别变化到各典型颜色时关闭电源保持 100 s，反射光谱波长变化曲线和位移曲线均可以保持水平，说明器件的端点位移和颜色均无明显变化，具有较好的形状和颜色保持能力；2000 次以下的循环工作次数对器件的电致变色性能影响很小，在同样应变下的带隙中心波长变化和反射率峰值均无明显变化，说明该器件具有较好的循环工作稳定性；总体来看，该器件具有驱动电压低、柔性好、变色范围广、变色区域面积大等特点，同时具有很好的动态显示和伪装能力，并具有良好的抗冲击性能。上述性能为其在伪装功能材料和器件领域的发展提供了良好的前景。

⑤为了进一步实现电致变色技术兼顾表面柔性、变色范围和低驱动电压的目标，首先提出并研究了捻卷型人工肌肉（TCA）驱动的电致变色器件的设计和制备工艺。其次分析了该器件在电压作用下的电致变色性能，包括 TCA 的变形性能、器件的电致变形性能及变色性能。最后，还研究了电致变色器件的循环工作稳定性。研究结果表明，在 80 mA 的工作电流下，TCA 驱动的电致变色器件的波长变化范围 $\Delta\lambda$ 可以达到 165 nm，颜色可覆盖几乎整个可见光范围并具有良好的均匀性；在 80 mA 电流下器件中 TCA 的最高表面温度在 3 s 内可升至 39.8 ℃，变色完成后的最高表面温度约 70.7 ℃。整个变色过程可以在 90 s 内完成，具有较快的电致变色响应速度；200 次以下的循环工作次数对器件的电致变色性能影响很小，在同样的应变下带隙中心波长变化和反射率峰值均无明显变化。以上结果说明该器件具有较好的循环工作稳定性。

⑥通过分析现有 DE 驱动的电致变色器件性能的优势和不足，首先确定了实现电致变色的快速响应，同时使 DE 材料驱动的电致变色器件具有应变输出能力的目标。其次提出并研究了一种纯剪切型 DE 驱动的电致变色器件的设计和制备工艺。再次分析了该电致变色器件在电压作用下的电致变色性能，包括器件的力电性能、响应性能和电光性能。最后对器件在变形机翼驱动蒙皮中的应用展开研究，验证了器件性能的优势和应用价值。研究结果表明，当外加电压达到 3.5 kV

时，纯剪切型 DE 驱动的电致变色器件开始产生明显的变形，在电压达到 6.5 kV 时，器件的波长变化范围 Δλ 可以达到 180 nm；当电压瞬间增大 500 V 时，器件可以在少于 95 ms 的时间内完成主要变形，在 450 ms 时间内进入下一个稳定状态。这说明器件对电压变化具有较快的响应速度，可以应用于动态快速变色的领域；该器件在实现覆盖整个可见光范围的颜色变化（Δλ = 180 nm）的前提下，可以产生30%的应变输出，同时该器件也具备了其他研究中柔性好、集成度高的优点。这解决了基于封闭式 DE 的电致变色器件所面临的不能对外输出变形或应变的问题，对电致变色器件在各种新型驱动结构和装置中的应用非常关键。器件兼顾柔性、大变色范围和应变输出能力，可以作为蒙皮驱动变形机翼改变位姿，同时其颜色可随变形变化，因此可以通过颜色变化判断机翼位姿的角度范围，进而通过改变电压对机翼位姿进行有效控制，具有明确的应用价值。

⑦设计并制备了一款具有 4 层 DE 以及外部框架的驱动器，将基底为硅橡胶 186 的光子晶体通过硅橡胶粘结剂粘贴在该驱动器的 DE 膜上表面，就得到了电致变色器件，通电即可实现颜色的调控。电致变色器件通电 6 kV 时能够实现最大 31.2% 的线应变。在电压为零时初始颜色为蓝色，在 4 kV 时转换为青色，在 5 kV 时转换绿色，在 6 kV 时转换为红色，从而实现了光子晶体可见光全域变色的电调控目标。器件的变色响应时间在毫秒级，在加电的瞬间电致变色器件即可产生变形从而出现颜色的变化，且电压与颜色有一一对应的关系，在撤去电压后，电致变色器件可以迅速恢复到初始状态。从而表明本文设计的电致变色器件弥补了手工施加外力产生机械变形的速度慢、难以调控的不足。

⑧采用固体电介质薄膜 Nafion 膜和 WO_3 材料设计了一种全固态电致变色器件，揭示了该类型电致变色器件的变色机理。研究通过 Nafion 膜的水合离子通道的开合可对离子传输进行控制，实现对变色效果的调控。探索了全固态电致变色器件各膜层旋涂制备再组装的制备方法，电致变色层 WO_3 薄膜质子充电过程确保电致变色器件实现变色效果。综合分析了全固态电致变色器件制备工程中各参数，通过多次旋涂 Nafion 超薄膜堆叠形成电致变色器件所需 Nafion 薄膜，实现膜内存在平行排列并通过超薄膜连接的水合离子通道，有效快速实现离子迁移。进一步研究得到相同外加电场持续时间下，电压与电致变色器件着色态透光率呈负相关；相同外加电场电压信号下，信号持续时间与电致变色器件着色态透光率呈负相关，并得到电压与变色所需时间之间的规律。

⑨优化了柔性全固态电致变色器件制备工艺，实现器件一体化制备，解决了非一体化制备柔性全固态电致变色器件膜层在高复杂曲面膜层脱离的问题。进一步研究一体化柔性全固态电致变色器件变色性能，实现外加电场作用下电致变色器件变色，着色态器件光学对比度达 54.77%，与非一体化柔性全固态电致变色

器件光学对比度相近，最低驱动电压 2.4 V 时变色所需时间相较于非一体化缩短了 3.4%，体现一体化制备有助于减小 Nafion 薄膜界面动力学性能对器件变色着色时间的影响。测试了该类型电致变色器件的柔性化，复杂高曲率道具变色龙表面张贴柔性器件，实现一体化柔性全固态电致变色器件在复杂曲面变色。进一步研究得到相同外加电场持续时间下，电压与电致变色器件着色态透光率呈负相关；相同外加电场电压信号下，信号持续时间与电致变色器件着色态透光率呈负相关，并得到电压与持续时间之间的规律。

11.2 创新点

综上所述，本文的主要创新点如下：

①针对现有柔性光子晶体力致变色难以兼顾小应变与大变色范围的性能不足，本文提出采用 184 硅橡胶为基体材料，利用两次纳米压印工艺制备空气柱型二维柔性光子晶体的改进思路，首次实现了在 30% 小应变下覆盖整个可见光范围的结构色变化，以及良好的变色循环工作稳定性和表面抗冲击性，同时提高了制备效率和模板的可重复性。

②针对现有柔性光子晶体结构及工艺参数的优化几乎是空白的问题，本文首次提出了利用多色集合理论对结构及工艺构建多目标优化模型的思路，在数值分析与实验研究揭示了柔性光子晶体结构及工艺参数对其变色性能的影响规律基础上，首次利用多色集合理论整合了各参数对材料变色性能的影响并建立了相应的推理机制，可以实现针对特定目标的柔性光子晶体结构和工艺参数方案的优选设计。

③为了满足电致变色器件在不同应用场合中变色范围大、驱动电压低、柔性好、响应快等性能需要，在分析现有柔性电致变色器件不足的基础上，首次提出并制备了一种兼顾大变色范围和低驱动电压的基于形状记忆合金的电致变色器件；提出并制备了一种兼顾大变色范围、低驱动电压和表面柔性的捻卷型人工肌肉驱动的电致变色器件；提出并制备了一种兼顾大变色范围、响应快速和应变输出能力的基于介电弹性体的电致变色器件。多个具有不同特性的电致变色器件的开发为实际应用奠定了基础。

11.3 展望

本文对基于电活性材料的柔性电致变色关键技术及其应用进行了深入研究，包括柔性光子晶体的力致变色理论模型、制备工艺及力致变色性能、结构和工艺参数优化、基于电活性材料的柔性电致变色器件制备及关键性能研究等，研究成果为电致变色技术和多功能柔性驱动器的研究发展和实际应用奠定了基础。但受限于研究时间、实验条件和笔者的认知程度，笔者认为目前的研究中尚有一些方面有待继续深入探究，主要包括以下几点：

①本文提出的柔性光子晶体的颜色变化对小于30%的应变范围具有较高的灵敏度，因此可以应用于小应变传感的场合。然而该材料的颜色变化只能反映特定的应变范围，无法精确显示具体的应变值和相应的应力值。因此，寻求以导电高分子复合材料作为填料，制备具有导电性能的柔性光子晶体，集成柔性力敏传感器和柔性光子晶体的功能是一个值得深入研究的方向。

②基于电活性材料的电致变色器件的变色特性可以在电信号作用下产生覆盖整个可见光区域的结构色变化，当应用于动态显示时具有很大的优势。在实际应用中，动态显示和信息传递可能要求多个电致变色器件进行图案的拼接以及动态改变。因此，后续研究工作可以尝试对多个器件组合进行协调控制，以动态地显示特定的图案和信息。

③本文提出的柔性光子晶体在拉伸过程中，延拉伸方向和垂直于拉伸方向的形状和尺寸产生了不同变化，导致结构由各向同性转变为各向异性。因此，后续研究工作可以尝试对比等双轴拉伸、单向拉伸等不同变形形式的变色效果，分析各向异性对变色性能的影响，以实现更为丰富的结构色调控是一个值得探索的研究方向。

参考文献

[1] Li L, Kolle S, Weaver J C, et al. A highly conspicuous mineralized composite photonic architecture in the translucent shell of the blue-rayed limpet [J]. Nature Communications, 2015, 6: 6322.

[2] Chen G J, Hong W. Mechanochromism of structural-colored materials [J]. Advanced Optical Materials, 2020, 8 (19): 2000984.

[3] Marlow F, Muldarisnur, Sharifi P, et al. Opals: status and prospects [J]. Angewandte Chemie-International Edition, 2009, 48 (34): 6212-6233.

[4] Parker A R, Welch V L, Driver D, et al. Structural colour: Opal analogue discovered in a weevil [J]. Nature, 2003, 426 (6968): 786-787.

[5] Sharma V, Crne M, Park J O, et al. Structural origin of circularly polarized iridescence in jeweled beetles [J]. Science, 2009, 325 (5939): 449-451.

[6] Gur D, Palmer B A, Leshem B, et al. The mechanism of color change in the neon tetra fish: a light-induced tunable photonic crystal array [J]. Angewandte Chemie (International Ed), 2015, 54 (42): 12426-12430.

[7] Zi J, Yu X D, Li Y Z, et al. Coloration strategies in peacock feathers [J]. Proceedings of the National Academy of Sciences of the United States of America, 2003, 100 (22): 12576-12578.

[8] Teyssier J, Saenko S V, Van Der Marel D, et al. Photonic crystals cause active colour change in chameleons [J]. Nature Communications, 2015, 6: 6368.

[9] Vatankhah-Varnosfaderani M, Keith A N, Cong Y D, et al. Chameleon-like elastomers with molecularly encoded strain-adaptive stiffening and coloration [J]. Science, 2018, 359 (6383): 1509-1513.

[10] Chen Z Y, Fu F F, Yu Y R, et al. Cardiomyocytes-actuated morpho butterfly wings [J]. Advanced Materials, 2019, 31 (8): e1805431.

[11] Niu S C, Li B, Mu Z Z, et al. Excellent structure-based multifunction of morpho butterfly wings: a review [J] Journal of Bionic Engineering, 2015, 12 (2): 170-189.

[12] Zhao Y J, Xie Z Y, Gu H C, et al. Bio-inspired variable structural color materials [J]. Chemical Society Reviews, 2012, 41 (8): 3297-3317.

[13] 俞洁, 慈明珠, 鲁泉玲, 等. TiO_2反蛋白石光子晶体最新研究进展 [J]. 影像科学与光化学, 2018, 36 (1): 14-32.

[14] 韩国志, 孙立国. 反蛋白石光子晶体的研究进展 [J]. 化学通报, 2009, 72 (4):

307-312.

[15] 王振领, 林君. 蛋白石及反蛋白石结构光子晶体 [J]. 化学通报, 2004, 67 (12): 876-882.

[16] Von Freymann G, Kitaev V, Lotschz B V, et al. Bottom-up assembly of photonic crystals [J]. Chemical Society Reviews, 2013, 42 (7): 2528-2554.

[17] 寇东辉, 马威, 张淑芬, 等. 一维光子晶体结构色材料的应用研究进展 [J]. 化工进展, 2018, 37 (4): 1468-1479.

[18] Xie Y, Meng Y, Wang W X, et al. Bistable and reconfigurable photonic crystals-electroactive shape memory polymer nanocomposite for ink-free rewritable paper [J]. Advanced Functional Materials, 2018, 28 (34): 1802430.

[19] Alexeev V L, Das S, Finegold D N, et al. Photonic crystal glucose-sensing material for noninvasive monitoring of glucose in tear fluid [J]. Clinical Chemistry, 2004, 50 (12): 2353-2360.

[20] Yin T H, Wu T H, Zhong D M, et al. Soft display using photonic crystals on dielectric elastomers [J]. ACS Applied Materials & Interfaces, 2018, 10 (29): 24758-24766.

[21] Cullen D K, Xu Y A, Reneer D V, et al. Color changing photonic crystals detect blast exposure [J]. Neuroimage, 2011, 54: S37-S44.

[22] Sandt J D, Moudio M, Clarj J K, et al. Stretchable optomechanical fiber sensors for pressure determination in compressive medical textiles [J]. Advanced Healthcare Materials, 2018, 7 (15): e1800293.

[23] Baetens R, Jelle B P, Gustavsen A. Properties, requirements and possibilities of smart windows for dynamic daylight and solar energy control in buildings: A state-of-the-art review [J]. Solar Energy Materials and Solar Cells, 2010, 94 (2): 87-105.

[24] 温熙森. 光子/声子晶体理论与技术 [M]. 北京: 科学出版社, 2006.

[25] 马锡英. 光子晶体原理及应用 [M]. 北京: 科学出版社, 2010.

[26] 张克勤, 袁伟, 张鹜. 光子晶体的结构色 [J]. 功能材料信息, 2010, 7 (5): 39-44.

[27] Fudouzi H. Fabricating high-quality opal films with uniform structure over a large area [J]. Journal of Colloid and Interface Science, 2004, 275 (1): 277-283.

[28] Kolle M, Lethbridge A, Kreysing M, et al. Bio-inspired band-gap tunable elastic optical multilayer fibers [J]. Advanced Materials, 2013, 25 (15): 2239-2245.

[29] Haque M A, Kamita G, Kurokawa T, et al. Unidirectional alignment of lamellar bilayer in hydrogel: one-dimensional swelling, anisotropic modulus, and stress/strain tunable structural color [J]. Advanced Materials, 2010, 22 (45): 5110-5114.

[30] Yue Y F, Kurokawa T, Haque M A, et al. Mechano-actuated ultrafast full-colour switching in layered photonic hydrogels [J]. Nature Communications, 2014, 5: 4659.

[31] Liu L J, Khan H A, Li J J, et al. A strain-tunable nanoimprint lithography for linear variable photonic crystal filters [J]. Nanotechnology, 2016, 27 (29): 295301.

[32] Kontogeorgos A, Snoswell D R E, Finlayson C E, et al. Inducing symmetry breaking in nano-

structures: anisotropic stretch-tuning photonic crystals [J]. Physical Review Letters, 2010, 105 (23): 233909.

[33] Urbas A M. Block copolymer photonic crystals [D]. Cambridge: Massachusetts Institute of Technology, 2006.

[34] Ito T, Katsura C, Sugimoto H, et al. Strain-responsive structural colored elastomers by fixing colloidal crystal assembly [J]. Langmuir, 2013, 29 (45): 13951-13957.

[35] Liu Z B, Xie Z Y, Zhao X W, et al. Stretched photonic suspension array for label-free high-throughput assay [J]. Journal of Materials Chemistry, 2008, 18 (28): 3309-3312.

[36] Sumioka K, Kayashima H, Tsutsui T. Tuning the optical properties of inverse opal photonic crystals by deformation [J]. Advanced Materials, 2002, 14 (18): 1284-1286.

[37] Lee G H, Choi T M, Kim B, et al. Chameleon-inspired mechanochromic photonic films composed of non-close-packed colloidal arrays [J]. ACS Nano, 2017, 11 (11): 11350-11357.

[38] Schafer C G, Gallei M, Zahn J T, et al. Reversible light-, thermo-, and mechano-responsive elastomeric polymer opal films [J]. Chemistry of Materials, 2013, 25 (11): 2309-2318.

[39] Liu C H, Ding H B, Wu Z Q, et al. Tunable structural color surfaces with visually self-reporting wettability [J]. Advanced Functional Materials, 2016, 26 (43): 7937-7942.

[40] Jethmalani J M, Ford W T. Diffraction of visible light by ordered monodisperse silica-poly (methyl acrylate) composite films [J]. Chemistry of Materials, 1996, 8 (8): 2138-2146.

[41] Fudouzi H, Sawada T. Photonic rubber sheets with tunable color by elastic deformation [J]. Langmuir, 2006, 22 (3): 1365-1368.

[42] Viel B, Ruhl T, Hellmann G P. Reversible deformation of opal elastomers [J]. Chemistry of Materials, 2007, 19 (23): 5673-5679.

[43] Wohlleben W, Bartels F W, Altmann S, et al. Mechano-optical octave-tunable elastic colloidal crystals made from core-shell polymer beads with self-assembly techniques [J]. Langmuir, 2007, 23 (6): 2961-2969.

[44] Finlayson C E, Spahn P, Snoswell D R E, et al. 3D bulk ordering in macroscopic solid opaline films by edge-induced rotational shearing [J]. Advanced Materials, 2011, 23 (13): 1540-1544.

[45] Jiang P, Bertone J F, Colvin V L. A lost-wax approach to monodisperse colloids and their crystals [J]. Science, 2001, 291 (5503): 453-457.

[46] Chernow V F, Alaeian H, Dionne J A, et al. Polymer lattices as mechanically tunable 3-dimensional photonic crystals operating in the infrared [J]. Applied Physics Letters, 2015, 107 (10): 101905.

[47] Zhu C, Xu W Y, Chen L S, et al. Magnetochromatic microcapsule arrays for displays [J]. Advanced Functional Materials, 2011, 21 (11): 2043-2048.

[48] Kim H, Ge J P, Kim J, et al. Structural color printing using a magnetically tunable and lithographically fixable photonic crystal [J]. Nature Photonics, 2009, 3 (9): 534-540.

[49] Xuan R Y, Ge J P. Photonic printing through the orientational tuning of photonic structures and its application to anticounterfeiting labels [J]. Langmuir, 2011, 27 (9): 5694-5699.

[50] Lee H, Kim J, Kim H, et al. Color-barcoded magnetic microparticles for multiplexed bioassays [J]. Nature Materials, 2010, 9 (9): 745-749.

[51] Gu Z Z, Fujishima A, Sato O. Photochemically tunable colloidal crystals [J]. Journal of the American Chemical Society, 2000, 122 (49): 12387-12388.

[52] Maurer M K, Lednev I K, Asher S A. Photoswitchable spirobenzopyran-based photochemically controlled photonic crystals [J]. Advanced Functional Materials, 2005, 15 (9): 1401-1406.

[53] Matsubara K, Watanabe M, Takeoka Y. A thermally adjustable multicolor photochromic hydrogel [J]. Angewandte Chemie (International Ed), 2007, 46 (10): 1688-1692.

[54] Arsenault A C, Puzzo D P, Manners I, et al. Photonic-crystal full-color displays [J]. Nature Photonics, 2007, 1 (8): 468-472.

[55] Puzzo D P, Arsenault A C, Manners I, et al. Electroactive inverse opal: a single material for all colors [J]. Angewandte Chemie (International Ed), 2009, 48 (5): 943-947.

[56] Hwang K, Kwak D, Kang C, et al. Electrically tunable hysteretic photonic gels for nonvolatile display pixels [J]. Angewandte Chemie (International Ed), 2011, 50 (28): 6311-6314.

[57] Zhang W, Anaya M, Lozano G, et al. Highly efficient perovskite solar cells with tunable structural color [J]. Nano Letters, 2015, 15 (3): 1698-1702.

[58] Walish J J, Kang Y, Mickiewicz R A, et al. Bioinspired electrochemically tunable block copolymer full color pixels [J]. Advanced Materials, 2009, 21 (30): 3078-3081.

[59] Shim T S, Kim S H, Sim J Y, et al. Dynamic modulation of photonic bandgaps in crystalline colloidal arrays under electric field [J]. Advanced Materials, 2010, 22 (40): 4494-4498.

[60] Lee I, Kim D, Kal J, et al. Quasi-amorphous colloidal structures for electrically tunable full-color photonic pixels with angle-independency [J]. Advanced Materials, 2010, 22 (44): 4973-4977.

[61] Shim H S, Shin C G, Heo C J, et al. Stability enhancement of an electrically tunable colloidal photonic crystal using modified electrodes with a large electrochemical potential window [J]. Applied Physics Letters, 2014, 104 (5): 051104.

[62] Weiss S M, Ouyang H M, Zhang J D, et al. Electrical and thermal modulation of silicon photonic bandgap microcavities containing liquid crystals [J]. Optics Express, 2005, 13 (4): 1090-1097.

[63] Yin T H, Wu T H, Zhong D M, et al. Soft display using photonic crystals on dielectric elastomers [J]. ACS Applied Materials & Interfaces, 2018, 10 (29): 24758-24766.

[64] Chang H K, Park J. Flexible all-solid-state electrically tunable photonic crystals [J]. Advanced Optical Materials, 2018, 6 (23): 1800792.

[65] Kim D Y, Choi S, Cho H, et al. Electroactive soft photonic devices for the synesthetic percep-

tion of color and sound [J]. Advanced Materials, 2019, 31 (2): e1804080.

[66] Zhao Q B, Haines A, Snoswell D, et al. Electric-field-tuned color in photonic crystal elastomers [J]. Applied Physics Letters, 2012, 100 (10): 101902.

[67] Xia J Q, Ying Y R, Foulger S H. Electric-field-induced rejection-wavelength tuning of photonic bandgap composites [J]. Advanced Materials, 2005, 17 (20): 2463-2467.

[68] Wang Z H, Zhang J H, Xie J, et al. Bioinspired water-vapor-responsive organic/inorganic hybrid one-dimensional photonic crystals with tunable full-color stop band [J]. Advanced Functional Materials, 2010, 20 (21): 3784-3790.

[69] Kang P G, Ogunbo S O, Erickson D. High resolution reversible color images on photonic crystal substrates [J]. Langmuir, 2011, 27 (16): 9676-9680.

[70] Kanai T, Lee D, Shum H C, et al. Gel-immobilized colloidal crystal shell with enhanced thermal sensitivity at photonic wavelengths [J]. Advanced Materials, 2010, 22 (44): 4998-5002.

[71] Kubo S, Gu Z Z, Takahashi K, et al. Tunable photonic band gap crystals based on a liquid crystal-infiltrated inverse opal structure [J]. Journal of the American Chemical Society, 2004, 126 (26): 8314-8319.

[72] Xie Z Y, Sun L G, Han G Z, et al. Optical switching of a birefringent photonic crystal [J]. Advanced Materials, 2008, 20 (19): 3601-3604.

[73] Howell I R, Li C, Colella N S, et al. Strain-tunable one dimensional photonic crystals based on zirconium dioxide/slide-ring elastomer nanocomposites for mechanochromic sensing [J]. ACS Applied Materials & Interfaces, 2015, 7 (6): 3641-3646.

[74] Chan E P, Walish J J, Thomas E L, et al. Block copolymer photonic gel for mechanochromic sensing [J]. Advanced Materials, 2011, 23 (40): 4702-4706.

[75] Yue Y F, Kurokawa T. Designing responsive photonic crystal patterns by using laser engraving [J]. ACS Applied Materials & Interfaces, 2019, 11 (11): 10841-10847.

[76] Yue Y F, Kurokawa T, Haque M A, et al. Mechano-actuated ultrafast full-colour switching in layered photonic hydrogels [J]. Nature Communications, 2014, 5: 4659.

[77] Haque M A, Kurokawa T, Kamita G, et al. Rapid and reversible tuning of structural color of a hydrogel over the entire visible spectrum by mechanical stimulation [J]. Chemistry of Materials, 2011, 23 (23): 5200-5207.

[78] Yue Y F, Haque M A, Kurokawa T, et al. Lamellar hydrogels with high toughness and ternary tunable photonic stop-band [J]. Advanced Materials, 2013, 25 (22): 3106-3110.

[79] Karrock T, Gerken M. Pressure sensor based on flexible photonic crystal membrane [J]. Biomedical Optics Express, 2015, 6 (12): 4901-4911.

[80] Karvounis A, Aspiotis N, Zeimekis I, et al. Mechanochromic reconfigurable metasurfaces [J]. Advanced Science, 2019, 6 (21): 1900974.

[81] Lin G J, Chandrasekaran P, Lv C J, et al. Self-similar hierarchical wrinkles as a potential multifunctional smart window with simultaneously tunable transparency, structural color, and droplet

transport [J]. ACS Applied Materials & Interfaces, 2017, 9 (31): 26510-26517.

[82] Cho H, Han S, Kwon J, et al. Self-assembled stretchable photonic crystal for a tunable color filter [J]. Optics Letters, 2018, 43 (15): 3501-3504.

[83] Liu J J, Mao J, Yin T H, et al. Electrically tunable fast and reversible structural coloration of two-dimensional photonic crystals [J]. Smart Materials Structures, 2019, 28 (11): 115019.

[84] Escudero P, Yeste J, Pascual-lzarra C, et al. Color tunable pressure sensors based on polymer nanostructured membranes for optofluidic applications [J]. Scientific Reports, 2019, 9 (1): 3259.

[85] 丁玉成. 纳米压印光刻工艺的研究进展和技术挑战 [J]. 青岛理工大学学报, 2010, 31 (1): 9-15.

[86] Endo T, Sato M, Kajita H, et al. Printed two-dimensional photonic crystals for single-step label-free biosensing of insulin under wet conditions [J]. Lab on A Chip, 2012, 12 (11): 1995-1999.

[87] Gao L, Shigeta K, Vazquez-Guardado A, et al. Nanoimprinting techniques for large-area three-dimensional negative index metamaterials with operation in the visible and telecom bands [J]. ACS Nano, 2014, 8 (6): 5535-5542.

[88] Raut H K, Dinachali S S, Loke Y C, et al. Multiscale ommatidial arrays with broadband and omnidirectional antireflection and antifogging properties by sacrificial layer mediated nanoimprinting [J]. ACS Nano, 2015, 9 (2): 1305-1314.

[89] Kown Y W, Park J, Kim T, et al. Flexible near-field nanopatterning with ultrathin, conformal phase masks on nonplanar substrates for biomimetic hierarchical photonic structures [J]. ACS Nano, 2016, 10 (4): 4609-4617.

[90] Pourdavoud N, Wang S, Mayer A, et al. Photonic nanostructures patterned by thermal nanoimprint directly into organo-metal halide perovskites [J]. Advanced Materials, 2017, 29 (12): 1605003.

[91] Zhu L, Kapraun J, Ferrara J, et al. Flexible photonic metastructures for tunable coloration [J]. Optica, 2015, 2 (3): 255.

[92] Tian H M, Shao J Y, Hu H, et al. Generation of hierarchically ordered structures on a polymer film by electrohydrodynamic structure formation [J]. ACS Applied Materials & Interfaces, 2016, 8 (25): 16419-16427.

[93] Stein A, Wilson B E, Rudisill S G. Design and functionality of colloidal-crystal-templated materials-chemical applications of inverse opals [J]. Chemical Society Reviews, 2013, 42 (7): 2763-2803.

[94] Ruhl T, Spahn P, Hermann C, et al. Double-inverse-opal photonic crystals: the route to photonic bandgap switching [J]. Advanced Functional Materials, 2006, 16 (7): 885-890.

[95] Lee G H, Han S H, Kim J B, et al. Elastic photonic microbeads as building blocks for mechanochromic materials [J]. ACS Applied Polymer Materials, 2020, 2 (2): 706-714.

[96] Sun X M, Zhang J, Lu X, et al. Mechanochromic photonic-crystal fibers based on continuous

sheets of aligned carbon nanotubes [J]. Angewandte Chemie (International Ed), 2015, 54 (12): 3630-3634.

[97] Gao W H, Rigout M, Owens H. Self-assembly of silica colloidal crystal thin films with tuneable structural colours over a wide visible spectrum [J]. Applied Surface Science, 2016, 380: 12-15.

[98] Li J W, Han Q, Chen Y H, et al. Tunable structural colour on the basis of colloidal crystal [J]. Micro & Nano Letters, 2011, 6 (7): 530-533.

[99] Li H L, Marlow F. Solvent effects in colloidal crystal deposition [J]. Chemistry of Materials, 2006, 18 (7): 1803-1810.

[100] Hua C X, Xu H B, Zhang P P, et al. Process optimization and optical properties of colloidal self-assembly via refrigerated centrifugation [J]. Colloid and Polymer Science, 2017, 295 (9): 1655-1662.

[101] Yang D P, Ye S Y, Ge J P. From metastable colloidal crystalline arrays to fast responsive mechanochromic photonic gels: an organic gel for deformation-based display panels [J]. Advanced Functional Materials, 2014, 24 (21): 3197-3205.

[102] Chen J Y, Xu L R, Yang M J, et al. Highly stretchable photonic crystal hydrogels for a sensitive mechanochromic sensor and direct ink writing [J]. Chemistry of Materials, 2019, 31 (21): 8918-8926.

[103] Aguirre C I, Reguera E, Stein A. Tunable colors in opals and inverse opal photonic crystals [J]. Advanced Functional Materials, 2010, 20 (16): 2565-2578.

[104] Arsenault A C, Clark T J, Von Freymann G, et al. From colour fingerprinting to the control of photoluminescence in elastic photonic crystals [J]. Nature Materials, 2006, 5 (3): 179-184.

[105] Liu C H, Ding H B, Wu Z Q, et al. Tunable structural color surfaces with visually self-reporting wettability [J]. Advanced Functional Materials, 2016, 26 (43): 7937-7942.

[106] Meng Y, Liu F F, Umair M M, et al. Patterned and iridescent plastics with 3D inverse opal structure for anticounterfeiting of the banknotes [J]. Advanced Optical Materials, 2018, 6 (8): 1701351.

[107] Cai G F, Wang J X, Lee P S. Next-generation multifunctional electrochromic devices [J]. Accounts of Chemical Research, 2016, 49 (8): 1469-1476.

[108] Chou H H, Nguyen A, Chortos A, et al. A chameleon-inspired stretchable electronic skin with interactive colour changing controlled by tactile sensing [J]. Nature Communications, 2015, 6: 8011.

[109] Llordes A, Garcai G, Gazquez J, et al. Tunable near-infrared and visible-light transmittance in nanocrystal-in-glass composites [J]. Nature, 2013, 500 (7462): 323-326.

[110] Cai G F, Tu J P, Gu C D, et al. One-step fabrication of nanostructured NiO films from deep eutectic solvent with enhanced electrochromic performance [J]. Journal of Materials Chemistry A, 2013, 1 (13): 4286-4292.

[111] Cai G F, Tu J P, Zhang J, et al. An efficient route to a porous NiO/reduced graphene oxide hybrid film with highly improved electrochromic properties [J]. Nanoscale, 2012, 4 (18): 5724-5730.

[112] Thakur V K, Ding G Q, Ma J, et al. Hybrid materials and polymer electrolytes for electrochromic device applications [J]. Advanced Materials, 2012, 24 (30): 4071-4096.

[113] Liang L, Zhang J J, Zhou Y Y, et al. High-performance flexible electrochromic device based on facile semiconductor-to-metal transition realized by $WO_3 \cdot 2H_2O$ ultrathin nanosheets [J]. Scientific Reports, 2013, 3: 1936.

[114] Layani M, Darmawan P, Foo W L, et al. Nanostructured electrochromic films by inkjet printing on large area and flexible transparent silver electrodes [J]. Nanoscale, 2014, 6 (9): 4572-4576.

[115] Cai G F, Darmawan P, Cui M Q, et al. Highly stable transparent conductive silver grid/PEDOT: PSS electrodes for integrated bifunctional flexible electrochromic supercapacitors [J]. Advanced Energy Materials, 2016, 6 (4): 1501882.

[116] Yan C Y, Kang W B, Wang J X, et al. Stretchable and wearable electrochromic devices [J]. ACS Nano, 2014, 8 (1): 316-322.

[117] Kerszulis J A, Amb C M, Dyer A L, et al. Follow the yellow brick road: structural optimization of vibrant yellow-to-transmissive electrochromic conjugated polymers [J]. Macromolecules, 2014, 47 (16): 5462-5469.

[118] Osterholm A M, Shen D E, Kerszulis J A, et al. Four shades of brown: tuning of electrochromic polymer blends toward high-contrast eyewear [J]. ACS Applied Materials & Interfaces, 2015, 7 (3): 1413-1421.

[119] Zhao S, Huang W D, Guan Z S, et al. A novel bis (dihydroxypropyl) viologen-based all-in-one electrochromic device with high cycling stability and coloration efficiency [J]. Electrochimica Acta, 2019, 298: 533-540.

[120] Palma-Cando A, Rendon-Enriquez I, Tausch M, et al. Thin functional polymer films by electropolymerization [J]. Nanomaterials, 2019, 9 (8): 1125.

[121] Zhang Q, Tsai C Y, Li L J, et al. Colorless-to-colorful switching electrochromic polyimides with very high contrast ratio [J]. Nature Communications, 2019, 10 (1): 1239.

[122] Jensen J, Krebs F C. From the bottom up - flexible solid state electrochromic devices [J]. Advanced Materials, 2014, 26 (42): 7231-7234.

[123] Otley M T, Zhu Y M, Zhang X Z, et al. Color-tuning neutrality for flexible electrochromics via a single-layer dual conjugated polymer approach [J]. Advanced Materials, 2014, 26 (47): 8004-8009.

[124] 陈花玲, 周进雄. 介电弹性体智能材料力电耦合性能及其应用 [M]. 北京: 科学出版社, 2017.

[125] 陈花玲, 王永泉, 盛俊杰, 等. 电活性聚合物材料及其在驱动器中的应用研究 [J]. 机械工程学报, 2013, 49 (6): 205-214.

[126] Nguyen C T, Phung H, Nguyen T D, et al. A small biomimetic quadruped robot driven by multistacked dielectric elastomer actuators [J]. Smart Materials Structures, 2014, 23 (6): 065005.

[127] Nguyen, C T, Phung H, Hoang P T, et al. A novel bioinspired hexapod robot developed by soft dielectric elastomer actuators [C] // IEEE/RSJ International Conference on Intelligent Robots and Systems (IROS). Stember 24-28, 2017, Vancouver, BC. IEEE, 2017: 6233-6238.

[128] Sun W J, Liu F, Ma Z Q, et al. Soft mobile robots driven by foldable dielectric elastomer actuators [J]. Journal of Applied Physics, 2016, 120 (8): 084901.

[129] Li W B, Zhang W M, Zou H X, et al. A fast rolling soft robot driven by dielectric elastomer [J]. IEEE-ASME Transactions on Mechatronics, 2018, 23 (4): 1630-1640.

[130] Henke E F M, Schlatter S, Anderson I A. Soft dielectric elastomer oscillators driving bioinspired robots [J]. Soft Robotics, 2017, 4 (4): 353-366.

[131] Li B, Cai Y, Jiang L, et al. A flexible morphing wing by soft wing skin actuation utilizing dielectric elastomer: Experiments and Electro-aerodynamic model [J]. Smart Materials Structures, 2020, 29 (1): 015031.

[132] 陈花玲, 朱子才, 常龙飞, 等. 离子聚合物-金属复合材料变形机理及其基本特性 [M]. 北京: 科学出版社, 2016.

[133] Zheng C, Um T I, Bart-smith H. Bio-inspired robotic manta ray powered by ionic polymer-metal composite artificial muscles [J]. International Journal of Smart and Nano Materials, 2012, 3 (4): 296-308.

[134] Ye Z H, Hou P Q, Chen Z. 2D maneuverable robotic fish propelled by multiple ionic polymer-metal composite artificial fins [J]. International Journal of Intelligent Robotics and Applications, 2017, 1 (2): 195-208.

[135] Feng G H, Huang W L. A self-strain feedback tuning-fork-shaped ionic polymer metal composite clamping actuator with soft matter elasticity-detecting capability for biomedical applications [J]. Materials Science & Engineering: C, 2014, 45: 241-249.

[136] Sideris E A, De Lange H C, Hunt A. An ionic polymer metal composite (IPMC) -driven linear peristaltic microfluidic pump [J]. IEEE Robotics and Automation Letters, 2020, 5 (4): 6788-6795.

[137] He Q S, Liu Z G, Yin G X, et al. The highly stable air-operating ionic polymer metal composite actuator with consecutive channels and its potential application in soft gripper [J]. Smart Materials and Structures, 2020, 29 (4): 045013.

[138] Shen Q, Olsen Z, Stalbaum T, et al. Basic design of a biomimetic underwater soft robot with switchable swimming modes and programmable artificial muscles [J]. Smart Materials Structures, 2020, 29 (3): 035038.

[139] Huang W, Toh W. Training two-way shape memory alloy by reheat treatment [J]. Journal of Materials Science Letters, 2000, 19 (17): 1549-1550.

[140] Huang W, Goh H B. On the long-term stability of two-way shape memory alloy trained by re-heat treatment [J]. Journal of Materrials Science Letters, 2001, 20 (19): 1795-1797.

[141] Lee H T, Kim M S, Lee G Y, et al. Shape memory alloy (SMA) -based microscale actuators with 60% deformation rate and 1.6 kHz actuation speed [J]. Small, 2018, 14 (23): 1801023.

[142] Rodrigue H, Wei W, Bhandari B, et al. Fabrication of wrist-like SMA-based actuator by double smart soft composite casting [J]. Smart Materials and Structures, 2015, 24 (12): 125003.

[143] Granberry R, Eschen K, Holschuh B, et al. Functionally graded knitted actuators with NiTi-based shape memory alloys for topographically self-fitting wearables [J]. Advanced Materials Technologies, 2019, 4 (11): 1900548.

[144] Youn J H, Hyeon K, Ma J H, et al. A piecewise controllable tunable lens with large aperture for eyewear application [J]. Smart Materials and Structures, 2019, 28 (12): 124001.

[145] Park S J, Kim U, Park C H. A novel fabric muscle based on shape memory alloy springs [J]. Soft Robot, 2019, 7 (3): 321-331.

[146] Kang M, Pyo Y, Jang J Y, et al. Design of a shape memory composite (SMC) using 4D printing technology [J]. Sensors and Actuators A: Physical, 2018, 283: 187-195.

[147] Haines C S, Lima M D, Li N, et al. Artificial muscles from fishing line and sewing thread [J]. Science, 2014, 343 (6175): 868-872.

[148] Wu L J, Chauhan I, Tadesse Y. A novel soft actuator for the musculoskeletal system [J]. Advanced Materials Technologies, 2018, 3 (5): 1700359.

[149] Kim K, Cho K H, Jung H S, et al. Double helix twisted and coiled soft actuator from spandex and nylon [J]. Advanced Engineering Materials, 2018, 20 (11): 1800536.

[150] Tang X T, Li K, Liu Y X, et al. A general soft robot module driven by twisted and coiled actuators [J]. Smart Materials Structures, 2019, 28 (3): 035019.

[151] Tang X T, Li K, Liu Y X, et al. A soft crawling robot driven by single twisted and coiled actuator [J]. Sensors and Actuators A-Physical, 2019, 291: 80-86.

[152] Chen S E, Cao Y T, Sarparast M, et al. Soft crawling robots: design, actuation, and locomotion [J]. Advanced Materials Technologies, 2020, 5 (2): 1900837.

[153] Pendry J B, Mackinnon A. Calculation of photon dispersion relations [J]. Physical Review Letters, 1992, 69 (19): 2772-2775.

[154] Ho K M, Chan C T, Soukoulis C M. Existence of a photonic gap in periodic dielectric structures [J]. Physical Review Letters, 1990, 65 (25): 3152-3155.

[155] Plihal M, Maradudin A A. Photonic band structure of two-dimensional systems: The triangular lattice [J]. Physical Review B, 1991, 44 (16): 8565-8571.

[156] Bierwirth K, Schulz N, Arndt F. Finite-difference analysis of rectangular dielectric waveguide structures [J]. IEEE Transactions on Microwave Theory and Techniques, 1986, 34 (11): 1104-1114.

[157] Wang X D, Zhang X G, Yu Q L, et al. Multiple-scattering theory for electromagnetic waves [J]. Physical Review B, 1993, 47 (8): 4161-4167.

[158] Jethmalani J M, Ford W T. Diffraction of visible light by ordered monodisperse silica-poly (methyl acrylate) composite films [J]. Chemistry of Materials, 1996, 8 (8): 2138-2146.

[159] 俞天. 柔性电子中 PDMS 的力学性能及粘接研究 [D]. 扬州：扬州大学，2017.

[160] Pavlov V V. Structural simulation in CALS technology [M]. Moscow: Science Press, 2006.

[161] 李宗斌. 先进制造中多色集合理论的研究及应用 [M]. 北京：中国水利水电出版社，2005.

[162] Xu L, Li Z, Li S, et al. A polychromatic sets approach to the conceptual design of machine tools [J]. International Journal of Production Research, 2005, 43 (12): 2397-2421.

[163] Du X, Li Z B, Wang S. Integration of PCB assembly process planning and scheduling [J]. Assembly Automation, 2011, 31 (3): 232-243.